自然と対話する都市へ

オランダの河川改修に学ぶ

武田史朗

昭和堂

はじめに

一九世紀末から二〇世紀の前半にかけて活躍したオランダの画家ピエト・モンドリアンは、「リンゴの樹」を中心とする、樹木を正面から描いた一連の作品を残している。それらはいかにも樹木らしい具象的な姿に始まり、回を重ねるごとに、絡み合う枝が徐々に独立した線分や円弧として分裂し、地面や幹すらも判別しにくいような平面構成へとたどりつく。新造形主義と呼ばれるモンドリアンの抽象芸術が眼前の「自然」の観察に始まり、キャンバス上で展開し新しい世界をつくりだしていく、興味深い作品群である。

オランダの大地は、その多くが干拓によって人工的につくられた。樹木の連作を観るとき、モンドリアンの芸術活動のなかには美学的な追求だけではなく、その人工的な大地の上でどのようにすれば「自然」を自らの文化のなかに捉え、位置づけることができるのか、あるいは逆に、自分たちの文化を自然のなかに位置づけることがどのようにして可能なのかという、切実な問いが込められていたのではないかと考えさせられる。

「ダッチモデル」という言葉をよく耳にするように、オランダは国の政策において時代に応じた大胆な改革を伴う合理的な舵取りを行うことで知られている。また、筆者が専門とするランドスケープや建築の分野でも、時代や社会の空気を映し込むような斬新で切れ味のよいデザインを多くつくりだしている。そうしたことの背景にも、自らが立つ大地とつねに向き合い、不確かで恐ろしくもある自然のなかで自らの位置をドライに問い続けながら、それらとわたりあってきたオランダ人の論理があるように感じる。

本書は、オランダで一九九六年から二〇一五年にかけて構想・実施された、大規模な河川拡幅事業について書いたものだ。この事業について調べるきっかけとなったのも、オランダにおける自然と人為との対話を、そのなかに読み取れるように思ったからである。また専門的には、都市デザイン、自然環境の保全・創成、そして治水という三つの分野が、この事業のなかで一つに結び合わさる様子を、詳しく見たいと考えた。われわれはこれらの分野が相互に関わり合っていることを薄々は理解しながらも、日頃つい別々のものとして扱ってしまいがちである。

そこで、河川を中心とした事業を扱う本でありながらタイトルは「自然と対話する都市へ」として、河川に関する内容はサブタイトルに入れた。本書が対象とした河川拡幅事業「ルーム・フォー・ザ・リバー」は単に川だけの話として見ても十分に興味深いのだが、川に限定して見てしまうとその国土計画上の、あるいは地域デザイン上の出来事としての意味深さが見えてこないためだ。また、その理解の前提としてオランダの都市計画や自然環境保全、あるいはランドスケープデザインなどの歴史についての理解をある程度踏まえることが必要と考えた。そのため、前半部分はこうした歴史的な側面に紙幅を割いている。

一方で、このような自然と人為との関わり合いについて改めて問うことは、オランダのように特殊な文脈でしか意味を持たないのではないか、と日本では感じられがちかもしれない。豊かな自然に育まれてきたわが国では、どうもそうした緊張感を伴う議論は似合わず、当面の「現実的」な課題に比べると、浮世離れしているかのような気が、つい、してしまうからだ。とはいえ日本でも、状況は変わっているように思う。高度に成熟し、少子高齢化の時代を迎えて久しいわが国において、二〇三三年には多くの社会資本タイプで建設後五〇年以上経過した施設が五〇～六〇％台となるとされ、戦後、自然を改変しながら構築した多くのインフラにもすでに更新の時期が来ている。加えて、ゲリラ豪雨などの災害も増してきているのは誰の目にも明らかだ。こうしたなかで少しでも持続可能性の高い国土と、それに支えられた質の高い空間をつくっていくために、グリーンインフラなどに関する議論もさかんになってきている。

このような背景も踏まえて、本書が、自然と人為とが対話する都市のあり方を分野や国を越えて話し合う一つの材料になればと願っている。

目次

第1章　ゆっくりとしたプロセスのデザイン

ルーム・フォー・ザ・リバー

一九九六年のオランダで、大きな決断が下された。「ルーム・フォー・ザ・リバー（川のための空間）」と呼ばれる政策の決定は、洪水を起こさない強い堤防づくりから、氾濫と共存する、より広い河川敷づくりへとシフトする、オランダの治水史に残るべき政策の大転換だった。それまでオランダは、川幅を最小限に抑え、堤外の高水敷を農地として利用するなど高度な土地利用を行ってきた。しかし今、川幅を広げ高水敷を氾濫原に戻し、新たなバイパスを設ける大規模な河川の拡大工事が進められ、二〇一五年現在、検討の開始から二〇年近くを経てほぼ完了を迎えている。

この事業の特徴は、第一に流域の三四ヶ所において大規模な整備を行う巨大な事業であること（図1-1）、そして第二に、事業の目的が治水だけでなく、河川と沿岸の地域における「空間の質」の向上を含むことである（Zevenbergen 2013）。したがってそれは、単なる治水整備ではなく、市街地や郊外における新しい地域づくりを含む、壮大な国土空間計画のプロジェクトでもある。また、国と地方の強い連携や本格的な住民参加、分野横断的な取り組みなどが計画の初期から組み込まれていたことでも、ルーム・フォー・ザ・リバーは国際的な注目を集めている。

アイセル湖
ケーテル湖
(ゾイデル海)
マルケル湖
レリスタット
オーストファール
テルスプラッセン
フェルウェ湖
デルメール
高水敷の掘り下げ
エイセルマイデン
カンペン
ズウォール
氾濫原の掘り下げ
ハッテム
引き堤
ワーペンフェルト
放水路の新設
フェーッセン
オルスト
氾濫原の掘り下げ
デーフェンター
氾濫原の掘り下げ
アイセル川
アーペルドールン
ウィルプ
ゴルセル
引き堤
フォールスト
引き堤
ズトフェン
コルテンウーフェル
ブルーメン
ディーラーウッド
ディーレン
氾濫原の掘り下げ
レーデン
ドゥースブルフ
フェルプ
堤防改良
アーネム
ハイッセン
ヴェステルフォールト
引き堤
氾濫原の掘り下げ
氾濫原の掘り下げ
障害物の撤去
氾濫原の掘り下げ
氾濫原の掘り下げ
堤防改良
ブラウエ・カーマー
氾濫原
ドールウェルト
ネーデルライン川
クレンボルフ
リーンデン
ヘーテレン
堤防改良
オプフースデン
オフテン
ドルテン
ワール川
ティール
水制の低下
水制の低下
堤防改良
オーステルハウト
ゲント
レント
氾濫原のさらなる掘り下げ
(ミリンガワールト氾濫原)
ミリンゲン・
アーン・デ・レイン
ロビス
ボーフェン・ライン川
低下
ハッセルト
ナイメーヘン
ザルトボメル
マース川
水制の低下
フルースベーク
氾濫原の掘り下げと引き堤
引き堤(レント)
障害物の撤去
ース川
セルトーベンボス
N
0 5 10km
3
4

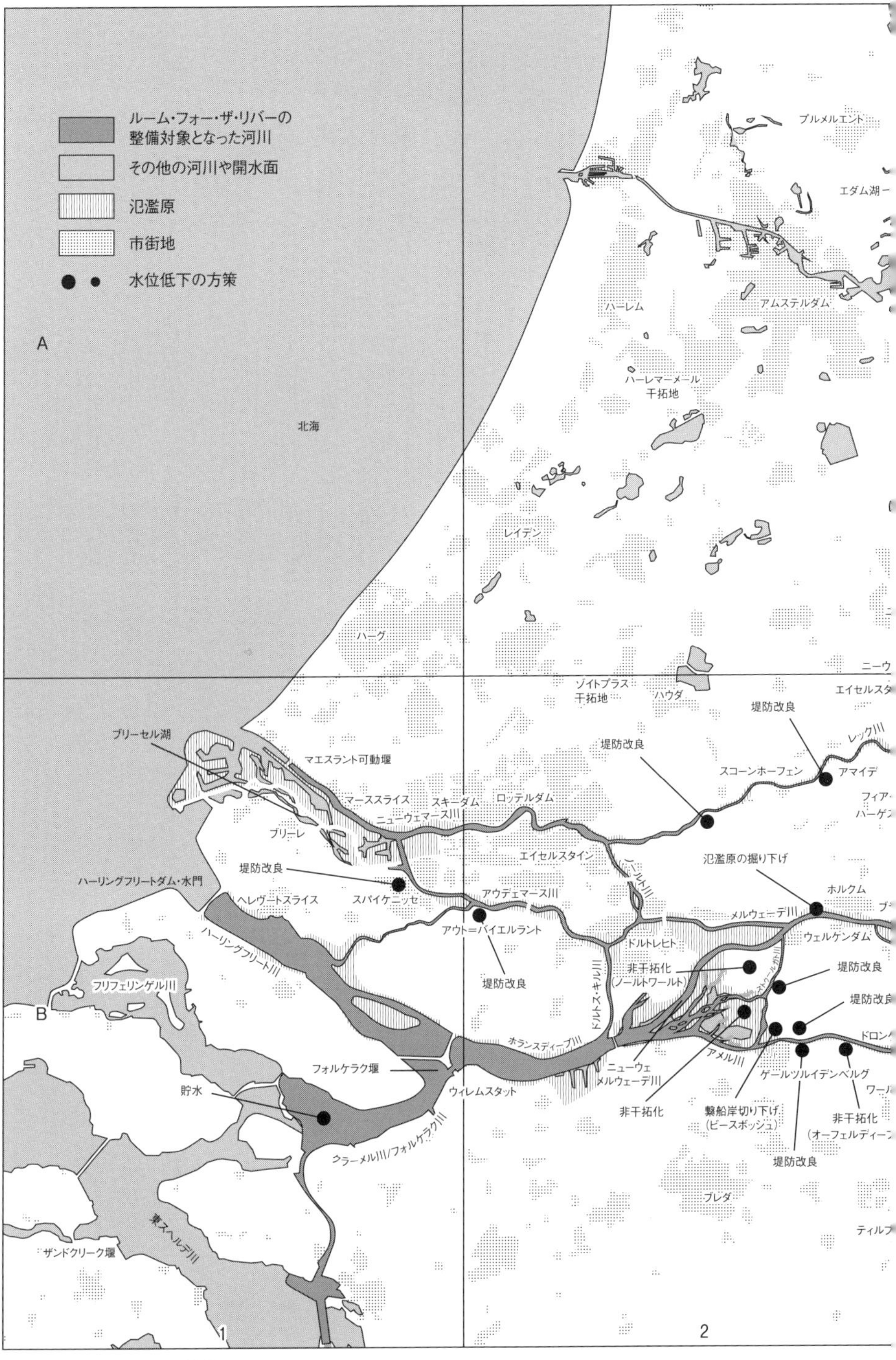

図 1-1　RvdR サイトの地図

出所）The Government of the Netherlands 2006a: 30 より作成。

ことの始まりは、一九九〇年代に二度にわたってドイツやフランス、そしてオランダを襲った一五〇年に一度の高水位だった。オランダは国土の約半分の標高が海面下にあり、砂丘や堤防、そして揚水ポンプに頼らなければ浸水するといわれている（Hartemink and Sonneveld 2013）。当然、これまでも多大な投資によってダムや堤防の建設・強化が行われてきた。しかし、このときの水は、危うくその堤防を越えるところだった。

低地オランダの政府が即座に水害対策の強化に動いたのは当然である。二度目の高水位の翌年である一九九六年、交通水運省と住宅空間計画環境省は共同で新しい治水事業の方針を打ち出す。しかし、そこで示されたのは堤防の嵩上げではなく、川幅の拡大を優先する河川改修計画であり、さらに将来的な気候変動に向けて遊水池となりうるリザーブスペースを確保するという、いわば水平型の治水強化政策だった。

建設の経費も時間も、より小さく抑えられるはずの堤防の嵩上げではなく、住民との合意形成だけでも多くの困難が予測されるこの方針が、なぜ選択されたのか。

その理由の第一に、オランダの河川には将来にわたって流下能力の絶対的増大が求められるという見通しが挙げられる。干拓地の多いオランダで恒常的に進行する地盤沈下と、気候変動の影響による海面上昇によって、二一〇〇年時点では〇・六五～一・三m、二二〇〇年時点では二・〇～四・〇mの相対的な水位の上昇が予測されている（Delta Commissie 2008: 10）。したがって、堤防の嵩上げだけで将来の安全を保つなら、尋常でない高さが必要になる。

第二に、一九七〇年代以降の潮流として、ヨーロッパ、ことにオランダ国内における環境に対する意識の高まりが挙げられる。国際河川の河口部に位置するオランダでは、水質汚染による影響が甚大で、河川の環境保全は水害対策と表裏一体の国土の生命線である。本書でも一九七〇年代と九〇年代に生じた堤防の嵩上げに対する市民の抵抗に触れるが、それはこのような国民意識の変化に対応している。

またオランダは、エコロジカルネットワークという緑地ネットワークの考え方を、欧州で他国に先駆けて国の政策とし、さらにＥＵのエコロジカルネットワーク政策である「ナチュラ二〇〇〇（Natura2000）」を提案し、実現に導いた国でもある。

水と戦い続けた歴史を持つオランダにおいて、このような自然環境の保全政策が定着するまでには相当の努力と困難があった。本書では、最初にオランダにおける都市計画の歴史を概観し、その中で自然環境保全へのまなざしが、いかにして獲得されたのか、その困難な歴史についても概観する。

なぜ注目されているのか

このような背景を持って検討が始まったルーム・フォー・ザ・リバー・プログラムは、さまざまな過程を経て、二〇〇六年に国会を通過し「基本計画決定（ＰＫＢ）」として公告された（The Government of the Netherlands 2006a）。ＰＫＢ（Planologische kernbeslissing）とは、国レベルの空間計画について大まかな方針を内閣から提起し、各対象地域が実行計画を具体化する際のガイドラインとする制度で、国会での承認を必要とする。この制度は、政策決定プロセスへの国民の参加機会を設けるために一九八〇年代に導入されたものだが（Faludi and Van der Valk 1994: 141）、中央政府と地域とのコミュニケーションの密度によって、トップダウン型の政策決定の武器にもなれば、ボトムアップ型の協議の受け皿にもなる。

今、ルーム・フォー・ザ・リバーが国際的に注目されている理由の一つに、稀に見るボトムアップ型のプロセスがある。約二〇年に及ぶこのプログラムは、集落の移転や周辺地域の再開発と連動する複雑なものだった。この過程で、交通水運省の水運水理管理局が地域とのコミュニケーションの重要性をいかに自覚していたかということは、本書の重要な注目点である。

図 1-2　ナイメーヘン - レント地区の完成予想図
出所）Gemeente Nijmegen and Royal Haskoning DHV 2011: 表紙

この連携を成立させるもう一つの要となったのは事業自体が持つ「目的の複合性」であった。水害対策に加えて、地域の「空間の質」を向上するという第二の目的があったことで、地方当局と住民たちは、大規模な土地改変による地域への甚大なインパクトを甘受し、むしろそれを契機としてより良い地域環境の創造に向けた協働に熱意をもって参加することができた（図1 - 2）。本書では、この具体的なプロセスについても触れていく。

治水事業では、ある地域において行われる整備の効果を享受するのは、その対象地の住民とは限らない。上流の場合もあれば下流の場合もある。立ち退きなどを含む事業では対象地域の住民の合意を得るのが大きな課題だ。ルーム・フォー・ザ・リバーはこれを単純な補償の典型といえる。NIMBY（Not In My Back Yard）問題で解決するのではなく、事業を契機とした地元のイニシアチブによる地域環境の改善と連動させることで、前向きな運動へと昇華した。そのきっかけを提供したのが、「空間の質」の向上という第二の目的だったのである。

また、この目的の複合性が事業の根幹に分野横断性の遺伝子を組み込み、事業全体を通じた土木技術者とランドスケープアーキテクトとの協働を促したことも重要である。当然、このような分野横断的な取り組みが一朝一夕にして実現したわけではない。本書では異分野間の協働を育んだ歴史的経緯についても紹介する。

このように、ルーム・フォー・ザ・リバー・プログラムはオランダにおいても中長期的な地域デザインのモデル的プロジェクトとして捉えられ、国際的にも高い評価を得ている。しかし、だからといってオランダの地域デザインの今後が楽観視されるわけではない。一九七〇年代以降、戦後のトップダウン型から協議型へとオランダのプランニングに大きな転換が起こるなか、気候変動の長期予測はオランダの将来をますます不透明にしている。

こうした状況における中長期的な地域デザインのビジョンは、いかなる方法で共有していけるのか。そのような問題意識に基づく実験的な取り組みと、理論構築の試みは今も続けられている。ルーム・フォー・ザ・リバーはそうした継続的な取り組みの成果が、特殊な条件のなかで部分的に成就したものにすぎないという見方もできる。最終章では、より長期的な未来に向けた検討の取り組みを紹介し、より大きな問題系におけるルーム・フォー・ザ・リバーの位置づけを振り返る。

なぜ注目するのか

人は、環境に手を加えながら生きてきた。他のさまざまな動物たちも、個体の生を全うし種を存続させるために、常に環境を改変しながら生きている。鳥が巣を作るときは、多くの枯れ枝を拾い、木の梢に運び込んで固定するし、ビーバーも、川にダムを作って根城を築く。しかし人の手が環境に対して与える影響は、これらの動物たちが及ぼすよりも、大きく見える。産業革命を待つまでもなく、道具を加工し、火を用い始めたときから、あるいは言葉を用いて再生可能な知識を蓄積し始めたときから、人は、他の動物とは違って、より不可逆性の高い影響を、直接間接に環境に対して及ぼしてきた。そうして、時代ごとの新しいライフスタイルに対する希求を地域ごとに叶えてきた。

一方、今や環境の時代といわれて、すでに久しい。しかし、そのような時代に相応しい都市や地域デザインの方法論を、私たちはすでに見出しているだろうか。フィジカルな空間のデザインは、人が身の回りの環境に手を加えることと、それに支えられる既存の、あるいは新しいライフスタイルの無理のない継続や実現という、二つのイベントが重なり合って生まれる営為であると思う。自然の循環との距離がより近いライフスタイルを求める意識が高まり、その無理のない享受を支援するデザインが普及すれば、結果として、人による環境に対する手の加え方が、総体として修正される可能性はある。こうしたことは、比較的スケールの小さい空間における潮流としては、少しずつ現れ始めているような気配もある。

図 1-3　建築家W・J・ニュートリングスの描いた農村と都市の複合体「カーペットシティ」

出所）Sijmons 1993: 58.

ただ、都市や地域のデザインとなると、こうした変化は簡単には現れにくいのが実際ではないだろうか。なぜなら、都市や地域はプライベートな土地の集合体なのではなく、プライベートな土地とパブリックな土地との混合体だからである（図1‐3）。個々の私有財産の運用で変えることができる建物などのデザインに比べて、都市や地域のデザインでは、個々人の思考するライフスタイルを容易に反映することができない。だから、このフィールドでは変化が起こりにくい。

するとと私たちは、このように思ってしまわないだろうか。都市や地域というのは、デザインの対象とはなりえないのではないか、と。デザインが、人が環境に手を加えることと、それに支えられるライフスタイルの発露という組み合わせによって起こるとすれば、志向されるライフスタイルの変化にあわせた改変が難しいタイプの環境は、デザインの対象とはなりえないのではないか、と考えてしまう。しかしこれは、おそらく違う。環境のなかには、生じる変化が速いものと、遅いものとがあるだけだ。

たやすく想像がつくように、デザインの対象の規模が大きければ大きいほど、変化は遅いし、それと並行して変化するライフスタイルの発露にも、時間がかかる。個人ではなく集団単位で起きる必要があるからだ。このようなゆっくりとしたスピードでしか起こりえない変化に向けた介入を、能動的なデザインとして受け止めて実行する方法はどのようなものか。こうした問いを、頭でっかちな問いと受け止めてはならないと思う。

都市や地域が、当面の利便性のためになし崩し的な姿に陥ることを避けながら、かといって表面的な飾り付けに拘泥するのでもないような、自分たちの長期的な必要と短期的な喜びを満たすためのデザイン対象となるには、まさにこの点を考える必要がある。それを諦めてしまうと、二〇一〇年代というさまざまな価値観の変わり目にあって、これから大事になっていく次世代型の都市や地域の構築というミッションから目を背けることになるのではないか。

気候変動と地域デザイン

今、日本の都市や地域のデザインを考える上で、価値観の転換を迫っているものの代表は、本書との関わりでいうかぎり、気候変動に伴う降雨量の増加や海面上昇であり、人口減少社会における地域デザインのあり方だろう。今、私たちが目にしているだけでも、ゲリラ豪雨の頻発化をはじめ、これまでになかったような気象の激化を、誰もが感じずにはいられないはずだ。地球温暖化に関する予測の確実性にかかわらず、むしろ不確実な将来に向けた備えとして、都市や地域全体で雨水を受け止めるような仕組みと、そうしたシステムを生かした都市や地域のデザインが求められるはずだ。

二〇一四年八月の広島市北部の土砂災害は、治水以前の問題として、自然環境との関わりでより適切な市街地開発のゾーニングを行うことの必要性を感じさせるものだった。また、二〇一五年九月の鬼怒川の越水による堤防の決壊は、かつて江戸の遊水地として機能していた広大な田園地域に共通する、洪水に対する根本的な脆弱性を思い出させるものだった。

こうした状況に気候変動の要因を重ね合わせたとき、単に堤防やダムの強化を続けるのが望ましいと思えるだろうか。水と共に暮らし続けるための、何か新しい都市や地域のデザインを、今からでも考案し、実施していく必要があるのではないか。そのように感じた向きは、専門家も含めて少なくはなかったのではないか。

日本でも昭和五〇年代以降の議論を経て、堤防やダムだけに頼らない中流域の遊水地や市街地の雨水貯留機能などを含めた総合治水の方針が明確に導入されているものの、こうした将来にわたって必要とされるはずの考え方が、都市や地域のデザインに十分統合されるには至っていない（大熊 二〇〇七、高橋 二〇一五）。

このような視点に立ったとき、環境条件は大きく異なるにせよ、オランダでの奮闘とその解決に向けた取り組みに自然と関心が向く。

ルーム・フォー・ザ・リバー・プログラムは、オランダの治水政策の大きな「トランジション」であった（Van der Brugge et al. 2005）。河川の規模や勾配こそ違え、オランダでもつい二〇年前までは、堤防とダムで治水を完結しようと考えていた。河口部のダムは作りたい放題といっていいほど作ってきたし、そもそも国土の四分の一が干拓地であるオランダでは、国土の存立自体がダムと堤防に依存している（図1 - 4）。しかし、気候変動による長期的な影響を踏まえれば、垂直方向の治水だけでは対応しきれない。あるいは対応できたとしても、越水や破堤が生じたと

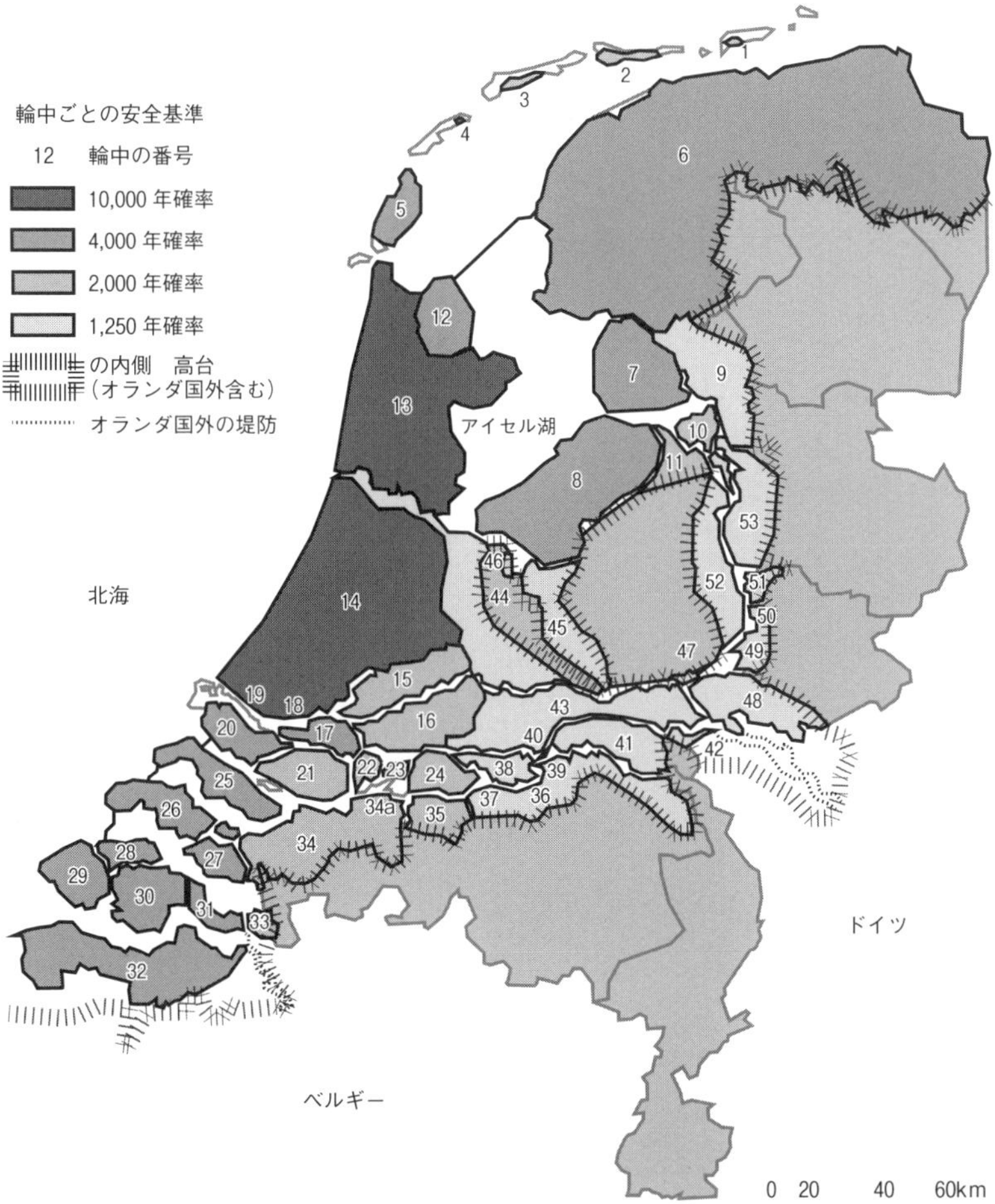

図 1-4　オランダの干拓地の分布地図
出所）Meyer ed. 2010: 36 より作成。

きの脅威は増すばかりである。これがオランダ政府による決断の大きな理由となった。

何を学ぶのか

河川の勾配だけでなく、政治や行政の制度も、日本とオランダには大きな違いがある。いくらオランダの例を見ても、それをそのまま、日本に移植できるわけではない。当然、日本では別のやり方をすることになる。海外の事例をそのまま当てはめる先が国内にあると期待すること自体、そう思う側の怠慢にすぎない。

では、何を学ぶのか。唐突に聞こえるかもしれないが、ルーム・フォー・ザ・リバー・プログラムを通して見えてくるのは、むしろ技術的なことではなく、何ごともなくそこに見えている風景のなかに隠された、さまざまな個人の思いと挫折、そしてそれを余儀なくした制度、さらにその挫折を乗り越えるために行われた工夫と、時間をかけて作られた協働の体制やコミュニケーションの物語だと思う。

実際に関係者へのヒアリングを行うと、どの立場の人も、難しい局面を乗り越えねばならないなか、たくさんの対話を重ね、あるいは対話するための場づくりを行い、二〇年間の時間をかけてこのプログラムを実現してきたのであった。いや、オランダの空間計画と河川整備の歴史を含めるならば、数十年にわたる奮闘の成果の一つが、ルーム・フォー・ザ・リバー・プログラムであるといっても過言ではない。

しかし、もう少し具体的にする必要がある。協働の体制を築くためのコミュニケーションは、共通の言葉を必要とする。そして言葉は概念を伴う。筆者が考えるところでは、ルーム・フォー・ザ・リバー・プログラムから学べることとは、第一に「計画」という近代的な概念と、「参加」「環境」という、より現代的な概念との間に関係を築くための、丁寧な議論の積み重ねである。言葉の定義を学ぼうというのではない。それをめぐる丁寧な議論の姿勢を学ぼうというのが、趣旨である。

「計画」「参加」「環境」そして「空間の質」

先に、ゆっくりとしたプロセスのデザインはありうるのか、という問題提起を行った。実は、これを可能にする目的で二〇世紀初頭に開発されたのが「計画」（プランニング）という概念だった。今すぐにできなくても、将来に向けた明確なデザインのビジョンを持ち、それに従って「計画」的に実施すれば良い、ということだ。この考え方は、一九世紀から二〇世紀にかけての急速な科学技術の発展に精神的な支柱を置いており、予測可能な未来に対する信頼を前提とした思考方法の一つであった。したがって、近代主義（モダニズム）や機能主義など二〇世紀前半を支配した考え方との関係が深い。オランダは、「プランナーの楽園」と呼ばれたほどに、この近代的な「計画」の手法がよく機能した国として名高い（角橋二〇〇九：三三）。

図1-5　オランダが守り抜いてきた「グリーンハート」の風景
出所）著者撮影。

しかしそのオランダにとっても、実際にはそれほど思った通りに計画が進んだわけではなかった。後に見るように、「グリーンハート」と呼ばれる大規模な緑地地帯（図1・5）と、それを取り囲む「ラントスタット」と呼ばれる四つの高密度都市を中心とした都市の成長管理は、「コンパクト・シティ」の見事な実践として確かに時代を先取りした。オランダの都市計画は二〇世紀を通じて節操のないスプロールを回避しえたという意味で、他のどの国にもできなかったプランニングの模範を示した。しかし、そのプロセスは多くの困難を伴ったし、たくさんの批判を浴びながら行った実践でもあった。

どんな困難があったのか。オランダのプランニングが長く奮闘してきた主要な問題には、「参加」と「環境」をいかに組み入れるか、ということがあった。もちろん、これはオランダに限らず他の諸国にも共通する。科学技術への信頼に基づく近代都市計画の限界や課題は、二〇世紀中葉以降の先進国に共通する問題であり、多くの場合それらは「参加」と「環境」の問題に関わりがあった。これらの議論の嚆矢としては、前者についてはジェーン・ジェイコブス（Jane Jacobs, 1916-2006）の『アメリカ大都市の死と生』（Jacobs 1961）、後者についてはレイチェル・カーソン（Rachel Louise Carson, 1907-1964）の『沈黙の春』（Carson 1962）が挙げられるだろう。

これらの議論をプランニングやデザインの課題につなぐ試みもまた、国際的に盛んになされてきた。アメリカのランドスケープアーキテクトであったローレンス・ハルプリン（Lawrence Halprin, 1916-2009）が一九六〇年代の環境デザインに導入した「ワークショップ」（ハルプリン 一九七四）は、「参加」とデザインが融合する可能性を切り開き、今では我が国でも盛んに用いられているし、同じくアメリカのランドスケープアーキテクト、イアン・マクハーグ（Ian L. Mcharg, 1920-2001）によって導入された「土地適性分析」の手法（Mcharg 1969）は、その後の地理情報システム（GIS）の技術的発展と組み合わさって、環境保全とデザインとの融合に向けたツール開発へと導いた。

しかし、道具は、それが利用者の目的と現実の社会を接続する条件が整ったときに初めて効果を発揮する。洗練された方法で行われるワークショップも、それを実現につなぐステップが存在しなければ、単なる「ガス抜き」となって参加者の心を疲弊させるし、GISが産み出す自然環境の膨大なデータマップや、それを用いて作るプランも、現実の軛のなかで奮闘する実務家の目には、ともすれば学者による身勝手な空論と映りかねない。

工学的な都市計画を進めてきた立場からすれば、「参加」の問題も「環境」の問題も、勢いに乗ったところで現れた落とし穴のように見えただろう。ジェイコブスに批判を受け、市民による一大反対運動に直面することになったニューヨーク市の辣腕都市計画家ロバート・モーゼス（Robert Moses, 1888-1981）も、もともとは街に対して悪いことをしようなどとは思っていなかっただろう。それどころか不衛生な「スラム街」を一掃し、その土地を使った高速道路によって、ニューヨークの都市機能を大幅に改善しようとしていたはずだ。オランダの河川行政も、一九五三年の北海沿岸大洪水を経て、国民を高潮から守るために必死で堤防を築いたのだが、二〇年たってようやく大方の高潮被害を防げるようになったころには、「環境」破壊として批判されるようになった。

近代都市計画というものは一九六〇年代に至るまで、「参加」や「環境」という概念を、すっかり見落としてしまっていたのだろうか。あるいは、「計画」という「上から」目線の思考には、そもそも「参加」や「環境」という概念は、なじまないものだったのだろうか。プランナーやデザイナーたちは、ゼロからやり直さなければならなかったのか。そもそも、フィジカルな空間の「計画」などということ自体が幻想であり、市民の「参加」と「環境」への配慮があれば、自動的に良い環境が生まれていくはずだったのか。ならば、モダニストたちは科学技術熱に浮かされて勘違いしていただけであり、プランナーや技術者たちは、歴史的な大迷惑を、社会に与えたことになる。

筆者は、そうではないと理解している。それは、一九六〇年代にあたかも「計画」に対する外部的存在のようにして登場した「参加」と「環境」の二本の糸は、実はずっと早い段階から「計画」の思考のなかに織り込まれていたと思うからだ。そしてだからこそ、オランダの国土空間計画は「空間の質」を切り口として、「ルーム・フォー・ザ・リバー」を成立させることができ、そのなかに「計画」「参加」「環境」という三本の糸を編み合わせることができたのだと思うからである。

このことは、たとえばオランダの都市計画の歴史を大雑把に振り返ることで徐々に浮かび上がる。そこで、やや迂遠ではあるが、次章では一九二四年に開かれたアムステルダム国際都市計画会議の場面から、辿り始めることにしたい。

第2章　都市空間と河川

自然環境の保全と都市計画

特殊な地熱地帯を持つアメリカ、ワイオミング州のイエローストーン地区が、探検家であり地質学者であったファーディナンド・ヘイデン（Ferdinand Vandeveer Hayden, 1829-1887）らの調査を通してその自然景観としての価値を認められ、世界で最初の国立公園であるイエローストーン国立公園として指定されたのは、一八七二年のことである。そして、ランドスケープアーキテクトのチャールズ・エリオット（Charles Eliot, 1859-1897）が、その美しさからエメラルド・ネックレスと呼ばれたボストンの緑地ネットワークを継承し発展させて、住人のアメニティのためだけでなく、都市の急激な膨張によって失われつつあった自然環境の保存と保全を目的とした大ボストン都市圏パークシステムの原型を構想したのは、一八九三年だった。

イギリスでは、一八七〇年代の前半をアメリカで過ごした英国人ジャーナリスト、エベネザー・ハワード（Ebenezer Howard, 1850-1928）が、一八九八年と一九〇二年に有名な田園都市論（Howard 1902）を著し、広大な農地に囲まれた三万二千人の自立都市を標榜した。この考え方に基づく実践の代表的なものが、一八八九年のレッチワースと一九〇三年のウェルウィンである。しかし二〇世紀に入ると、ロンドンの急速な人口の膨張に対して、三万人規模の田園都市では対抗できないことが明らかになる。一九二〇年代には、ハワードが中心となって国際田園都市・都市計画協会が設立され、これを契機として、イギリスでは広大な農地景観を緑地として保全するグリーンベルトを携えた、大ロンドン計画への道程が模索される（石川 二〇〇一）。

そして一九二四年に協会は、オランダのアムステルダムで最初の国際都市計画会議を開催する。そこでは、上記のようなイギリス発の田園都市論とアメリカ発のパークシステムを含む公園運動をはじめとする、多くのアイデアが交換された。来たるべき都市拡大に備え、あるいはそれを抑制すべく、広域の地域計画を策定することが提唱され、自然環境やレクリエーション空間としての緑地を保全することの重要性が広く認識された（Jongman 1995）。

機能主義の都市計画

後にオランダの歴史に名を残す建築家・都市計画家のコーネリス・ファン・エーステレン（Cornelis van Eesteren, 1897-1988）は、近代芸術運動「デ・スティル」を画家のテオ・ファン・ドゥースブルフ（Theo van Doesburg, 1883-1931）とともにリードしたモダニストであり、一九三三年から一九四六年には近代都市計画の理論を国際的に牽引したＣＩＡＭ（Congrès International d'Architecture Moderne：近代建築国際会議、一九二八～一九五九）の議長を務めている。

そのＶ・エーステレンがアムステルダムの公共事業局都市開発部長に就任したのは一九二四年である。一九三三年に第四回ＣＩＡＭがまとめた近代都市計画の理論「アテネ憲章」は、都市を「住居」「労働」「余暇」「交通」という四つの機能に塗り分け、明らかな「機能主義」を宣言していた。公園などのオープンスペースには緑色が割り当てられ、「余暇」に分類された。そして一九三四年にＶ・エーステレンが取りまとめた「アムステルダム総合拡張計画」は、これを明らかに反映していた（Sommer 2007: 94）（図2 - 1）。

そこでは、アメリカのパークシステムに見られた美しい新設住宅地の核としての緑地の連鎖が、よりリジッドな形態ながら見事に取り入れられている。そして、現在訪れても壮観な都市のランドスケープが、統計的な人口予測に基づく効率的な住宅地の供給方法として採用され、実現された。このモダニズムを代表する都市計画におけるデザインからは、道路や建物だけでなくオープンスペースについても、今なお学ぶことが多い（図2 - 2）。

ただ本書の文脈で注意すべき点は、ここで自然環境が持つ多様な側面は、「レクリエーション」という、人間にとっての用途のみへと翻訳されており、生態学的な観点などは含まれていないことである。V・エーステレンによるこの都市計画には、当時のきわめて明快な還元主義的手法が現れており、それはアテネ憲章に見られる近代都市計画の理念 Functional City（Sommer 2007: 84-86）を体現していた。

地域計画と自然環境

V・エーステレンがモダニズムの手法で市街地の拡張計画を推進するなか、同じアムステルダムで開催された一九二四年の国際都市計画会議で焦点となったのは、市街地の建設計画自体よりもむしろ、広域における地域計画の方法論だった。ロンドンやボストンに比べて、アムステルダムでは都市人口の膨張がゆっくりとしたものであったが、オランダの計画家たちはこの会議を通して、オランダ大都市圏の未来像についてさまざまな想像をめぐらせたようだ。以下、オランダの都市計画学者A・ファルディとA・J・V・D・ファルクの研究に基づいて、オランダの都市計画の変遷を見ていきたい（Faludi and Van der Valk 1994）。

この会議でオランダにおける市街地の拡張と自然環境の保全の均衡を図るために、政府による全国計画（Landelijke

Plan）が必要であると主張し、ボストンのパークシステムを引き合いに出したのは、ヘンドリック・クレインデルト（Hendrick Cleyndert, 1880-1958）であった。クレインデルトはタバコ商としてアメリカに滞在した際に国立公園などに触れて感銘を受け、一九二三年からオランダ自然保全協会「ナチュールモニュメンテン」の理事をしていた（Coesèl 2011）。

クレインデルト曰く「地域計画を行うにあたっては、衛星都市や田園都市、田園集落などの建設（または既存の市街地内のさらなる開発の促進）によって、「分散」のアイデアを最大限に促進すべきであり、そうすることによって、最初の段階から、大都市やそれに従属する町村が恒久的な空地帯（もしくは空地の回廊）によって、つねに互いに分離され独立し続けるように管理しなければならない……」（Faludi and Van der Valk 1994: 54）。

一方、この会議において土木技術者のテオ・ファン・ローホイゼン（Theo K. van Lohuizen, 1890-1956）が示したオランダ西部の人口密度分布図は、増加する人口が綺麗な馬蹄形を描いて分布する様子をあまりに美しく示していた（Faludi and Van der Valk 1994: 55）。アムステルダム（図1‐1、A‐2）やロッテルダム（図1‐1、B‐2）は、それぞれ河口付近にありながら比較的高潮の影響を受けにくい地域に築かれたダムや堤防の上に現れ、王宮を擁する都市ハーグは国土を波から守る砂丘の上に築かれていた。ユトレヒト（図1‐1、A‐2）は河口から離れ、海面より高い標高を保っていた。そして、これら四つの都市が取り囲む低地一帯は、湿地の植物が水没し堆積することによってできた、ピート（泥炭）と呼ばれる湿った耐力の小さい土壌を中心としており、市街地の建設にはまったく適さない土地であった。こうした条件のもと、市街地はそれぞれの既存都市の周辺に、さらなるダムや堤防の構築によって安全な土地の範囲を拡大する形で発展したのであった。したがって、馬蹄形に現れたこの人口分布は、自然条件と古代以来の人類の活動や土地改変の積み重ねの自然な結果であった。

しかし、この地図に現れたあまりに明快な形態は、アメリカやイギリスの例にならって緑地の戦略的な保全を模

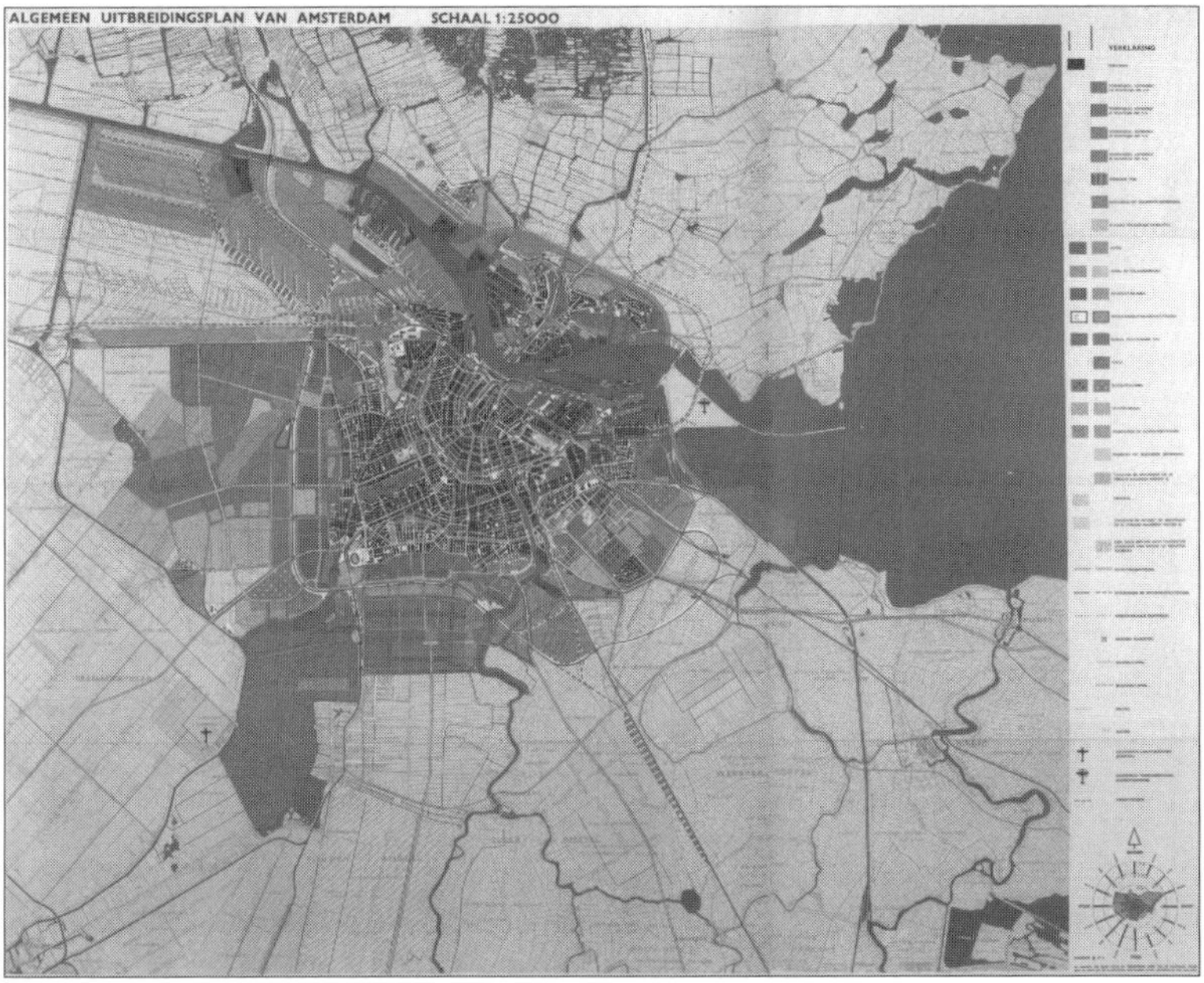

図 2-1　アムステルダム総合拡張計画の図
出所）Sommer 2007: 94-95.

図 2-2　バウテンフェルダートの緑地
出所）著者撮影。

図2-3　V・ローホイゼンによる1869～1920年の人口増加率の分布図（1924年）

出所）EFL Stichting の HP（www.efl-stichting.nl/pub.vaneesteren_2_2.php）

索しようとしていたオランダの都市計画に決定的なインパクトを与えた。中心に保全される緑と、その周縁部（Rand）に張り付くように形成される主要都市群という、オランダ西部の都市構造を将来にわたって決定づける、「グリーンハート（Groene Hart）」と「ラントスタット（Randstad）」のエッセンスが、この図に集約されていたからである（図2‐3）。

この市街地と緑地の配置原則が明確にルール化されるのは、一九六〇年にオランダ政府が第一次国土空間計画文書をまとめるまで待たなくてはならない。しかし、事実上これ以降現在まで、アムステルダム、ユトレヒト、ハーグ（図1‐1、A‐1）、ロッテルダムの四つの高密度な都市が互いに連坦することなく並立し、かつ、中央の大きな緑地帯であるグリーンハートを不可侵の領域として守り抜くという方針は、紆余曲折を経ながらも貫かれている。オランダの都市構造は、まずもって都市の無制限な拡張を禁じ、それらが取り囲む大規模な緑地帯を保全するというイメージからスタートした。

オランダ航空の創始者アルバート・プレスマン（Albert Plesman, 1889-1953）は、「ラントスタット」という呼び名を最初に使った人物として知られる。プレスマンは当時、内務大臣にあてて次のような手紙を送っている。

「すでに過密になっている肥沃な西部の州において、さらなる工業化の圧力が高まることは一般的に見て好ましくない。経済的な配置要因に次いで、農業上、社会上、そして理想に関わる課題（自然の保護や空間の体験）が、配置の選択にあたって優先的に考慮されなくてはならない。そうなれば、産業は国中により分散されていくことは疑いがなく、今度は、今はまだ東部に残されている自然のアメニティを守るために非常な注意を払わねばならなくなる」（Faludi and Van der Valk 1994: 54）。

ところで、このアイデアの原型となる地図を描いたV・ローホイゼンは、オランダの都市計画史上、単なる技術者という以上の大きな貢献を果たす人物になる。統計データに基づく「計画前の調査」という、今では当たり前の考え方をオランダに導入し、これを徹底して推し進めていくのが、このV・ローホイゼンだったからである。また、V・エーステレンがまとめたアムステルダム総合拡張計画のベースとなる人口予測も、V・ローホイゼンが算出したものであった。V・エーステレンとV・ローホイゼンは、近代建設運動オップバウでの活動を通して意気投合し、V・エーステレンはV・ローホイゼンをアムステルダムの都市開発部に招いた。後に二人は、ともにデルフト工科大学で教鞭をとる。そして、調査分析に基づく科学的な計画方法論を追求し、次世代のプランナーの育成にあたる（De Jonge 2009: 71）。

いずれにしても、ラントスタットという強力な都市計画の指針は、市街地の美しい造形を求めることだけではなく、その中心にあるグリーンハートの保全という明確な目的を伴って成り立った。このように「環境」の問題は、オランダ都市計画の草創期において、すでに欠かすことのできない骨格的な役割を果たしていた。

参加と協働か、トップダウンの都市計画か

オランダの初期の地域計画では、一九三一年の改正住宅法によって州ごとの市町村に「構造計画（Streekplan）」の共同策定が義務づけられていた。このときの地域計画は上位の行政組織である州が決定して市町村が遵守するのではなく、市町村が自ら互いに協議して作成するものとされたのである。共同の計画は交通、産業、通商など市域をまたぐ必要のあるものを対象とし、住宅政策は個々の市町村の課題とされた（Faludi and Van der Valk 1994: 60-61）。ここには、すでに現代のオランダに通じる協議型の都市計画の源流があるようにも見える。

その一方で、内務省が一九三八年に組織した委員会では、州がより主体的になって地域計画を策定するよう勧告される。そして一方の全国計画は議会を通すのではなく、臨時の委員会によって準備され、それに基づき、国王の命令が決めるものとされた。このように州の構造計画とはずいぶん異なり、全国計画は専門家によるブラックボックスのなかで決定されることになっていた。ファルディらによれば、全国計画は高度に専門的なものであり、議会で議論する「政治的課題」ではないと専門官僚たちによって考えられていたらしい（Faludi and Van der Valk 1994: 66）。

この時期のオランダの都市計画は、ボトムアップを志向していたのか、あるいはトップダウンを志向していたのか。上記の通りどうやら二つの方向性が見て取れる。そして、この二つの方向性は、決してどちらかだけになるのではなく、以後のオランダ都市計画における重要な縦糸と横糸になっていく。

全国計画局

一九四〇年、オランダはナチスドイツの支配下となる。そしてこの翌年の一九四一年、議会を通すことなく、以降二〇一二年まで続く国家計画局（ＲＰＤ）の前身となる全国計画局（Rijksdienst voor het Nationale Plan：ＲＮＰ）が内務省の管轄で設置される（Faludi and Van der Valk 1994: 74）。これが、専門家の主導を特徴とする二〇世紀のオランダ都市計画の礎となった。その下敷きには当然、ナチスドイツのマスタープランへの野心があっただろう。

ところで、この時点の全国計画局の位置づけは住宅法に基づくもので、後の国家計画局のように「空間」全体を「計画」する位置づけには、本来なかったようである。そうした状況にありながら、全国計画局のディレクターを務めた土木技術者フリッツ・バッカー・シュット（Frits Bakker Schut, 1903-1966）の視点は、より横断的なものだった。たとえばバッカー・シュットは、将来のラントスタットを守る上で「工業」の配置こそが人口分布を正しく誘導するための鍵になると考え、工業の地方分散政策をこの時期に提案している。

終戦後の一九四〇年代末にまとめられた全国計画委員会（官僚機構である全国計画局とは異なる、委員会組織）による全国計画の「ガイドライン」に、バッカー・シュットは以下のような内容を盛り込む。すなわち、①オランダ西部の過密都市から経済的に困窮している地域への移住を促すためには、産業の再配置が最善の策であること。②オランダ西部からのオーバースピルに対しては、アイセル湖（図１‐１、Ａ‐３）の新しい干拓地に建設するニュータウンのほか、既存の小さな町を受け皿とすること。③ロッテルダムの復興で強く提唱されている近隣住区の概念に従った都市開発を行うこと（Faludi and Van der Valk 1994: 99）。

今から見れば戦後のオランダ都市計画の枠組みがすでにここにあるのだが、この政策は「現実逃避的なアイデア」

とされて、まったく支持されなかった。そしてまもなく、バッカー・シュットは全国計画局を去る。ドイツ占領下で構築されたトップダウン体制といえば強力そうに聞こえるが、全国計画はこのとき、既存都市の周縁部で開発圧を抑止する力を持ってはいなかった。

技術者集団RWSの誕生

オランダの都市計画では、その後も人口予測とその適正配分のための工業の配置、そして交通計画が主な変数として議論されていく。もちろん、これはどの国でも同じような傾向にあった。しかしその一方で、オランダでは住宅政策を中心とするいわゆる「空間計画（ruimtelijke ordening）」の議論には登場しないまま、自律的な足取りで国土計画の根幹を決定づけていった重要な公共政策分野があった。河川事業である。オランダのアーバンデザイン理論の研究者F・ホーイメイヤーらの記述（Hooimeijer et al. 2005: 30-41）を軸にして、この分野の足取りを確認してみたい。

話は、再度一九世紀に遡る。二〇世紀の干拓事業に比べれば未だ小規模ながら、一八一五年、専制君主であったウィレム一世が水管理公共事業省を設ける。そしてその翌年、現在のインフラ環境省に引き継がれる河川技術者の精鋭部隊、ライクスウォータースタート（Rijkswaterstaat：RWS、水運水利管理局）が発足する。

RWSはウィレム一世の指揮下でウィレムスファールト運河（Willemsvaart）をはじめとする多くの運河を開削し、一八三八年にはオランダ最初の大規模干拓地ゾイトプラス干拓地（Zuidplaspolder）（図1-1、B-2）を完成する。さらに一八五二年には一万八四八六haのハーレマーメール湖（Haarlemmermeer）（図1-1、A-2）の干拓を四年間の工事で完結させた（図2-4）。これらはまさに、進化する干拓技術と水理学などの土木技術がオランダの国土を創出する姿を示していた。一八四二年には、植民地建設の管理技術者を養成する土木系学府が設立される。これがデ

図 2-4　ハーレマーメール湖の干拓計画図（1819 年）
出所）Reh et al. 2007: 198.

ルフト工科大学の前身である。そして一八四八年にフランスで第二共和政が始まるとウィレム二世は立憲君主制を導入、一八五四年には地方自治法と土地整理法が発布された。こうして、近代国家としての「地」固めが進んでいく。

それ以前、一八世紀までのオランダでは干拓をはじめ堤防の管理は、主にその地で暮らす農民の仕事だった。一九世紀に入って堤防や干拓の規模が増大するに従って高度な技術が求められるようになり、RWSがその建設作業を一手に引き受けるようになる。しかし、歴史的に積み重ねられた多くの干拓と運河による排水システムはあまりにも複雑だったので、土地間の地下水位バランスを含めた調整は、中央がすべてを取り仕切れるものではなかった。

そこで一九世紀末、国は河川と防潮堤のみを国の管理下に残し、他の全国の堤防管理と排水は、州による一定のガイドラインの下、各地区の「水管理委員会」に委ねた（Hooimeijer et al. 2005: 34）。当時全国に二五〇〇存在したこれらの組織は、いま二六に統合されている。しかし、それは役割が低下しているためではなく、より大規模な人口と大規模な水害に対して、より抵抗力のある管理組織にするためである（Meyer ed. 2010: 107）。確かに、土地の存立自体に危うさを伴うオランダには、国土計画を完全な中央政府の制御下におくことは難しいのではないかと思わせるところがある。

同時に一九世紀は災厄の時代でもあった。上下水道が未熟な状態での人口増加と市街地の拡大は、洪水による被災規模の拡大と、汚染された河川水の利用を助長し、オランダはこの世紀だけで五回のコレラの流行を体験した。

こうしたなか二人の土木技師、J・A・ベイエリンク（Jan Anne Beijerinck, 1800-1874）とA・フヴェット（Adrien Huet, 1836-1899）は、オランダの中心部を高潮から守ると同時に淡水の供給源を確保するため、ゾイデル海を大堤防によって閉鎖することを提案する。そして一八八六年にはこのフィージビリティを検証するためのゾイデル海協会が設立された。これが、約三〇年後の一九一八年に本格化する、ゾイデル海開発事業の発端である。なお一九〇一年には住宅法が定められ、各都市で一万人もしくは現状の一・二倍の人口に対して衛生的な住環境を提供することが義務づけられている。オランダ史上最大の干拓事業、ゾイデル海開発の議論は、こうした時代状況のなかで生まれた。

そんな議論を尻目に、一九一六年には度重なる暴風雨のため、ゾイデル海沿岸のマルケル湖（図1-1、A-3）とエダム湖（図1-1、A-2）の二ヶ所で堤防が決壊する。アムステルダムの北側に位置するプルメルエント（図1-1、A-2）が浸水したほか、南岸のヘルダースバレ低部や、ゾイデル海北東部の沿岸にも被害が出た。死者の数は他の歴史的水害に比べ多くなかった。しかし、ちょうど一九一三年に土木技術者のC・レリ（Cornelis Lely, 1854-

1929）が持論の「ゾイデル海締切り大堤防」の実施を公約として運輸大臣に就任していたため、この災害を機にゾイデル海開発事業の議論が加速する（Hooimeijer et al. 2005: 35）。そして一九一八年には、この事業を推進する法律、ゾイデル海法が可決された。こうして、一九三二年には、長さ三二kmの河口堰によってゾイデル海は堰き止められ淡水化され、その名もアイセル湖（図1-1、A-3）と改称される。なお後にアイセル湖内に作られるノールトオースト干拓地（Noordoost Polder）のニュータウン、レリスタット（図1-1、A-3）の名は、このC・レリの名から取られている。

デルタ計画

オランダは第一次世界大戦に参戦することはなかったが、この際の食糧難は食糧自給率の低かったオランダでは殊のほか深刻であり、農地の増反が至上命題となった。そこで一九二一年には住宅法が改正され、農地整備はそのための土地用途の決定を含めて市町村に任された。農地の整備にあたって欠かせない排水と堤防の管理を行う水管理委員会は、運輸省に対する発言権を強め、水管理委員会連合会が結成される。

後にオランダ史上最大といわれる土木事業「デルタ計画」の父としてその名を残すヨハン・ファン・フィーン（Johan van Veen, 1893-1959）は、ちょうどこのような時代にデルフト工科大学を卒業し、ドレンテ州の水管理部に勤めた後、RWSに入局する。V・フィーンはそこで二〇世紀初頭にオランダの天才的数学者ローレンツが導いた潮位の公式を改良したほか、堆積作用や洪水、河川改修などについて多くの研究を行った。その結果、南西デルタ地域を高潮から守るためには、当時の堤防の高さでは十分でないという結論を導き出す。

一九四六年、この課題はRWSの高潮対策検討委員会に引き継がれ、V・フィーンが自ら座長を務めるなか、とてつもない結論が導かれる。すなわち、高潮による被害を避けるためには堤防の嵩上げを六四〇㎞にわたって行わねばならず、それよりも南西デルタの河口を締め切る方が経済的であり現実的であるという結論であった（Marie-Louise ten Horn-van Nispen 2006）。オランダ河川事業の歴史的怪物といってもいい、「デルタ計画」の事実上の始まりであった。

そして、北海沿岸大洪水の発生はその直後の一九五三年であった。五〇〇㎞に及ぶ堰が破壊され、一八三五人の被害者、二〇万人の被災者を記録する（角橋 二〇〇九：一六）。こうしてあまりにも大きな代償と引き換えに、V・フィーンの不吉な予言は検証された（図２‐５）。

同年、「デルタ局」が設置され一九五七年には「デルタ法」が可決される。デルタ計画は南西デルタの河川沿岸の堤防を嵩上げするだけではなく、フェールセハット（Veerse Gat 一九六一）、フリフェリンゲン川（Grevelingen 一九六四）、ハーリングフリート川（Haringvliet 一九七〇）、さらに東スヘルデ川（Oosterschelde 一九八六）

図2-5　1953 年の高潮による破堤
出所）Lambert 1985: 300.
注）1953 年 2 月 1 日の高潮によって破堤したパーペンドレヒト（ロッテルダムの南東）の様子。

（以上、図1-1、B-1）の河口を締め切る大事業となった。ロッテルダムやアントウェルペンへの航路はさすがに締め切れないため、沿岸の堤防の嵩上げの他、ホランセ・アイセル堰（Hollandse Ijssel 一九五九）と、ザンドクリーク堰（Zandkreek locks 一九六〇）、フォルケラク堰（Volkerak locks 一九六九）（以上、図1-1、B-1）など、防潮用の可動堰が計画された。こうして、一九九七年のマエスラント可動堰（Maeslantkering）（図1-1、B-1）の竣工までの、四〇年間にわたる大事業が開始されたのである（図2-6）。

図2-6　デルタ計画の計画図
出所）Lambert 1985: 302.

二つの世界

先に見たラントスタットとグリーンハートをめぐる地域計画の議論や全国計画の議論はあまりにも有名であり、それだけを聞くと、国家計画局による「トップダウン」の全国的都市計画がおぼろげながらも描かれるプロセスであるかのようだ。が、実際にはここで見たように、ナチス政権下で圧倒的な指導力を発揮したJ・A・リンガース（Johannes Aleidis Ringers, 1885-1965）や、デルタ計画を牽引したV・フィーンのいた河川工学を中心とする土木的国土形成の世界と、住宅地計画を中心として市街地の塗り分け作業に集中する空間計画の世界との、二つの世界が並行していた。そして、河川事業におけるRWSの鮮やかなトップダウンに比べれば、全国計画局のコントロールが及ぶ範囲やその影響は、それほど大きくなかったことが分かる。

こうした都市計画家たちのフラストレーションは、戦後のプロセスにおいてすら一足飛びには解決されない。その一方で、V・ローホイゼンをはじめとする分析的都市計画家たちは、人口予測をはじめとする統計学的方法によって、徐々に「計画」の理想像に近づくための努力を続けた。ただしその場合にも、厳密で科学的なアプローチをすればするほど「計画」が目指す予定調和的な世界から離れるという、矛盾を帯びた道程をたどる。「計画」がその予定調和の軛から自らを解き放ち、不確実性を受け容れることで土木的な領域を含む都市や地域デザインの連続した地平に向かうための道標は、二〇世紀後半、ランドスケープアーキテクチュアという分野を媒介として、空間計画と河川工学の二つの世界が融合する風景のなかにようやく見え始めるだろう。

第3章　自然と人為

自然環境とランドスケープ

自然や環境に関する課題は、この間、どのように扱われていたのであろうか。自然環境の計画は、近年まで開発とは反対のベクトルを持つもので、開発をしないようにすることでしか達成されないように思われてきたきらいがある。これに対して、建築や都市計画と同様に、自然の景観を含む屋外空間や緑地を、より建設的に計画し、設計する分野がある。古くは庭園や農地の計画やデザインに関わりを持ち、工業化による市街地の過密化と拡大に伴って必要とされた公共屋外空間の計画分野として急速に発展を遂げた、ランドスケープアーキテクチュアという分野である。

一九世紀後半、フレデリック・ロウ・オルムステッド（Frederick Law Olmsted, 1822-1903）による一連の公園やパークシステムのデザイン（図3-1）、また、ホーレス・クリーブランド（Horace W. S. Cleveland, 1814-1900）による都市計画的な緑地計画の実践などを通じて、ランドスケープアーキテクチュアはアメリカの都市計画に対して大きな影響を与えた。それは、単に既存の自然景観を守るというだけでなく、都市や地域の計画における市街地や交通網の計画と表裏一体のものとして、緑地やオープンスペースを計画的に創成し、維持管理する分野と認識されていた（武

田他 二〇一〇：二一―二二）。以来、分野横断的な議論を通して自然環境やその生態学的な構造を含めたランドスケープアーキテクチュアに関する科学的、文化的な思考はさらに深められ、今日では、自然環境も含めた緑地やオープンスペースは、より積極的に計画し創成し、維持管理するものであるという考え方が主流になってきている。

オランダでは、一九世紀末から第二次世界大戦にかけてのこの時期、ランドスケープアーキテクチュアに関する認識はどのようであったのだろうか。ここでも少し時間を遡り、一九世紀後半における自然環境とその保全に対するオランダ人の認識から見ていくことにしたい。なお、この側面の記述については、P・H・ニンホイス（Nienhuis 2010）およびR・デッティンマイヤー（Dettingmeijer 2011）に多くの情報を負っている。

自然環境保全の目覚め

イギリスやドイツでは、オランダに比べて工業化が早く進み、その分、自然環境の保護に対する意識の目覚めも早かった。オランダでも一九世紀後半には、劇的な工業化と人口増加、それに伴う郊外における農地の開拓によって、比較的標高の高い更新統地質の「荒れ地」と呼ばれた草原が瞬く間に姿を消していく。オランダのビーバーや狼が絶滅したのも、おそらくこの時期

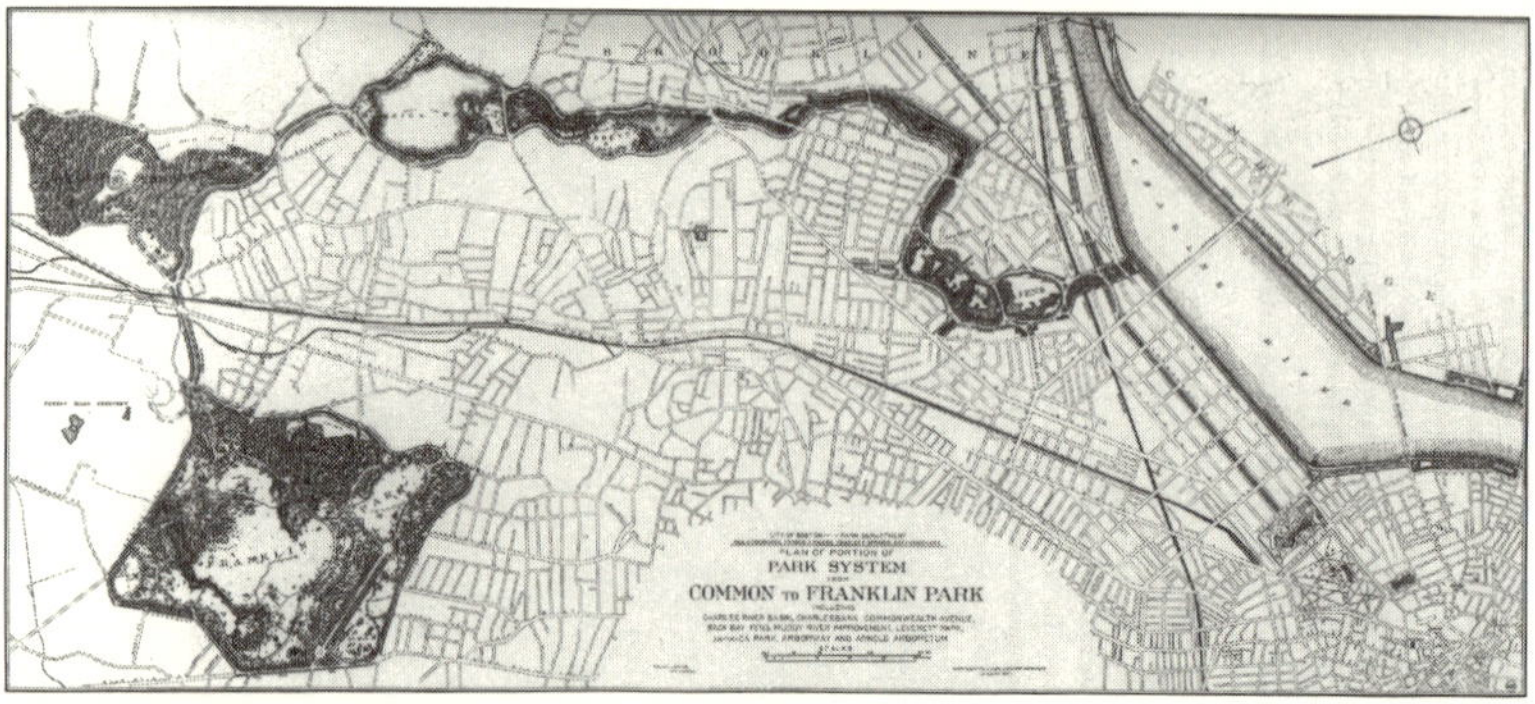

図 3-1　ボストンのエメラルドネックレスの図
出所）Steenbergen and Reh 2011: 323.

だといわれている。英独には遅れたものの、オランダ人もこのような状況を目の当たりにして、自然に対してそれまでとは異なるまなざしを向けはじめた。

オランダにおける倫理的、審美的、科学的な動機からなされた自然環境保護の先駆は、F・W・V・イーデン（Frederik Willem van Eeden, 1829-1901）だといわれる（Nienhuis 2010: 158）。V・イーデンは、一八八六年に『野草・植物散策（*Onkruid Botanische Wandelingen*）』という書物を著し、そのなかでオランダで最初と目される自然環境保護に関わる論考を記している。また、一八八〇年には、農業と林業に有用な種を保護する法律が制定された。他の欧米諸国に比べて遅くはあったものの、この頃がハーグ派の美術運動や文学運動において、自然や景観に対する審美的価値づけが高まる時期でもあった。

自然の景観を耽美的に鑑賞、観察するだけでなく具体的な保全の取り組みを行い、それを教育活動にも結びつけた最初の人物は、ヤコブ・P・タイセ（Jacob Pieter Thijsse, 1865-1945）と、E・ヘイマンス（Eli Heimans, 1861-1914）という、二人の教師であった。V・イーデンの思想に感化を受けた二人は、一九世紀末に南西デルタの低地における動植物や景観についての書物を複数著し、一八九六年にはデルタ地域の自然や半自然的な景観に関心を持つ人々の交流を促進するため、オランダで最初の野生生物に関わる学術誌『生きた自然（*De Levende Natuur*）』を刊行している（Nienhuis 2010: 159）。

低地では歴史的に多くの干拓がなされていたが、必ずしも成功したものばかりではなかった。ゾイデル海北岸に一七世紀建造の星形要塞で有名なナールデンという町があるが、この南西部にナールデルメール（Naardermeer）（図1-1、A-3）（meerは湖という意味）と呼ばれる湿地帯が現在も広がっている。この土地は城塞の築城以来、三度にわたって干拓が試みられたものの、水位を十分に下げることができないまま、仕方なく中途半端な状態で放置されていた。しかし、そこには結果として、草原と大きな水面と葦原、さらに湿性の樹林が生まれ、他の場所には見られないほどの多様な相の景観ができあがった。そこは狩りや釣りに適し、汽水（海水と淡水の中間の水）の地下水が地表に浸み出していた。

一九〇四年、アムステルダム市はこのどうしようもない土地を廃棄物の処分場にしようと考えた。これに対して一九〇五年、P・タイセとヘイマンスの二人は「ナチュールモニュメンテン（Natuurmonumenten）」というオランダ初の非政府団体による自然保護団体を結成し、ナールデルメールを買収する（図3-2）。ナチュールモニュメンテンは、現在九五万人の会員数を誇り、オランダの全世帯の四分の一が加入するといわれ、きわめて大きな発言力を持つ団体に成長している

図3-2　ナールデルメール
出所）Reh et al. 2007: 236.

（Dettingmeijer 2011）。

P・タイセはカリスマ的な文章力を持った人物で、晩年に至るまで『アイセル川（*De IJsel*）』（一九一六）、『我々の偉大な川々（*Onze groote rivieren*）』（一九三八）など、デルタの環境に対する市民の愛情を鼓舞する書物を著した。しかしその一方で、近代土木工学による河川の標準化という、自身の目の前で起こっていた劇的な環境の変化の重要性に対しては、どちらかというと無頓着だったようだ。河道の固定や、堰による潮位の変動の減少が、これまで自らが賞賛した河川の自然環境を根本的に劣化させるという危機意識は、その著作にはあまり表れなかったとされる。それ

どころか、『我々の偉大な川々』においては、ミューズ川に建設された近代的な堰について、「この堰は、河川の景観にまったく新しい要素を作り出した。その閘門の塔は、教会や、城の塔とはまったく違い、しかし、それでありながらも、便利で有益に働いている。これらの塔は見た目の装いや表面的な構造を持たず、なすべきことを、ただなしているのである」として、近代的土木構造物がつくる即物的で機能的な風景に賛辞を送っている（Nienhuis 2010: 162）。その書きぶりは、自然環境愛好家よりも、むしろモダニストの建築家の語り口を彷彿とさせる。

オランダの芸術における自然環境の審美的価値づけが他の欧米諸国より遅かった理由について、デッティンマイヤーは、多くの自然災害に見舞われてきたオランダ人にとって、自然の脅威は二〇世紀に至ってもまだ過去のものではなく、芸術的感受性の対象になり難かったのではないか、という趣旨の説明をしている（Dettingmeijer 2011）。すでに見たようにオランダの一九世紀は、五度にわたるコレラの流行に苛まれた災厄の時代だった。その時代を、土木技術の飛躍的な進歩によってどうにか抜け出した低地の住民にとって、二〇世紀前半の近代工学技術は、まだまだ批判的な目を向ける対象とはなりえなかったのかもしれない。アメリカにおいて、ラルフ・ウォルド・エマソン（Ralph Waldo Emerson, 1803-1882）や、ジョン・ミューア（John Muir, 1838-1914）といった思想家や自然愛好家たちが、自らの哲学に基づいて自然環境保全への国民的まなざしを啓蒙したときとは、状況が大きく異なっていた。

全国計画と自然・ランドスケープ保護連絡委員会

P・タイセらよりも二回りほど若かった自然愛好家クレインデルトは、一九二三年にナチュールモニュメンテンの理事となる。一九二四年のアムステルダム国際都市計画会議において、緑地計画と一体的に構想される地域計画の重要性を主張した人物だ。クレインデルトの視座はオランダで培われたというよりも、アメリカの国立公園に大きな感銘を受けることで開発された。オランダでもこうした自然環境の保全を行って、市街地と自然環境のバランスのとれた広域の計画を行うべきであると考えたのであった。

二〇世紀の半ばにはバッカー・シュットやV・ローホイゼンによる全国計画に向けた取り組みがあったが、これと並行して、クレインデルトは自然環境の保全計画が必要であると主張していた。そして実際に、その方向性は全国計画局の検討にも、一度は取り入れられた。

図 3-3　連絡委員会の最初の機関紙の表紙（1946 年）

出所）Instituut voor Natuurbeschermingseducatie en duurzaamheid の HP"Natuur en Landschap in de jaren Vijftig"（http://ivngeschiedenis.nl/Aanloop/Aanloop_3.html）

当時の全国計画局の検討では、ラントスタットとグリーンハートという明快な構造を不文律ながら見出していた。しかし、より広域的な計画は住宅建設の観点だけでは構想できなかったはずだし、土木的視点からは河川の標準化と堤防の増強という線的な課題が至上命題であり、面的な自然環境保全の視点はなかった。バッカー・シュットによる産業の分散化とそれによる人口分散化の主張も、あくまで住宅地計画の延長線上にある。果たしてこうした状況のオランダで、既存の自然環境の評価と保全は、アメリカにおけるように、都市の骨格を作りうるものと考えられただろうか。

戦時中の計画に関わる作業について多くの情報はないようだが、ドイツによる傀儡政権のもと一夜にして権力の座を得た全国計画局は、土地の売買や建設計画を凍結させる地域の候補として、各地の美しい自然景観のリストを各方面から報告させた。その後の全国計画の実行性を担保するためだったのだろう。これを受けて一九三二年、ナチュールモニュメンテン、各プロヴィンスの景観財団、オランダ観光協会、オランダ建築家協会は、合同で連絡委員会を設置した。委員会は、一九四二年に開発を凍結すべき地域のリストをまとめ、全国計画局に提出している（Faludi and

Van der Valk 1994: 200)。

自然環境を保全しようとするものと、秩序ある開発を行おうとするものとの間に、このような分野横断的な場が存在したということは重要である。実際、この連絡委員会は戦後も継続し、一九七二年には現在に続く「自然・環境財団（Stichting Natuur en Milieu）」の設立母体となった。

ただこの時点で、自然環境保全と都市計画は、いずれも意図する課題に取り組むための専門領域をまだ知らなかった（このころ、ランドスケープアーキテクチュア協会はまだない）。後の発展に照らして考えるなら、この時期、建築学や都市計画、植物学といった個別の専門領域はそれぞれに一定の発展を見ていたものの、社会科学や生態学という、広域の計画に必要な科学的方法論が構築されていなかった。あるいは活用されていなかった。逆にそれゆえ、建築・都市と自然環境保全に関わる諸分野は、より直接的に依存しあう関係にあったのだろう。そう考えれば、当時の連絡委員会の役割がよく理解できる。

一九四六年、連絡委員会はその保全の対象に「ランドスケープ」を追加し、「自然およびランドスケープ保護連絡委員会」と改称する（図3-3）。このように、オランダにおける「ランドスケープ」という分野の必要性は、庭園的な伝統よりも、自然環境や田園景観を、計画的に保全する目的を通して認識されるようになった。

ヴェストホフの「半自然」

戦後のオランダにおける自然環境保全に最も大きな影響を与えたとされるのは、フィクター・ヴェストホフ（Victor Westhoff, 1916-2001）である（Van der Maarel et al. 2001）。学者であり自然環境保全の活動家でもあったヴェストホフは、自然について「真自然」と「半自然」の区別を導入することで、それまでの議論の主流を占めていた、手つかずの「自然景観」と、人の手の入った「人工的景観」との二項対立を回避することを考えついたことで知られている。

一九世紀半ばのオランダの干拓地は、貧弱な土地条件ゆえにさまざまなタイプの小規模な農業を混合せざるをえなかった。ヴェストホフは、このような農業景観を「半自然（semi-natural）」と呼んだ。そしてその生物学的な多様性を評価し、それが生き残るようにするために、人による管理が必要であると主張したのである（図３‐４）。

図 3-4　18 世紀の農村風景の図
出所）Nienuis 2010: 165.
注）Luiken による 1694 年のエッチング。

オランダ青年自然研究協会などでの少年時代の活動を経て、自然環境に関心を抱いたヴェストホフがユトレヒト大学で生物学を学び始めたころ、オランダでは生態学はいうに及ばず、植物社会学すら新しい分野であった。ヴェストホフは、植物社会学の開祖の一人であるスイスの植物学者ヨシアス・ブラウン・ブランケット（Josias Braun-Blanquet, 1884-1980）などがオランダを訪れた際に直接指導を受け、林学の教授たちとともにオランダの植物群落の調査を行った。そして一九四〇年代には、ブラウン・ブランケットの方法論に則った、オランダ版の植物社会学の教科書を発行する（Van der Maarel et al. 2001）。

P・タイセらが立ち上げたナチュールモニュメンテンの名称でも分かるように、ヴェストホフの生まれ育った戦前のオランダでは、貴重な自然環境を買い上げ、記念的に手をつけず保存するのが主流だった（Van der Maarel et al. 2001）。しかし、ヴェストホフは植物社会学の研究を通して独自の考え方にたどりつく。動植物の生息環境として自然環境を保全しようとするならば、自然保護地を入手し保存するだけでは不十分であり、それに対して積極的に手を入れなければならない場合がある、という考え方だった。

動植物それ自体は自然由来のものであるが、すでに植生の構造や種の構成は数世紀にわたる人間の土地利用によって大きく変質していた。ヒース（荒れ地）や草原、あるいはコーピス（間伐を繰り返す薪炭林）といった景観は、その代表的なものであった。ヴェストホフが「半自然」と定義したのは、こうした人の継続的な介入によって生まれた「自然」の姿であった。日本でも「里山」などの例とともに今ではよく知られた考え方である。

ヴェストホフは少年時代から属していたオランダ青年自然研究協会の一九五四年大会でこの考え方を最初に発表し、以後、多くの論文を通して国際的に発信した。

遅れていたオランダの環境保護

ところで、アメリカの水界生物学者レイチェル・カーソンによる『沈黙の春』は一九六二年の出版である。今、私たちの議論は、ヴェストホフの経歴を確認するなかでその直前まで進んできた。技術革新による産業排出物の質的・量的な変化が、それまで予測されていなかった環境中の化学変化を誘発し、結果として人を含む動植物の生存を危うくするような生息環境の劣化が懸念される時代に、すでに差し掛かっている。オランダのプランニングに関する議論は一九五〇年代で止めたままだが、この際、この時期の自然や環境に対する意識について、国際的に生じていた変化と、オランダの状況との違いについて確認をしておきたい[*1]。

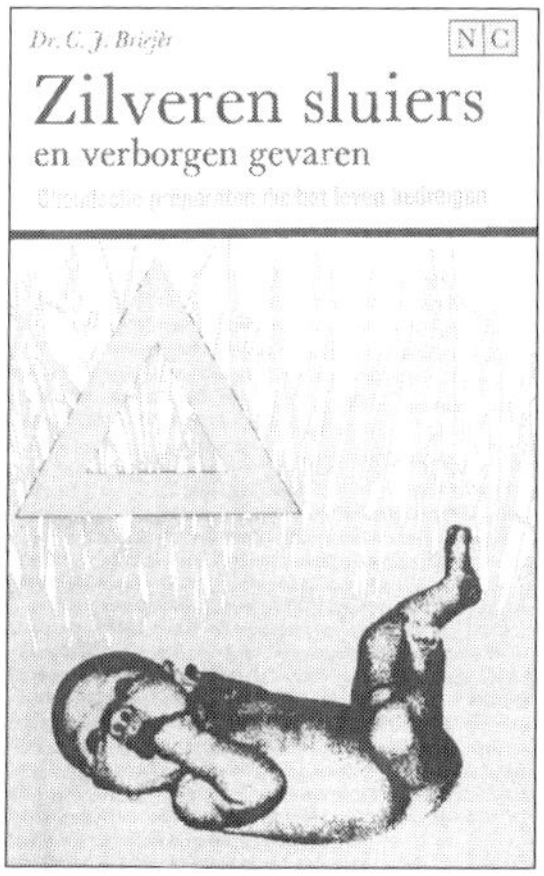

図3-5 『銀のヴェールに隠された危機』表紙
出所）Nienhuis 2010: 165.

カーソンが化学物質の環境への影響について発した警告は、これまでの健康やアメニティ、あるいは天然記念物の保存とは次元が異なり、人類と動植物の生息環境の保護という、より強く分かりやすい目的を、自然環境の保全という行為に付与した。それまでにも特定の汚染源に起因する大気汚染や水質汚染によって、直接的に人間に被害が及ぶ事例はあった。しかし、農業排水など「ノンポイントソース」と呼ばれる点的でない汚染源により、地下水など目に見えない媒体を通して滲み渡るように広がる環境汚染は、それとは質を異にする脅威を社会に感じさせた。そして、これを機に環境保護運動は一気に大衆的な広がりを見せる。

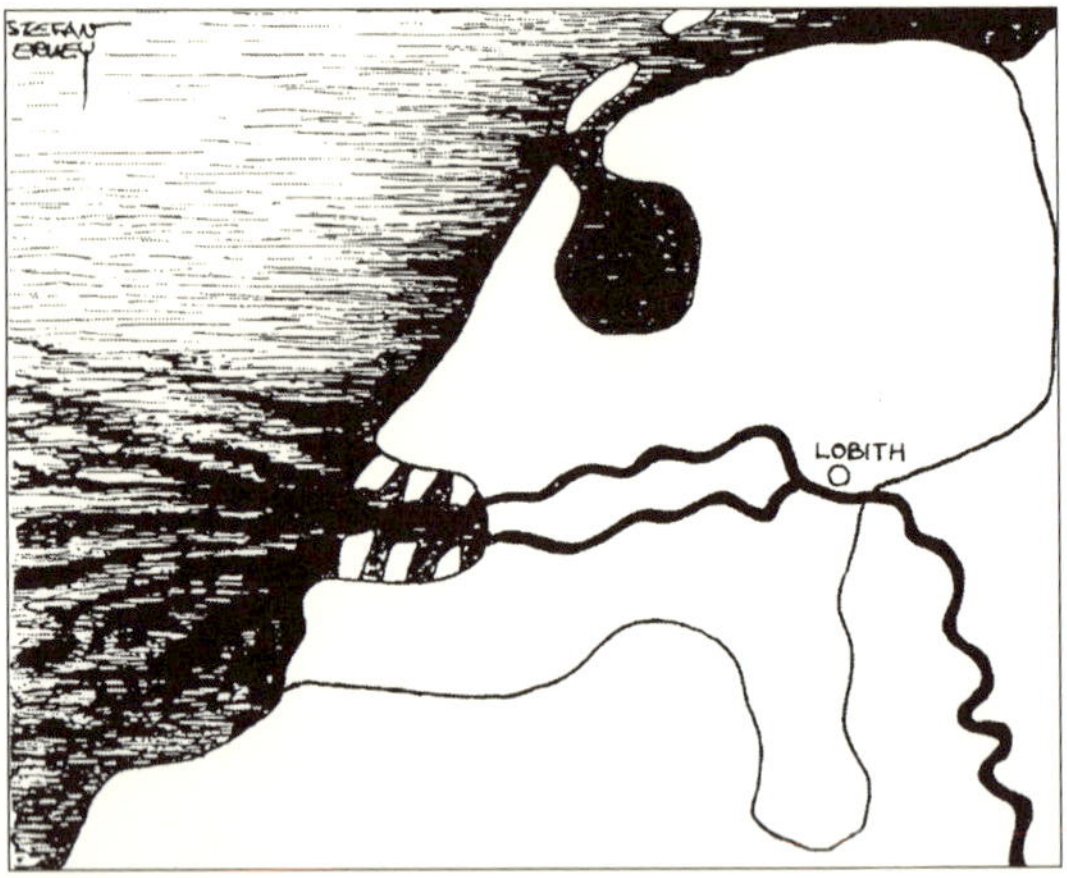

図3-6　汚染されたライン川と河口のオランダ
出所）Nienhuis 2010: 348.
注）Stefan Verwey による 1975 年の風刺画。

自然の河川を堰き止め、農業の振興にひた走っていた二〇世紀半ばのオランダでは、こうした意識の変化はなかったのだろうか? 実際には、多くの研究がなされていた（Nienhuis 2010: 162-164）。オランダの水界生物学のパイオニアといわれたH・C・レデケ（H. C. Redeke, 1873-1945）は一九世紀後半からの先人の積み重ねの上に、一九二一年に「水界生物学クラブ」を発足している。レデケがアムステルダム大学で一九一六年から続けた講義は一九四七年に『オランダにおける水界生物学』として出版され、さらに一九七五年に再版された。なかでも一九二二年に発表された汽水域に関する分類方法はよく知られている。低地オランダが水界生物の研究材料に事欠くはずはなく、一九三二年に締め切られたゾイデル海（アイセル湖）と、その締め切り後の変化は、水界生物学クラブのメインフィールドの一つになった。

また、国際的な生物学者であったC・J・ブリエル（C. J. Briejer）は、一九五八年に殺虫剤に対する昆虫の耐性が年々増加しているという研究を発表し、カーソンすらこれを引用した。しかし、『沈黙の春』のオランダ版にあたる『銀のヴェールに隠された危機――生命を脅かす化学物質』をブリエルが著すのは、定年後の一九六七年のことであった（図3-5、6）。

このようなオランダの環境保護に関わる学術的先進性とその応用への関心の低さとのギャップは、近年に至るまでオランダの学術界の傾向であったという。ニンホイスは一九七五年に行われた「損傷を受けた生態系の修復と再生」国際会議において、ライン-マースのデルタ地帯を扱った報告が一つもないことを引き合いに出し、現在では一九九〇年代のオランダがその先端を走ったように見える河川の自然再生についてすら、オランダがリードした試みではなかったとして、オランダにおける膨大な研究量に比べ、その応用への関心が低かったことを指摘する（Nienhuis 2010: 164）。

ただし、これまでに見た都市計画や河川整備における中央集権化の経緯、あるいは戦争の被害を受けなかったアメリカと、戦災復興のために全力を注ぐ必要のあったオランダにおける状況の違いを考慮したとき、こうした状況に対してつい弁護したくなる日本人は、筆者だけであろうか。本書は、そうした状況を少しずつ乗り越えようとしてきた、オランダの専門家たちの物語でもある。

ランドスケープ計画への遠い道のり

なにはともあれ、オランダも遅ればせながら環境保護の風にのった。一九六〇年代以降、ナチュールモニュメンテンは、環境の悪化と生物生息地の危機を訴えるポスターや切手の発行と電子送金によって多額の寄付金を獲得し、ディーラーウッド（Deelerwoud 一九六七〜七二）（図１‐１、Ａ‐４）、ズワネンヴァーター（Zwanenwater 一九七二）、フルダル（Geuldal 一九七七）といった自然保護地の買収を進めていく（Dettingmeijer 2011）。

このようにしてオランダの自然環境の保全は、ヴェストホフの拓いた「半自然」の概念の上で、カーソンが呼び覚ました環境保護に対する意識によって、自然と人間の営為が共存する環境の実現という独自のビジョンを得るに至った。

もちろん厳密にいえば、自然環境の保全にはさまざまなモチベーションが入り乱れている。一九五〇年代までの自然環境保全は、主にアメニティと（主に空気的衛生や運動の場としての）健康、レクリエーション、審美性といった、人にとっての文化的、精神的側面での必要性を根拠にしていた。これに対して一九六〇年代以降新たに加わり、それまで以上に多くの市民の参画を得た自然環境保全の運動は、人間を含む動植物の生存基盤としての環境の汚染や質の低下を防ぐという、環境保護の目的が強い。

しかし、この境界にそれほど簡単に線を引けるものではないのも実際である。環境保護を訴える人々のなかには、その健全な発露である自然環境を好む人々が多いだろうし、その逆もまたしかりだ。むしろ、それまで別々ものであったこの二つを、「春」という一体的な体験に現れた変化に凝縮して表現したことが、カーソンの歴史的重要性である。この瞬間に、環境の文化的な価値と、生物の生存基盤としての価値が、実は一つの事であるということが示されたからだ。

ヴェストホフは、ヴァヘニンゲン農業大学とオランダ国立自然保全研究所を経て、一九六七年から母校ナイメーヘン大学で植物学の教鞭をとった。ここで終生、教育と研究に励むが、このころ以降、アメリカのイアン・マクハーグが開始したエコロジカルマッピングの手法を取り入れ（図３‐７）、以後のオランダにおけるランドスケープ計画に資する多くの研究成果を上げた（Van der Maarel et al. 2001）。

図 3-7　ヴェストホフのマッピング
出所) Westhoff 1971: 238.

もちろん、マッピングは一つの表現媒体にすぎない。大事なのはそれが表現するコンテンツだが、この面でヴェストホフが残した功績は、そのマッピングによって記述すべき動植物の群落が相互に与える影響、つまり自然環境のエコロジカルなダイナミズムを見出し、人間活動をもそのダイナミズムに参加するエージェントの一つと見なす、環境社会学的な自然環境保全の方向性を見出したことである。オランダにおいて、自然と人為の対立を超え、人間が関わりながら持続していく環境のイメージを共有するうえでヴェストホフが果たした役割は大きい。

このように見ていると、一九二四年にクレインデルトが目指したゴール、すなわち自然環境の計画的な保全を含む全国計画の策定は、もう、すぐ目の前に来ているかのように見える。しかし、ことはまたも簡単ではなかった。続く一九六〇年代から七〇年代は、オランダの「計画」が最も大きな成功を収めた時期である一方、その後半は大きな停滞と蓄積の時代ともなるからだ。

注

＊1　本書では、「自然」と「自然環境」という言葉を、便宜的に以下のように使い分けている。すなわち、「自然」は人為との対比で位置づけられてきた抽象的な概念として扱い、同時にその摂理や、その結果生じる現象を広く意味する場合があるものと考える。そして、「環境」という言葉は、素朴に我々の身の回りを取り囲む境遇という意味での環境、つまり人為と自然の混合体として現れる空間や景観を広く曖昧に指し示す場合と、人を含む動植物の生息環境という意味を示す場合とに分かれる。また前者については、その環境自体の成り立ちが自然に大きく由来する場合と、人為に大きく由来する場合との程度差があるだろう。しかしこの部分を呼び分け始めると議論が必要以上に煩雑になるので、必要と考えた場合に限って、「自然環境」「都市環境」などと呼び分けることにした。

第4章　計画と科学

全員参加の委員会

都市計画のシーンに戻ろう。一九六〇年代、ついに策定された初めての全国計画、「国土空間計画文書（Nota Ruimtelijke Ordening）」は、コンパクトなラントスタットと、スプロール化の防止によるグリーンハートの保護、そのための計画的な郊外へのオーバースピル政策を基本とした。一九四〇年代にバッカー・シュットが主張して受け入れられなかった人口分散政策は、歴史的には追認されたことになる。以下の記述の多くを負うA・ファルディとA・V・D・ファルク（Faludi and Van der Valk 1994）に従えば、この成功には周囲の参加機会の作り方が重要な役割を果たした。

都市や地方の計画における主要な側面、たとえば道路、運河、農地の圃場整備、工業地帯の開発などは、第一に各省庁の特権的領域であった。全国計画局や中央計画局による統計的予測をもって行われた「計画」の前には、いわゆる「セクター」と呼ばれるオランダ行政の強い縦割り体質が、大きな壁として立ちはだかっていた。バッカー・シュットが越えられなかった壁の一つは、これであった。

全国計画局のディレクターを一九五〇年前後に受け継いだジャスパー・フィンク（Jasper Vink, 1902-1995）は、前任のバッカー・シュットと同じ方向のビジョンを持っていたが、焦らず進めた。ビジュアルで分かりやすいプランニングについての広報誌を発行して経済界に情報を発信するとともに、メディアでもプランニングの話題が取り上げられやすいような広報を行った。そして、各省庁に対してプランニングが彼らの領域への侵犯ではないこと、そもそもプランニング自体がプランナーだけで作られるものではなく、全省庁の協働によってなされる作業であることを説いて回った。こうしたフィンクの努力が、二一世紀初頭まで続く、各省庁からメンバーを集めて国土空間計画を検討する全国空間計画委員会の礎を築いた。

そして、「マイルストーン一九五〇」と呼ばれる展覧会では、一八五〇年時点と、一九五〇年現在、そしてこのまま開発が進んだ場合の将来像の、三つのラントスタットの姿が対比的に示された。ここでフィンクは、アムステルダム、ロッテルダム、ハーグの三都市と南北ホーランドおよびユトレヒトの三州から、オランダ西部の課題についての検討に対して協力をする約束を取りつけた。これが、地域参画型の全国計画の検討に向けた大きな弾みとなる。こうしてついに「オランダ西部検討委員会」が発足し、フィンクはこの委員会に国と州で指導的な立場にあった政治家と、各省庁のトップ官僚を集めることができたのである（Faludi and Van der Valk 1994: 102-103）。

いわば全員参加となったこの委員会での議論は、V・ローホイゼンの調査分析によるバックアップを得て進められることになった（Faludi and Van der Valk 1994: 104）。V・ローホイゼンは、一九二四年のアムステルダム国際都市計画会議においてラントスタットを予見する馬蹄形の人口分布を描き出した人物だが、この委員会の当時、すでにデルフト工科大学の教授となっていた。専門家による調査分析に基づき、多様なステークホルダーが自らの持ち札を安心して広げられるテーブルを作るという、のちに有名になるオランダモデルは、フィンクが集めたこの委員会で始まったといえそうである。

国土空間計画の成立

一九五六年には、「西――および他の全国土」と題された委員会の小報告が出され、ここに初めて、全国を対象としたプランニングの必要性が公式に、実質的なメンバーの同意を持って表明された。そこでは、かねてよりバッカー・シュットが主張した産業と人口の分散策が取り入れられていた。これを受け、経財省も産業配置の分散方針を表明し、この政策は実施されていく。そして一九五八年の報告「オランダ西部の開発」において、コンパクトかつ稠密な市街地の連鎖によって作られるラントスタットと、その内側に農業とレクリエーションを主とするグリーンハートの二つを、実質的なコンセプトとする都市の成長管理策が盛り込まれた。そしてラントスタット内の各大都市は、一五㎞以上離れた五万人から一〇万人の地方都市に人口を誘導することによって、いずれも一〇〇万人を超えない人口となるよう管理する、という方針が示された（Faludi and Van der Valk 1994: 109）。

そして一九六〇年、政府は全国計画に相当する初めての公式文書として「国土空間計画文書」を国会に報告し、オランダ西部検討委員会の検討内容を、事実上の全国計画として位置づける。一九六五年にはようやく住宅法と分離された空間計画法（Wet Ruimtelijke Ordening：ＷＲＯ）が発効し、法改正とともに省庁も改称、全国計画局は「住宅空間計画省」のもと、「国家計画局（Rijksplanologische Dienst：ＲＰＤ）」に名称を変えた。

一九六六年、改訂版の「第二次国土空間計画文書」が発表される。そこでは、人口のオーバースピルの具体策について「集中的分散」という考え方が導入され、その概念的な配置のされ方も分かりやすく図で表された（図４‐１）。

一九七三年以降、第三次国土空間計画文書が部分ごとに、断続的に発表されるなかで、各主要都市のオーバースピルの受け皿としてより具体的な「市街化中核地域」が指定され、各都市での人口増を受け入れるための政策も整えられていく。この計画は、オランダの人口が二〇〇〇年に二千万人になるという人口予測に基づいたか、二〇世紀終盤までこの目標値は維持された（Faludi and Van der Valk 1994: 132)。

秩序だった住宅供給による都市の成長管理という戦後最大の課題は、こうしていったんの解決を見た。一九二四年のアムステルダム国際会議においてV・ローホイゼンが馬蹄形のラントスタットとグリーンハートという明快なダイヤグラムを示唆して以降、約五〇年の歳月が費やされていた。

書類の山

ところで、第三次国土空間計画文書は各セクターからの報告文書の集合という形をとった。最初の基本方針文書で大きな目的が描かれ、その後に続く市街地計画文書と田園地域文書によって補完された。そして、住宅政策、交通運輸政策、屋外レクリエーション政策、自然および景観保全政策など、多くの報告書がテーマごとに設定された委員会の勧告に基づいて作成された。なお、一九八五年にようやく示された第三次国土空間計画文書の最終パートが、オープンスペースと自然保護に関わる田園地域文書であった（Faludi and Van der Valk 1994: 141)。一九二四年、欧米の都市計画の議論は、オープンスペースの広域計画に関する議論から始まった。しかし、オランダでは、このオープン

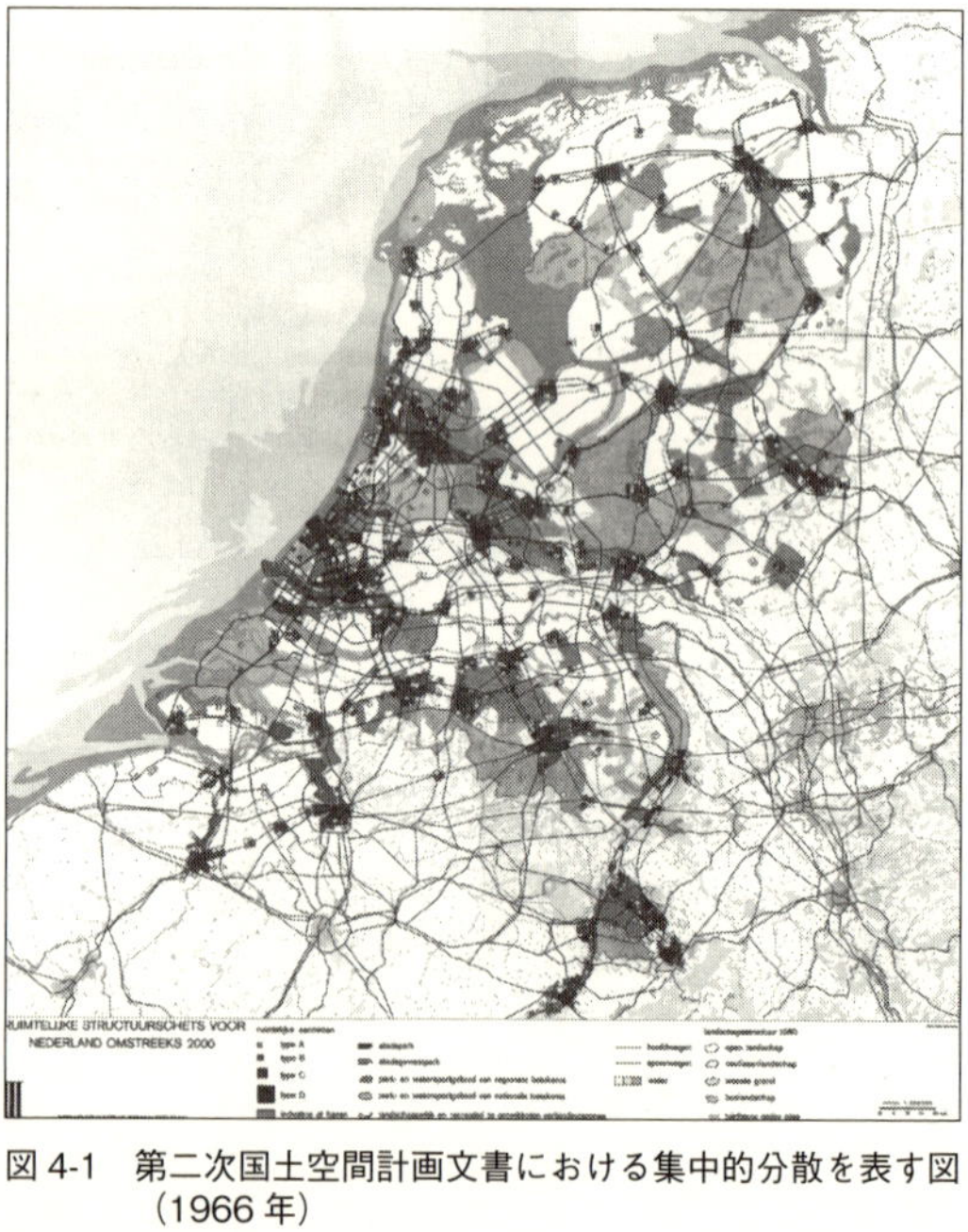

図 4-1　第二次国土空間計画文書における集中的分散を表す図（1966 年）

出所）De Jonge 2009: XXXI.

スペースに関わる課題が、まとまるまでにもっとも長い時間を要した。皮肉な話である。

果たして第三次国土空間計画文書は、各省庁や専門家からの勧告を踏まえた文書の山として現れた。策定作業はオープンスペースと自然保全に関するパートEの報告まで一二年にわたって続き、結果として第三次国土空間計画文書は、手に負えないほどに大部で、多面的なものとなったのである。当時のRPDのディレクターであったテオ・ケネ（Theo Quené, 1930-2011）すら、「さて、材料は十分に集まったが、これだけ集まると何のケーキを焼けばいいか分からない」と言っていたという（Faludi and Van der Valk 1994: 145）。

テクノクラシーの挫折

どこの国でもそうであるように、当初、オランダの都市計画も少数のエリートが行っていた。特にオランダの場合、CIAMやデ・スティル、オップバウなど、モダニズムの建築運動の強い影響を受けてもいた。その思想は、合理主義、機能主義といった、誰にでも普遍的に通じ、役に立つはずの正しい考え方があるという信念に支えられていた。ただしそこには、建築を中心とするさまざまな生活上の必要や構造的な整合性、経済性など、多くの要因を総合するための技術に長けた「専門家」でなければ、そうした合理的な計画やデザインを実行することはできない、というテクノクラシーが同時に内在していた。

ドイツ占領下の一九四一年に全国計画局が設置されて以降、住宅政策を中心とするオランダの「空間計画」についてはその組織構造ゆえか、あたかも明快な計画が国によって立てられ、それが滞りなく実行されたかのような印象を持ちがちだ。しかし実際には、第一次国土空間計画文書の難産にも見られたように、戦後のテクノクラート主導型のプランニング方法論は、V・エーステレンとV・ローホイゼンによるアムステルダム総合拡張計画以外では、むしろ意図せずに得たトップダウン体制に対する向かい風と、それに対する妥協の歴史であったといえる。

一省の一機関が取りまとめた国土空間計画に従って予算が組まれ、各州と市町村がそれに従って滞りなく計画を進める、こうしたことが、簡単に実現するはずがなかった。それどころか、強力な交通水運省もあれば財務省も農業水産省も、もちろん自らの所属する省もあるなかで、そんな文書にそれぞれが従う必然性がどこにあるのか。その組織が戦中の非常事態に作られたとなれば、違和感はなおさらであろう。

セクターとファセット

一九七〇年に政府によって招集されたデ・ウォルフ（De Wolff）委員会という、有名な委員会がある。そこで提唱されたオランダの行政構造のモデルについて、ここで見ておくのが適切だろう。「セクター」と「ファセット」というモデルである（図4-2）。

このモデルにおけるエネルギー、国防、交通運輸、農業、教育、自然保護の「セクター」は予算執行単位となる各庁省に相当し、このセクター相互のコミュニケーションがなければ、国土空間計画は総合的なものにはならない。そこで、「計画」の役割は、これらのセクターを経済、社会・文化、空間の三層において横につなぎ、全体像へと組み上げるコーディネーションと見なされ、それらの層が「ファセット」と呼ばれている。そして、それぞれのファセットを管轄するのが当時の三つの計画局、中央計画局、社会文化計画局、RPDであるとされた（Faludi and Van der Valk 1994: 149）。これらを管轄する各省は区分ごとの予算執行だけではなく、互いのコーディネーションをその仕事に含む、という考えである。

もちろん、RPDも住宅空間計画省という一つの省に属し、住宅供給に多くの予算を使う立場にあったので、本来

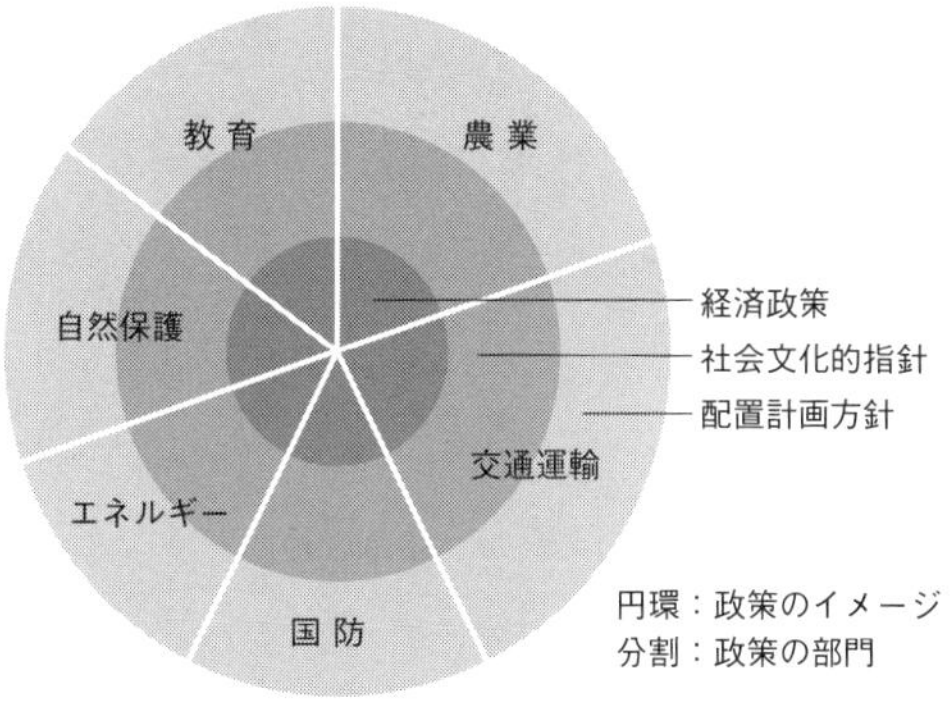

図 4-2　セクターとファセット
出所）Faludi and Van der Valk 1994: 149 より作成。

ならここに住宅政策も入るはずで、この概念図も現実に完全な形で対応しているわけではない。どちらかというと、今後そのような認識で政府は国土空間計画に取り組むべきであるという考え方である。

こうした考え方を採用することで、政府が計画局を通した統制を強化したという見方もある（Grijzen 2010）が、長い時間の流れのなかで振り返ると、むしろ、「各計画局はコーディネートに専念するので、各省庁ともどうにか国土空間計画の構築に協力してもらいたい」という、政府から予算執行権限を持つ各省庁へ向けた嘆願に近いようにも見える。

空間計画を上意下達的に運用することの困難は、第一次と第二次の国土空間計画文書に対する「ブループリント」（青焼き図面。建設工事の指示をするために大量に擦られるジアゾ式の大判複写のこと）という蔑称で明らかになっていた。第三次国土空間計画文書には、「今度は私たちでなく皆さんが描き、私たちはその調整をいたします」という、計画の実効性の確保に向けた政府の必死の姿が見える。

このように考えると、第一次国土空間計画文書から第三次国土空間計画文書に至るこのプロセスを通して、すでにその後の地域デザインの鍵となる「協議」や「参加」の遺伝子が組み込まれていたことがわかる。

計画と科学

何しろ情報を集めること、そしてそれを分析して、どこから見ても正しい計画の基礎とすること。一見すればごく当たり前のことのように見えるこのような計画論も、実行に移すとなれば容易ではない。そもそも、集める情報の範囲や種類は何なのか、分析する主体、それを活かして計画する主体は誰なのか、さらに、計画は分析作業の終了を待つことが可能なのかどうか。プロセスを客観的、あるいは科学的にしようとすればするほど、さまざまな課題が現れてくるものだ。

ＲＰＤの前身である全国計画局の設置から、第三次国土空間計画文書の完結までの経緯から見れば、客観的な調査に基づく計画は、各省庁の支持を得るためにも不可欠だったように見える。しかしその一方で、こうした合理的計画論は、プランナーのコミュニティのなかで内発的に志向された側面もあった。

その志向は、オランダではＶ・エーステレンとＶ・ローホイゼンのアムステルダム総合拡張計画においてすでに明確だった。このとき、Ｖ・ローホイゼンは調査に基づく人口や経済に関する予測で計画に貢献し、Ｖ・エーステレンはその調査を活かした明快で機能主義的な計画に形を与えた（Faludi and Van der Valk 1994: 59）。二人は一九四七年から、それぞれ都市計画およびデザイン、都市計画および調査分析を担当してデルフト工科大学で非常勤の教鞭をとっていた。Ｖ・ローホイゼンは、都市計画においては社会的側面が重要であり、直感的な理解だけでなく科学的に健全な演繹的思考が求められる、と考えた。両者とも異分野の協働を重視し、大建築家によるマスターデザイン的なアプローチから一線を画する、匿名的なプランナーの方向性を指向していた（De Jonge 2009: 71）。

プラノロヒー

こうした思想の展開として、オランダの都市計画に大きな影響を与えることになったのが、プラノロヒー（planologie）と呼ばれた専門分野の成長である。しかもプラノロヒーは、工学系ではなく社会科学系の分野として発展した。同じころ、工学系のプランナーたちは戦災復興事業の実務で手を取られ、理論的な探求には十分な時間を避けずにいた。その間に、地理学や社会学の専門家たちによって、科学的計画の根拠とすべき調査分析に、大きなエネルギーが注がれたのである（Faludi and Van der Valk 1994: 149）。

一九六二年には、アムステルダム大学とナイメーヘン大学に、社会科学系の「プラノロヒー」の講座が開設される（Faludi and Van der Valk 1994: 120）。プラノロヒーというのは、実務としての空間計画（Ruimtelijke Ordening）に対して、それをバックアップする調査分析の学問である。したがって、その二つを合わせることでアーバニズムが成り立つと考えるのが妥当だ。アムステルダム総合拡張計画の例でいえば、V・ローホイゼンがプラノロヒーを担当し、V・エーステレンが空間計画を担当したと考えれば分かりやすい。

アムステルダム大学において、オランダで最初の都市計画の教授に着任したウィレム・ステイヘンハ（Willem Steigenga, 1913-1974）は、一九六四年に『近代計画学（*Moderne planologie*）』という一般市民向けの書籍を出版する。そこでは、プラノロヒーが社会地理学を母体として都市計画に関わる分析を行うだけでなく、広域的な空間計画の課題に対する解法を導く手段となると説明された。ステイヘンハは次のように述べている（Salewski 2013: 68-70）。

> 「プラノロヒーの枠組みのなかで空間自体についての判断と評価が行われる。この評価の基礎となる目的は、既存の状況と展開の傾向に関する徹底的な調査を通して見出される。したがって調査は客観的に行われ、客観化を目指す。調査によって定められた目的と客観化された事実や傾向は、それ自体が特定の、明確に定式化された規範、または仮説的に構築された状況、すなわち理想とみなされるものと比較される。こうすることで、現状がどのように改変されうるかについて考えることができる。この作業は、可能性とその望ましさを、科学的な調査および出発点になる規範と照らし合わせることによって行われる。」

「プラノロヒーは、『可能性』の性質をより強く持つものである。しばしば可能な解はいくつか構築されうるものであり、それぞれの解は異なる長所と短所の特定な組み合わせとなる。それらを前に、総合的な判断は、そのときに適用される規範が持つヒエラルキーによって決定される。『空間と社会による最善の歩み寄り』は、技術的（広い意味での技術として、ここでは経済的、社会学的、地理学的、等々の技術を含む）な課題ではなく、規範上の課題なのである。」

C・サレウスキは、ステイヘンハの思想は事前の緻密な調査と分析を重視しながらも、カール・マンハイム（Karl Mannheim, 1893-1947）の計画論における、価値観についての動的な認識と、ユートピア的な思想の影響を受けていると指摘する（Salewski 2013: 70-73）。ステイヘンハは、計画の是非に関する判断には絶対的な基準が存在するのではなく、基準はその判断をする個人や集団の属する時代あるいは地域が共有する規範に従って変わるものであり、未来の都市を構想するということは、未来の社会における規範を構想することに他ならないと考えた。

ソシオクラシーの台頭

第二次国土空間計画文書のことを、単一の未来を押しつける「ブループリント」であると批判したのも、ステイヘンハであった（Faludi and Van der Valk 1994: 116）。RPDのプランナーたちが、二〇〇〇年に二千万人という人口予測のもと、あたかも建築家が建物の図面を引くように都市の未来について単一の絵を描いたところで、これに沿って実際の生活空間ができあがるとは、ステイヘンハには信じられなかったのであろう。

V・ローホイゼンもステイヘンハも、調査自体は科学的で客観的なものであり、アーバニズムはそうした調査に基づくものだと考えたが、二人の考え方には大きな違いもあった。V・ローホイゼンは、調査分析の専門家はその領分にとどまり、分析結果から形態への変換はデザイナーや空間計画の専門家に任せるべきであると考えた。プラノロヒーが特定の価値観に染まることを免れるためである。それに対してステイヘンハは、複数の「シナリオ」を描くことによって現状から地続きでたどりつく望ましい社会空間モデルを選択するという計画手法を構想した（Salewski 2013: 68-74）。

もちろん、このような世代の異なる計画思想のどちらが良いかなど、それこそ一つの結論を出すべき課題ではない。むしろ二一世紀の現在に起こっていることを理解する上で、かつてこのような緊張関係と紆余曲折があったという事実を知ることが重要だ。とはいえ、ステイヘンハの計画思想は、第二次国土空間計画文書に対する強い批判と合わせて、後のオランダのアーバニズムに明らかな影響を与えた。実際に、第三次国土空間計画文書の市街化地域文書（一九七四）には「シナリオ」の方法が導入されている。[*1]

一方、フローニンゲン大学で社会地理学の教授であったG・J・V・D・ベルフ（Gerrit Jan van den Berg, 1917-2013）も、プラノロヒーの創始者と目される人物の一人である。しかしV・D・ベルフが訴えたのは「参加」の重要性であった。州における構造計画など、既存の状況をベースにした現実の地域計画を考える上では、地域の行政へのヒアリングや参加が必要となると考えた。

ベルフは、一九九一年のスピーチで「必要な価値づけであるパラダイムを抜きにして調査を行うことはできないということは、[したがって市民や地方行政の意見を聞くことは必要なことであることとともに] 今ではよく知られていることだ。しかし、当時はそうした考えは流行りの言い逃れのように考えられていて、先入観のない科学を担う者としての教育を受け、経験を積んできたV・ローホイゼンも、それを強く拒絶していた」と述べている（Faludi and Van der Valk 1994: 118）（[ ] 内は引用者注）。また、イギリスにおいてJ・K・フレンド（J. K. Friend）とW・N・ジェソプ（W. N. Jessop）が『地方行政と戦略的選択（*Local government and strategic choice*）』という著作によって政策決定における参加の重要性を明らかにしたのは、一九六九年のことである。時代は明らかに変化していた。

同じ社会科学系の立場でありながらも世代の違いによってこのような認識の差が生まれるなか、社会科学系のプラノロヒーと工学系の空間計画の専門家たちの間に、より大きな溝が開かないはずはない。ステイヘンハやベルフの目指した方向性は、明らかに現代に通じる新しいプランニングの道を開くものだった。しかし、工学的な空間計画に対して社会科学的なアプローチの優位を強く主張するスタンスは、一九七〇年代のオランダの空間計画を即座に実り多くするものではなかった。

分野横断型の取り組み体制が国レベルで構築されるのはまだ先のことであり、ベルフの目指した多様な主体の参加が一般化するためには、一九八〇年代まで待つ必要があった。

注

＊1　具体的な方法論としては、一九六〇年代にフランスの国土整備局ＤＡＴＡＲで開発されたシナリオプランニングの方法に倣ったとされる。

第5章　ランドスケープアーキテクチュア

停滞と蓄積

さて、一九二四年以降重視されていたはずの地域計画は、空間計画法の制定以来、どのように扱われていたのだろうか。一九六五年に発効した空間計画法では、州における構造計画（Streekplan）を政令化することが義務づけられたが、法的な拘束を行うものではなく、これらは計画の方向性を示す文書として位置づけられた。各州はこの構造計画の策定に取り組み始めるものの、なかなかうまく進まなかった（De Jonge 2009: 75）。

前章で見たように、この時期は周到な調査に基づくシステム的なプランニングが志向され、また、徐々に「参加」の重要性も意識されるようになる。段階を踏んで目的を設定し、調査やヒアリングを行い、将来的な課題を設定したうえで選択肢としての提案を作成し、最後にそれらを評価するという方法のなかで、国土空間計画と同じように膨大な資料が作成されていく。この作業は実務家に対して、煩雑な作業による多大なフラストレーションを与え、それだけでなく縦割り行政の壁に邪魔され計画は捗々しく進まなかった。そのうえ、V・ローホイゼンなどの伝統的アカデミズムからは、科学的な「客観性」の欠如ゆえに批判を受けるという板挟みにもあった。

では、この時期の空間計画が都市の成長管理以外にまったく成果がなかったのかといえば、むろんそうではない。即座に形に現れないにせよ、粘り強い取り組みのなかで重要な蓄積が始まっていた。その一つは、田園地域を含めた地域計画における、スケールと時間の課題を含む包括的な取り組みの始まりであり、それは空間計画に関わる専門領域間の交流の本格化であった。この時期、さまざまなスケールの自治体や多様なセクターが、個別に所掌する課題を解決するだけでなく互いに補完しあう関係にあることを意識し始めるのである（De Jonge 2009: 76）。

ランドスケープアーキテクチュア

ここまで都市計画と自然環境保全、そして河川の三本柱で話を進めてきたが、本章ではそれらすべてに関係が深い、ランドスケープアーキテクチュアという分野の取り組みに日を向ける。

第二章で見たように、クレインデルトはアムステルダム国際都市計画会議において自然環境保全と都市計画の間を取り持つ役割を果たし、ナチュールモニュメンテンの理事を務めるなど、大都市圏における自然環境保全を推進した。また、オランダにランドスケープアーキテクチュアという職能が必要であることを最初に主張したのもクレインデルトであった（De Jonge 2009: 65）。

「オランダの公園と自然」（一九二五）のなかで、クレインデルトは、「ランドスケープアーキテクチュアは、第一に芸術であり、人の営為に合わせた大地の効率的な改変のうちに美しさを創り出し、それを保存することを目的とするもので、町の機能的なプランニングも、田舎の自然な景色もその対象とする」と述べている（Cleyndert 1925）。

オランダ初のランドスケープアーキテクチュアの教授となるJ・T・P・バイハウア（J. T. P. Bijhouwer, 1898-1974）も、同様の思想を持っていたが、より構築的な方向性でそれを語っていた。一九三四年の「保存か、創造か」という記事では、自然的な環境が人間の生活に必要であることを前提に、それが保存だけでは獲得しえず、ときに積極的に創出する必要があることを述べている（De Jonge 2009: 65）。バイハウアの感性は、人為的な自然環境の創造という現代的な考え方を先取りしていたといえる。バイハウアは一九四七年にオランダで最初のランドスケープアーキテクチュアの教授となり、V・エーステレンのカウンターパートとして多くの公共的なランドスケープのデザインやプランニングを手がけていた。

図 5-1　ノールトオースト干拓地の航空写真
出所）Deunk 2002: 89.

ゾイデル海（図1-1、A-3）の締切り大堤防の建設（一九三〇）で作られたアイセル湖（図1-1、A-3）では大規模な干拓事業が続けられ、さらに終戦直後の食糧難に際して、既存の田園地域や戦災に遭った農地においては増産のために既存農地の近代化と新規開拓に力が注がれた。交通や給排水の整備も広範に行われた。そして一九五三年以後のデルタ計画と並行した大規模な土地整理事業は、田園地域を大きく変貌させていく。

他のヨーロッパ諸国と同様に、オランダでも一九世紀には疫病が多発する。その上、最初の大規模な干拓事業であったハーレマーメール（図1-1、A-2）では、干拓地の居住地計画に政府が十分に関与しなかったために入植者は劣悪な環境下で弱肉強食の生存競争を強いられた。この出来事はオランダの近代干拓史上の大きな汚点と認識され、干拓事業における総合的な農村計画の重要性が認識されるようになった（Van den Toorn 2008: 191）。

以降、干拓事業においては自然環境保全の視点が事業の当初から意識されるようになる。バイハウアは、V・エーステレンが主導して計画を進めたノールトオースト干拓地の農村計画などにおいても、基盤的な植栽計画に貢献した（図5‐1）。

ランドスケープ計画理論の希求

一九五〇年代と六〇年代は、オランダにおけるランドスケープアーキテクチュアの職能の開拓期であった。クレインデルトらの尽力によって、ランドスケープのプランニングとデザインが政府の仕事であるという認識が広まり、官公庁においては農業水産省の森林局（Staatsbosbeheer）やＲＰＤのほか、州や大都市の行政などで、ランドスケープアーキテクトが雇用されるようになった。生まれてまもないランドスケープアーキテクチュアと、長い伝統を持つ建築や土木との協働がこうして始まった（De Jonge 2009: 67）。

とはいえ最初のころは、森林局のランドスケープアーキテクトの専門は「修景（landschapsverzorging）」と呼ばれ、道路沿いの植栽や防風樹林帯など、すでに大枠が固まった後の仕上げに近い部分に限定されていた（Van den Toorn 2008: 191, De Jonge 2009: 67）。verzorging という言葉は「看護」や「治療」という意味も持っていて、ここには近代的開発によって傷つけられた田園地域を、緑化によって「癒す」のがランドスケープであるという認識が読み取れる。現代のようにエコロジカルな観点は含まれず、ランドスケープの価値は視覚的な緑の価値に限定されていたといえる。

戦後の復興における農地の近代化のなかで大きな転換となったのは、一九五四年の土地整理法において、各州に「ランドスケープ計画」の策定が義務づけられたことだった。また一九六三年には、主に広域におけるランドスケープアーキテクチュアの関与は、「修景」ではなく「ランドスケープデザイン（Landschapsbouw）」と呼ばれるようになる。[*1] この用語は、アーバニズムやアーバンデザインのオランダ語であるStedebouwの対語として導入されたもので、田園地域におけるアーバンデザインに相当する。そして、地方自治体に中央からランドスケープアーキテクトが派遣され技術的な支援を行うようになると、彼らは大規模な干拓事業や圃場整備事業ではＲＷＳとも協働するようになった。

こうした作業のなかで、ランドスケープ計画策定のための客観的な方法論が求められるようになった。Ｖ・Ｄ・トールンは、その背景として以下の三つを挙げている（Van den Toorn 2008: 193）。

・土地整理事業を任された農業土木のエンジニアたちにとって、明確な根拠を持った説明力のある計画の決定方法が必要とされたこと。審美的な理由は、少なくとも当時のオランダの土木業界には何の説明力も持たなかった。

・地方の人口増加に伴う土地利用の多様化、すなわち農地以外の土地利用も考慮に入れた計画が必要になったこと。同時に、近代的な農地景観への改変にあたって、住民感情に対する計画的配慮が必要だったこと。こうしたことへの対応は、エンジニアとしての農業技術者たちの手には追えない空間計画の技術を必要とした。

・ランドスケープ計画のあるべき姿について、また自らの専門性について、客観的に議論し説明するための枠組みを、ランドスケープアーキテクトたち自身が必要としたこと。

ビッグ・グループ

一九七〇年代の森林局では、地方のランドスケープ計画の策定に関わるランドスケープアーキテクトを中心として、分野横断的なメンバーによる研究会が実施されていた。「ビッグ・グループ（Grote Groep）」（De Jonge 2009: 95）と呼ばれたその集まりでは、地域デザインについてそれぞれの経験を持ち寄り、横断的な議論が行われた。ランドスケープ計画については、以下のような要点が確認されたという（Van den Toorn 2008: 193）。

・既存のランドスケープの本質、すなわちその起源となる諸条件（たとえば地質学的、水文学的な条件）と、現在のランドスケープが持つ性質とを、常に検討の出発点とすること。
・土地整理事業の要件と既存のランドスケープの条件から、将来のランドスケープ開発のコンセプトを導くこと。
・土地整理事業が地域に与えるデザイン上のインパクトについて検討すること。
・土地整理事業後にのこるランドスケープの枠組み、あるいはランドスケープの構造を明確化すること（なお、この一部については、計画後の具体的な造形の検討において考慮することもできるとされた）。

この議論で際立って特徴的なのは、すべて既存の環境条件を起点としている点である。これは、モダニズムの建築や都市計画がどこにでも適用可能な普遍的モデルを目指したことと、好対照をなしている。一九七〇年代という時代を考えれば当然と感じる向きもあるかもしれない。しかしこの時期でも、オランダのランドスケープアーキテクチュアの文脈においては、それほど当たり前ではなかった。そもそも圃場整備は農地の近代化と合理化がその目的であり、そのミッションを引き受ける森林局にとっては、まだ追いつくべき「近代」がそこにあったからである。むしろ、そうしたミッションの妨げになるような議論を当時の森林局ではしにくかった。実際、ビッグ・グループの研究会は、あえて業務時間外に行われていたという。[*2]

リニアな計画か循環的なプロセスか

既存の環境条件を出発点とするプランニングやデザインの方法は、一九六〇年代に批判を受けた「ブループリント」的な計画とは本質的に異なっていた。

土地の計画やデザインを環境への介入と捉え、既存の環境を形作った条件と、計画の要件とを重ね合わせることで、

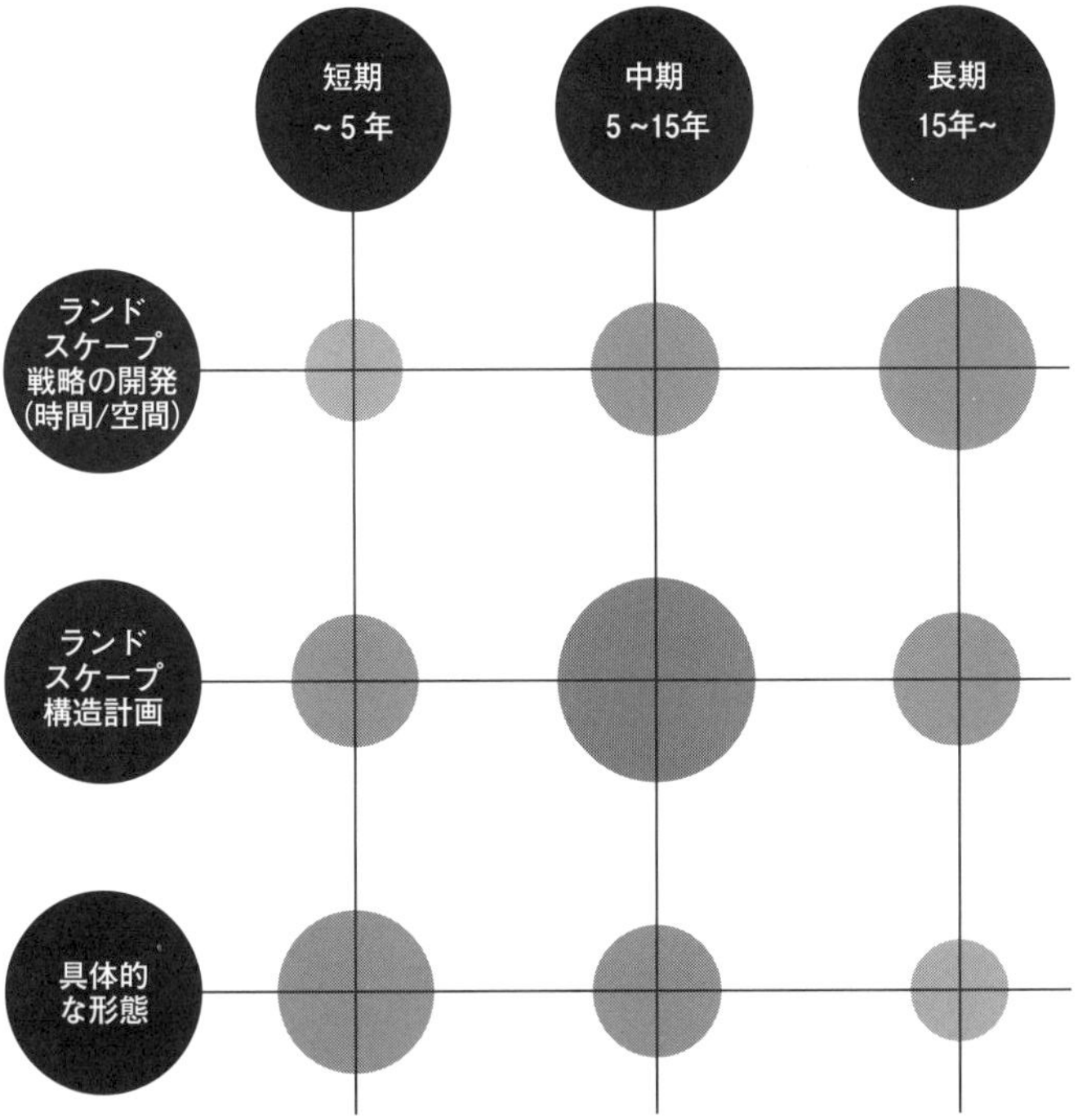

図5-2　ランドスケープ計画における時間と空間
出所）Van den Toorn 2008: 197より作成。

結果として生じうるランドスケープの姿を予測する。そこから、その土地に適用できそうなランドスケープ計画のコンセプトを導き出し、これを当面の計画に反映させる。このようなプロセスには循環的で適応型（アダプティブ）の考え方が必要であり、同時期に発展していた景観生態学の知識が援用されていることを強く感じさせる。ビッグ・グループにおいて交わされた、デザイナーと生態学者による横断的な議論が透けて見える。

一方で、「様子を見ながら介入を続けていきましょう」というだけでは、土地整理事業を仕切ることはできない。ランドスケープ計画の策定を行っていく上では、相変らず順序だったシステム的なプロセスが求められた。ランドスケープアーキテクトたちは、本来、断続的な介入とともにアダプティブに行われるべきランドスケープの計画とデザインを、リニアなプロセスとして描き出す必要性にせまられていた。

フルースベーク（Groesbeek）（図1・1、B・4）のランドスケープ計画（一九八六）

に描かれたランドスケープ計画における時間と空間の考え方（図5-2）（Nieuwenhuijze et al. 1986）や、ランドスケープ計画のプロセス図（図5-3）には、一九七〇年代を中心とするランドスケープ計画に関する議論の、一つの到達点を見ることができる。しかし、土地に関するさまざまな調査結果を取り入れつつ、広域のコンセプトから実施のデザインのレベルまで戻ることなく進んでいくというリニアな展開は、さながら二〇世紀中庸のモダニストたちが目指した都市計画のようだ。果たして、ビッグ・グループが目指したものは、このようなリニアなフローだったのだろうか。

また、フローの先頭に「ランドスケープデザインの役割」が置かれ、ほぼ末尾になって「諸セクターからの要求」が位置づけられるという描き方は、確かにランドスケープアーキテクチュアの分野横断性や総合性を訴えるものに見える。しかし、ファセット・プランニングとは、このようなヒエラルキーの逆転によって、それまで末端にあった一つの分野がトップに立ち、分立していたセクターの小国たちが、その傘下に位置づけられることで成立するものと考えられたのだろうか。

筆者には、この図がビッグ・グループの目指した分野横断的な議論の理想を描いたものというよりは、思いを果たせずにいたランドスケープアーキテクトたちによる、ナイーブな幻想を描いたもののように見えてならない。

長い冬

ランドスケープアーキテクトたちは、名称も新たにした「ランドスケープデザイン」こそ、総合的なランドスケープアーキテクチュアの行政上の分類と考えたはずだ。そして、これまでのヴァヘニンゲン農業大学の研究成果やビッグ・グループでの議論を踏まえ、次なる活躍のステージに向けて勢い込んでいたことだろう。しかし、現実は冷淡であった。

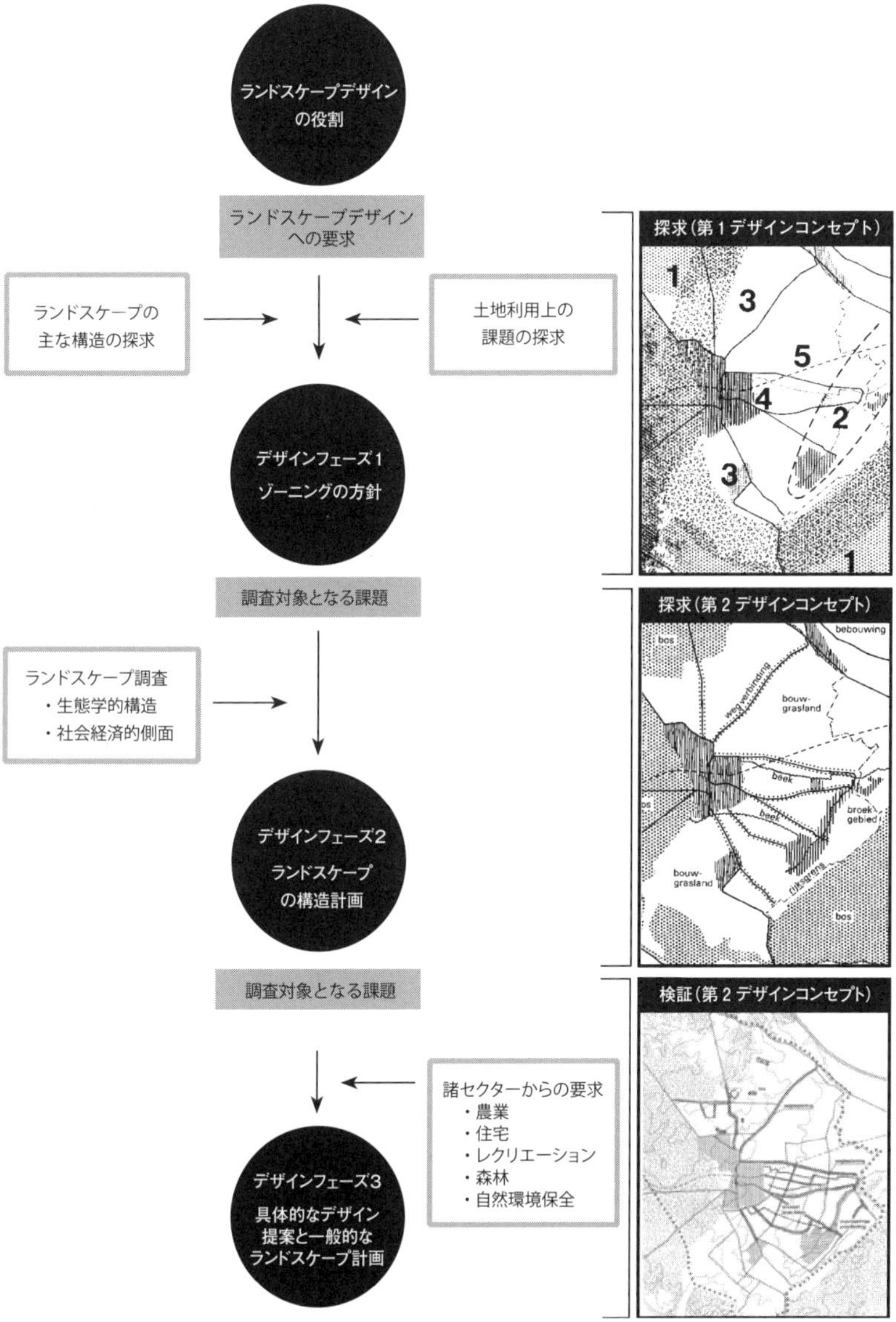

図 5-3　フルースベークのランドスケープ計画で開発された
　　　　ランドスケープデザインアドバイスの方法的フロー図

出所）De Jonge 2009: 79 より作成。

一九七〇年代後半は田園地域文書の作成が進められていたころであった。しかしここには、農村の構造計画、自然と景観の保全、屋外レクリエーション、ランドスケープデザインといった分類があり、この縦割り構造のなかで「ランドスケープデザイン」は、いわば「緑の美学」と矮小化して捉えられていた（De Jonge 2009: 78）。当然、自然環境の保全を担当する生態学の本流からすれば、「デザイン」などは無縁の世界であったろう。第三章に見たオランダの環境シーンにおけるアカデミズム（学術）とプラクティス（実践）の間の溝を思い出せば、こういった状況も容易に想像できる。行政だけでなくアカデミズムにおける縦割り現象が、より総合的な分野の発展を妨げる状況があったのだろう。

一般に、実務家にせよ研究者にせよ、テーマの公共性が高ければ高いほど中央政府が割り当てる予算に頼る場合が多い。当時のオランダも状況は似たようなものであった。いかに勇んで見せても、国や州の行政の枠組みをはみ出した議論が、理念の妥当性ゆえに現実に反映される可能性はきわめて低い。

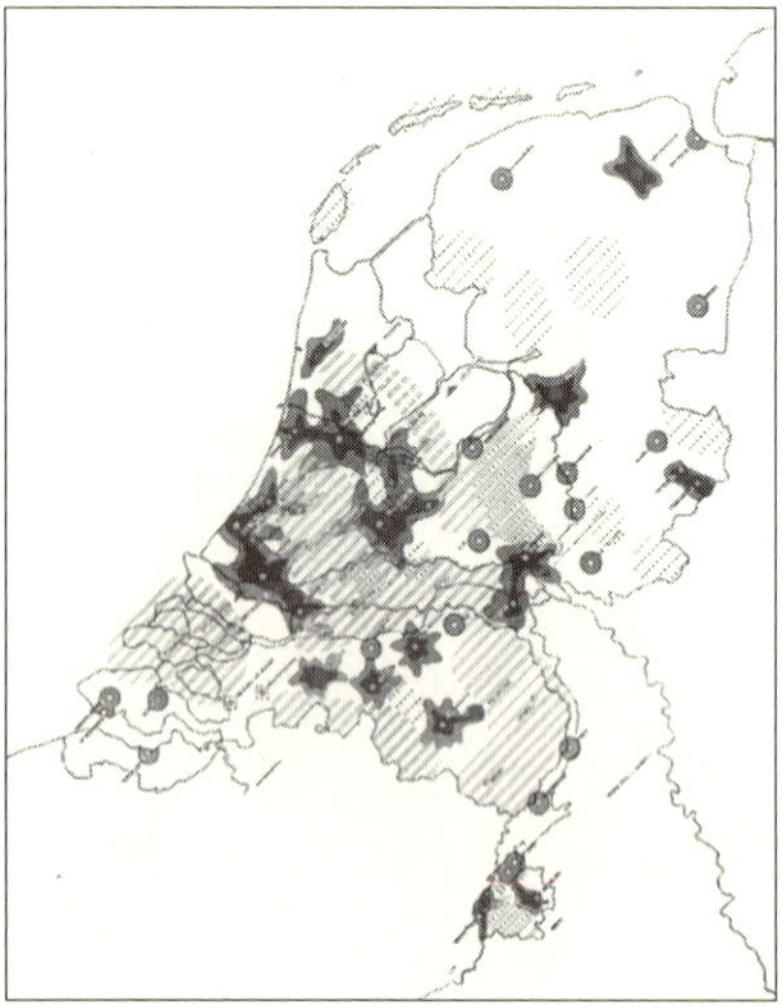

図 5-4　第三次国土空間計画における「市街化構造アウトライン」の計画図（1977 年）

出所）De Jonge 2009: XXXII.

一九六〇年代から一九七〇年代は環境に対する覚醒の時代であり、一九七〇年二月には、フランスのストラスブールで人間と自然を公害から守るための国際会議が開催され、二〇ヶ国以上の参加を集め、欧州自然保護宣言が行われていた。それでもオランダでは、自然環境を計画の主体として考える空間計画やその総合的な方法論が生まれるまでには至っていなかった。

一九七七年には第三次国土空間計画文書の主要な部分であ

る「市街化構造アウトライン（Structuurschets voor de Verstedelijking）」が発表され、そこには「オープンスペース」と凡例のついた黄色の網が、広大な面積にわたって描かれていた。しかし、その内容が具体的に描き出されるまでには、一九九〇年代を待たねばならない（図5 - 4）。

注

＊1　J・M・D・ヨンヘ（De Jonge 2009: 77）の注一九に倣い、本書でも urbandesign と英訳される stedebouw の対語としての landschapsbouw の英訳を landscape design と考え、これを和訳した。

＊2　H・リーフラング（Hans Leeflang）への筆者によるインタビュー（二〇一三年九月一一日）より。

第6章　景観と自然の開発

第三次国土空間計画文書と「オランダ病」

一九八五年、第三次国土空間計画文書の最後のパートとして、オープンスペースと自然環境保全に関する田園地域文書が完結する。そこでは、農業と自然そして景観保全を統合する考え方が示され、長きにわたって農業の近代化一辺倒であった土地整理事業に方向転換の契機を与える。一九七六年にＲＰＤのディレクターをケネから引き継いだシレマン・ヘルワイア（Schilleman Herweijer, 1918-2008）が、それまで果たされなかった目標の達成に大きく貢献した（Faludi and Van der Valk 1994: 146）。それは、田園地域のプランニングにおいて、農業以外の様々な土地利用を考慮に入れるという目標だった。

ヘルワイアは一九四七年にオランダ農業復興局のディレクターに任命されて以来、農業水産省に三三年間勤め、その業績から一九六五年以降は全国計画委員会の常任委員を務めた人物であり、「田園地域のボス」と呼ばれた（Ministerie van I&M 2013a: 109）。ケネもヴァヘニンゲン農業大学の出身だったが、ヘルワイアは「内輪のプランナー」以外からの初めてのＲＰＤのディレクターだった（Faludi and Van der Valk 1994: 145）。これまで、強固なセクショナリズムでＲＰＤと袂を分かってきた農業水産省のトップランナーが、その経歴の晩年にファセット・プランニングに向けた大きな一歩を切り開いたのは、皮肉なことであろうか。

このようにして、一二年間にわたって続いた第三次国土空間計画文書の制作は完了する。しかし前章でも見たように、システム的な計画プロセスは、大量の文書と、それに伴う手続きの山を生み出し、セクショナリズムに支配された現場ではさまざまな困難を招くものでもあった。

Ａ・ファルディとＡ・Ｖ・Ｄ・ファルクは、批判は後になって初めていえるもので、当時は一つ一つの達成が賞賛されていたとした上で、第三次国土空間計画文書の受け止められ方については、次のようなＨ・テル・ヘイデ（Ter Heide 1992）の言葉を引いている。

一九七〇年代のオランダでは「進行中の開発のモニタリングに必要以上の注力を注ぐあまり、将来のアイデアや理想への野心が犠牲になった」。その結果、第三次国土空間計画文書は「包括的な分析と全般的なモニタリング、そして高度に構造化された市民参加の機会の提供によって完成するという、どちらかといえば表向きの作業」となった。そして、そうした文書自体、「それ自身の重荷によって崩壊せざるをえない運命にあった。そのいずれ来るべき崩壊を、経済危機が早めたにすぎない」（Faludi and Van der Valk 1994: 145）。

第三次国土空間計画文書の「基本方針文書」が公表された一九七三年と七九年、二度にわたって石油危機が訪れる。それは戦後の経済成長の終焉を予想させ、世界経済の将来に対する人々の不安を煽った。国際的な知識人によって一九六八年に設立された民間シンクタンクのローマクラブは、すでに一九七二年、アメリカＭＩＴのデニス・メドウズ（Dennis Meadows, 1942-）が代表する国際的な研究チームに委託した調査のレポート『成長の限界』（メドウズ他一九七二）を公表し、当時と同じペースの人口増加と資源の利用、そして環境汚染が続くならば、一〇〇年以内に世界経済の成長は限界に達すると予測していた。

第一次石油危機の後、オランダではエネルギー価格の高騰によって天然ガスの売却益が増大し、逆に一時的な好景気を迎える。この時期に社会福祉制度の充実が行われたのだが、その結果オランダギルダーは高騰し、結局経済は悪化、これを引き金にオランダ経済は「オランダ病」として有名な悪循環に陥った。社会保障支出の増大、財政の圧迫、税と社会保障負担率の増加、それに耐えるための賃金の引き上げによる企業経営の圧迫、雇用の停滞による失業率の悪化という負のサイクルである。実質GDP成長率は、一九八一年、八二年と連続してマイナスになり、一九八〇年に四・〇%であった失業率は、八三年には一一・〇%へと急増した（財務省財務総合政策研究所 二〇〇一：二三五）。

迫られる転換

戦後続いてきたオランダの市街地の膨張は一九八〇年代前半にその勢いを失い、二〇〇〇年に二千万人とされた人口推計は下方修正を余儀なくされた。これ以上の人口分散を必要としないことが明らかとなり、第三次国土空間計画文書の「集中的分散」政策には「集中に重きをおく」という明らかな軌道修正が付け足された（Faludi and Van der Valk 1994: 145）。複雑な計画プロセスに対する現場の不満と相まって、RPDの威信は明らかな翳りを見せ始めた。

一方、ゆるぎない自律性を持つように見えたRWSにも、同様の転機が訪れた。一九七〇年代にはRWSの計画した大事業がついに世論の反対によって挫折する。水質の悪化を主とする環境への悪影響が科学的に検証されると、ゾイデル海（アイセル湖）内の干拓事業であるマルケル湖（図1-1、A-3）の干拓が中止され、東スヘルデ防潮堤の計画は大幅な変更を迫られることになった（Hooimeijer et al. 2005: 40）。

フェルウェ（Veluwe）湖（図1-1、A-3）とブリールセ（Brielse）湖（図1-1、B-1）の水質汚染が重なり、「環境の質」という新しい社会的課題が明らかになった。それ以後、治水だけでなく水管理技術と水質改善が重要な課題として認識される。政府は一九七二年に「緊急環境課題に関する文書」を発表し、以後、「水の指標に関する複数年計画」が、一九七四年、七九年、八二年の三回にわたって策定されるなど、環境保護の制度改正が重ねられていく。

河川の「スマートデザイン」

一九七〇年代、ＲＷＳと現地の水管理委員会によって実施されたブラケル（Brakel）市（図１‐１、Ｂ‐２）における堤防強化は、猛烈な反対運動にあう。同地区のワール川沿岸には、伝統的な堤防上の集落が美しく残っていた。計画された堤防の嵩上げと拡幅は、これらの集落景観を破壊するものだったからである。

大きな抵抗にもかかわらず堤防は計画通りに強化され、一九七五年だけで集落の半数にあたる一六〇軒の家屋が解体された（Van den Brink 2009: 140; Van Heezik 2008: 87-92）。一九五三年の大洪水以来、国民の安全を第一に思ってデルタ計画を進めてきたＲＷＳの担当者たちからすれば、さぞ辛い板挟みであったことだろう。結果として計画は実行されたものの、この反対運動は、ＲＷＳのこれまでの堤防強化の進め方に対する大きな反省を、省レベルで促すことになる（Van den Brink 2009: 139-140）。そこで一九七五年、交通水運省は新たな安全基準とともに、景観や住環境に配慮した堤防のあり方に関する勧告をまとめる委員会を招集する。この委員会は、委員長の名から「ベヒト（Becht）委員会」と呼ばれた。

ベヒト委員会が導入した「スマートデザイン」は、新しい堤防計画に際して、再設計の対象となる堤防の近隣における既存の景観的、自然的、文化的価値の網羅的な調査を義務づけるものだった。これらは、景観（Landscape）と自然（Nature）、文化（Culture）の頭文字をとってＬＮＣ価値と呼ばれた。そして森林局のランドスケープアーキテクトが、各地域でこれらの価値を守る計画となっているかどうか監修とチェックを行うことになった（サイモンズ二〇一五)。

オランダの河川に関して、河川工学以外の専門家が、ましてや他の省庁から口を挟むなど、それまでにないことだったから、これはRWSの異分野との協働に向けた非常に大きな前進だった。もちろんこの時期が、マルケル湖の干拓計画が市民の反対によって中止に追い込まれた時期であることも忘れてはならない。

なお当時、RWSの諮問会議の座長を務めていたメト・フルーム(Meto Vroom, 1929-)の影響も大きかったという。フルームはこの会議で、安全のみでなくランドスケープ的な価値を考慮に入れた堤防デザインを目指すべきという助言をまとめており、この助言が「スマートデザイン」に引き継がれたからだ(サイモンズ 二〇一五)。フルームは、アメリカのペンシルバニア大学でランドスケープアーキテクチュアを学んだが、それは、自然環境に配慮したランドスケープ・プランニングの創始者ともいえるイアン・マクハーグが教授に着任した一九五〇年代の後半であった。フルームは、一九六六年から一九九四年までヴァヘニンゲン農業大学でランドスケープアーキテクチュアの教授を務め、のちにIFLA(国際ランドスケープアーキテクト連盟)の会長を務めた重鎮でもある。

こうして、RWSの河川事業は、ランドスケープアーキテクトとの協働を開始した。

スマートデザインの迷走

しかし、すでに基本設計の段階にあった河川堤防の計画に対して、短期間でレビューを行い、許可の署名をするのは不可能に近い仕事であった。この状況に当時の森林局のランドスケープアーキテクトたちはみな悲鳴を上げた(サイモンズ 二〇一五)。そこで森林局では、現場にいるランドスケープアーキテクトたちが効率的に仕事を行うため、河川堤防のデザインについて独自のハンドブックを作成する。

森林局のランドスケープアーキテクトたちが悲鳴を上げていたのは、おそらく期間の厳しさだけではなかった。すでに見たように、一九七三年以降の第三次文書体制では、科学的な分析と多方面からの要求への対応を重視するあまり、手続きや作業が複雑化し、全体を俯瞰的に眺めて計画やデザインの良し悪しを考えること自体が、とても行いにくい状況にあった。

スマートデザイン自体にも似たような課題があった。この原則に従うことは、図らずも河川堤防の線形が「連続的な妥協の産物」になることを意味していた。たとえば、あるところでは歴史的農地を避けて堤防を外に大きく押し出すかと思えば、あるところでは自然を保護するために内側に引き込まざるをえない、などである（サイモンズ 二〇一五）。

一面的な専門性によるトップダウンも問題だが、大きな指針のないまま多方面からの意見を取り入れれば、全体像が見失われるのは当然である。そんな状況のなか、少しでも手続きを簡略化するために分野間の意見交換を省くようになれば、分野同士はまたしても疎遠になり頑なになり、ボトムアップどころか、ただのバラバラになってしまう。このような悪循環は、分野やセクションを超えた協働を志したことのある人なら、誰でも多少は経験のあることだろう。当時森林局でランドスケープアーキテクチュア部をまとめていたディルク・F・サイモンズ（Drik F. Sijmons, 1949-）は、次のように指摘する（サイモンズ 二〇一五）。

「市民の支持を得るためのこうしたご機嫌とりによって、RWSは本来の目的を見失っているかのように見えた。いかに文化的自覚を持ち、美しく安全な堤防を作るか、という本来の目的を」。

「文化的自覚」とは何かということは後の課題としても、貫くべき信念を見失ったRWSの姿が周囲にも頼りなく

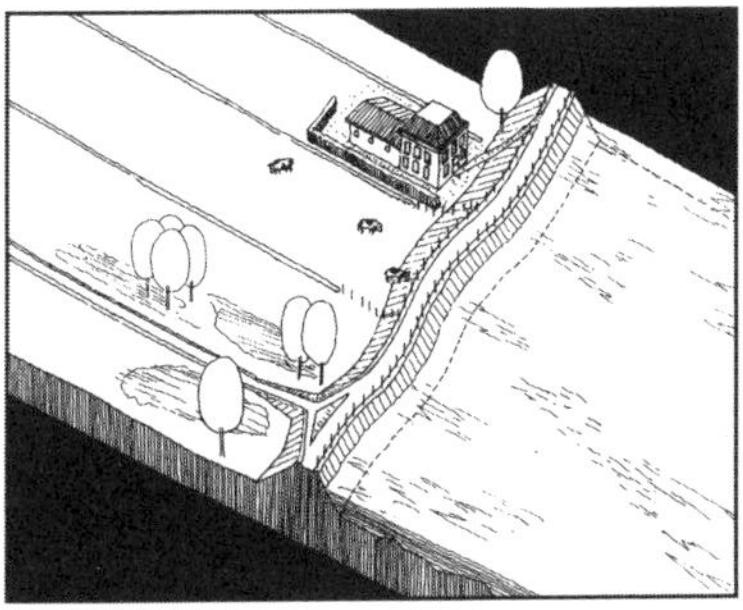

典型的な古い堤防

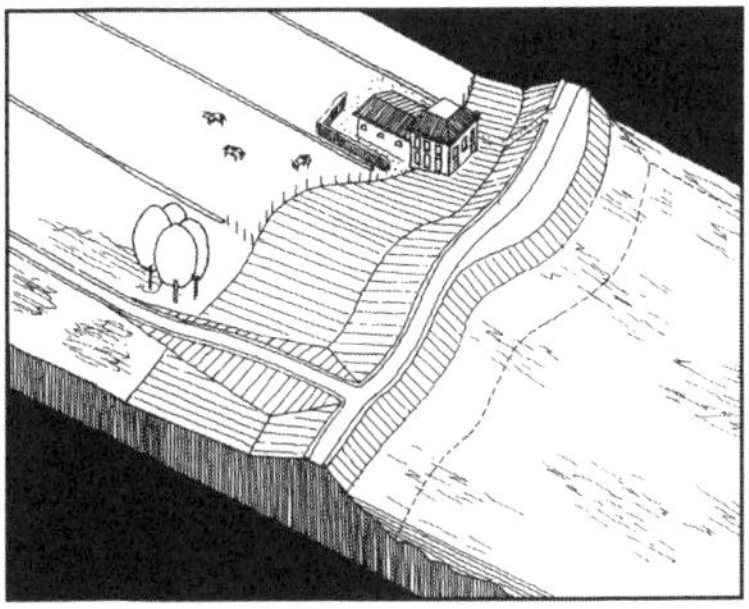

堤防強化による不連続

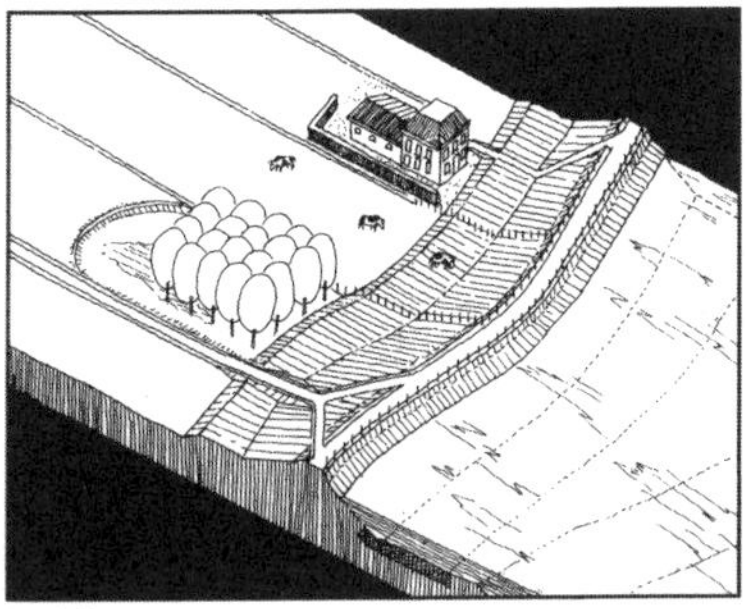

解決策

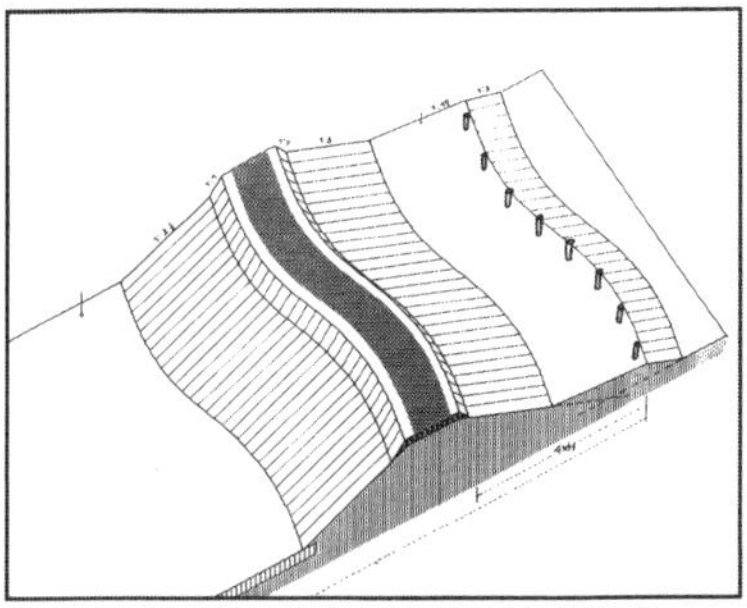

絞られた頂部と嵩上げされた基底部による分節化

図 6-1　河川のスマートデザインのためのハンドブックに示された図
出所）H+N+S, Yttje Feddes in Sijmons 2002: 45.

見えていたことが分かる。

　森林局独自のハンドブックが描いた堤防デザインの方向性は、結果的には文化的な価値が自然的な価値を上回るという考え方に従い、統一したルールで堤防の改修や再配置を行うというものだった。その理由は、この動的な風土において、自然は再生されうるが、文化遺産は二度と戻ることはないから、というものであった（サイモンズ 二〇一五）。一九世紀の農村景観を自然環境保全のモデルと考えるヴェストホフの理想を思い出せば、歴史遺産保全が自然環境保全と重なる部分が多かったと考えられるから、当時のオランダらしい判断である。

　またハンドブックには、堤防の嵩上げにあたって断面の勾配を二段階にすることによって、巨大な堤防の圧迫感を緩和し、また、堤防上の空間体験をより軽やかな印象にするなどの新しい工夫も含まれていた（図6 - 1）。

　ただ残念ながら、このハンドブックの内容は、この計画ではあまり反映されなかったという。しかし、これまでにはなかった河川工学の世界とランドスケープアーキテクチュアの世界との実務交流のきっかけが生まれたことは事実であり、そこには一九九〇年代以降に向けて小さくとも重要な礎が築かれていた。

森林局のプランニング

かたや、農業水産省の森林局には多くのランドスケープアーキテクトが所属し、各プロヴィンスにおける農業の近代化を目指すランドスケープ計画を監修していた。[*1] RPDが全国の計画を行うとはいえ、市街地の計画を住宅空間計画省が扱う一方で、農地の整備は農業水産省の管轄であった。当時、農業はすでにオランダの主要産業となっていたから、農業水産省は強力な権限を持ち、農地の整備と近代化のための独自のプランニングオフィスを持っていた（図6 - 2）。

オランダの都市計画に関する議論について、これまでRPDの活動については多くの紹介がなされてきたが、森林局のプランニング活動について、

図6-2　森林局によるランドスケープ計画図（ノールトドレンテ）
出所）De Jonge 2009: 77.

日本では十分に注目されてこなかった。市街地のスプロールが抑制されて各都市の成長管理が実現した一方で、戦後の五〇年間にわたる土地整理事業で田園地域における生産能力は急上昇し、オランダを農産物の輸出大国に押し上げた。これらは表裏一体の出来事であり、ＲＰＤと森林局による長期間にわたる集約的な努力の成果である。

しかし、すべての成功にその裏側があるように、オランダの田園地域におけるこうした農業の集約化も、一九七〇年代には環境破壊と糾弾されるようになる。こうして森林局は、土地整理事業にあたって農地の近代化だけではなく、自然環境保全についても意識せざるをえなくなった。

「自然」の再考

この時期、ナチュールモニュメンテンを中心とする自然保護団体が急成長し、いくつもの自然保護地を買収するまでに実力をつける様子はすでに見た。一方で、自然環境に対する見方、あるいは自然というものの捉え方自体にも、変化が起こりつつあった。

アメリカで、自然環境の保護を目的とした世界初の公園、ヨセミテ州立公園が生まれたのは一八六四年である。一八六一年のモンタナ州でのゴールドラッシュを皮切りに西部への入植が本格化し、一八六九年には大陸横断鉄道が開通するなかで観光客が増加、ヨセミテ渓谷の荘厳な自然環境とジャイアントセコイアの森をはじめとする貴重な観光資源を損なわないために設立されたのがこの公園であった。

また、アメリカの外交官ジョージ・パーキンス・マーシュ（George Perkins Marsh, 1801-1882）が、著書『人間と自然、もしくは人為による改変の結果としての自然地理学』において、地中海地域の自然環境の観察から樹林伐採が沙漠化を引き起こすことを指摘し、自然環境の保全の必要性を主張したのは、ヨセミテ州立公園の設立と同じ一八六四年のことである（Marsh 1864）。一八九〇年には、アメリカ国勢調査局は「フロンティアの消滅」を宣言し、開拓に適した環境はすでに残されていないという認識を明らかにする。このように、アメリカで自然環境の保護が議論されたとき、その保護の対象とされていたのは手強い脅威でありながらも、広大なアメリカの大地に恵みの母として存在してきた、手つかずの自然（Wilderness）だった。

　これに対してオランダでは、「世界は神が創ったが、オランダはオランダ人が創った」という言葉があるように、その小さく湿った国土に、これだけ多くの人々が生活できたのは、自然というよりも人工的に作られた大地のおかげであった。したがって、保護の対象としての「手つかずの自然」という概念は、オランダ人にとってなかなか腑に落ちるものではなかった。

　デッティンマイヤーは、オランダにおける「自然」とは何かという問いには今も明らかな答えはないとしながら、J・C・ブロエム（J. C. Bloem, 1887-1966）の詩をひいて、オランダの自然は、常に人工的な環境と一体化したものとして捉えられていたと指摘する（Dettingmeijer 2011）。

Natuur is voor tevredenen en legen.
自然は満ち足り、また空虚なり
En dan: wat is natuur nog in dit land?
ならば、いまだあるこの国の、自然とは何？
Een stukje bos, ter grootte van een krant,
新聞紙ほどの大きさの、森のかけらか
Een heuvel met wat villaatjes ertegen.

小さな集落の、佇む丘か

J.C. Bloem（1887-1966）,
De Dapperstraat　ダッペル通り

オランダが最初に保護しようとしたのは、大規模な近代化の直前に、自然と人間社会の力とが均衡していた一九世紀半ばのランドスケープだった（Van den Belt 2004）。それはとりもなおさず、ヴェストホフの提唱した「半自然」であった。工業化や市街化、あるいは近代的な農地整備の波から「自然保護地」として救おうとされていたのは、古き良き農村の姿であった。したがって、これらの「自然保護地」の維持が成立するためには、伝統的な狩猟や漁業、羊の放牧、葦原の刈り入れ、植樹と間伐、芝や泥炭の刈り込み、そして水車の利用という、ある意味、時代を遡った管理方法が必要となる。ちょうど、日本で「里山」を本当の意味で保全しようとするときに必要になる作業と似ている。

二〇世紀中葉のオランダでは、このようなヴェストホフの考え方は広く受け入れられており、その結果、自然環境保全のアプローチも、伝統的景観保全のそれと、きわめて親近性が高いものとなっていた。

苦悩する森林局

このような自然の捉え方が、実は森林局のランドスケープアーキテクトたちを悩ませることになった。全国的に進められていた農地の近代化事業と、自然環境保全とは、同じ農村景観を対象としながら、真逆のベクトルを持っていたからである。

当時の森林局は、田園地域のランドスケープ計画を助言するため各地にランドスケープアーキテクトを派遣していたが、彼らを中央で束ねる立場にあったサイモンズは、当時を振り返って次のように述べている。

「私たちはその時点で、すでに何年にもわたって地域デザインの実務に関わっていた。［中略］それまでの一〇年から一五年の間に、二五万haほどの土地が圃場整備され、近代化されていた。［中略］そこで求められたタスクは、この近代化された農業景観を、その機能性は温存したまま、既存の［つまり一九世紀的な］環境のシステムに当てはまるように調整する方法について助言をせよというものだった。これは、我々にはうまくいかなさそうに思えた。なぜなら、既存の農村における環境システムはすでに失われていたのだから！［中略］戦後、大きな農地の再整備が続けて行われていたが、私たちは、このままこれが続くなら、誰にもメリットのない

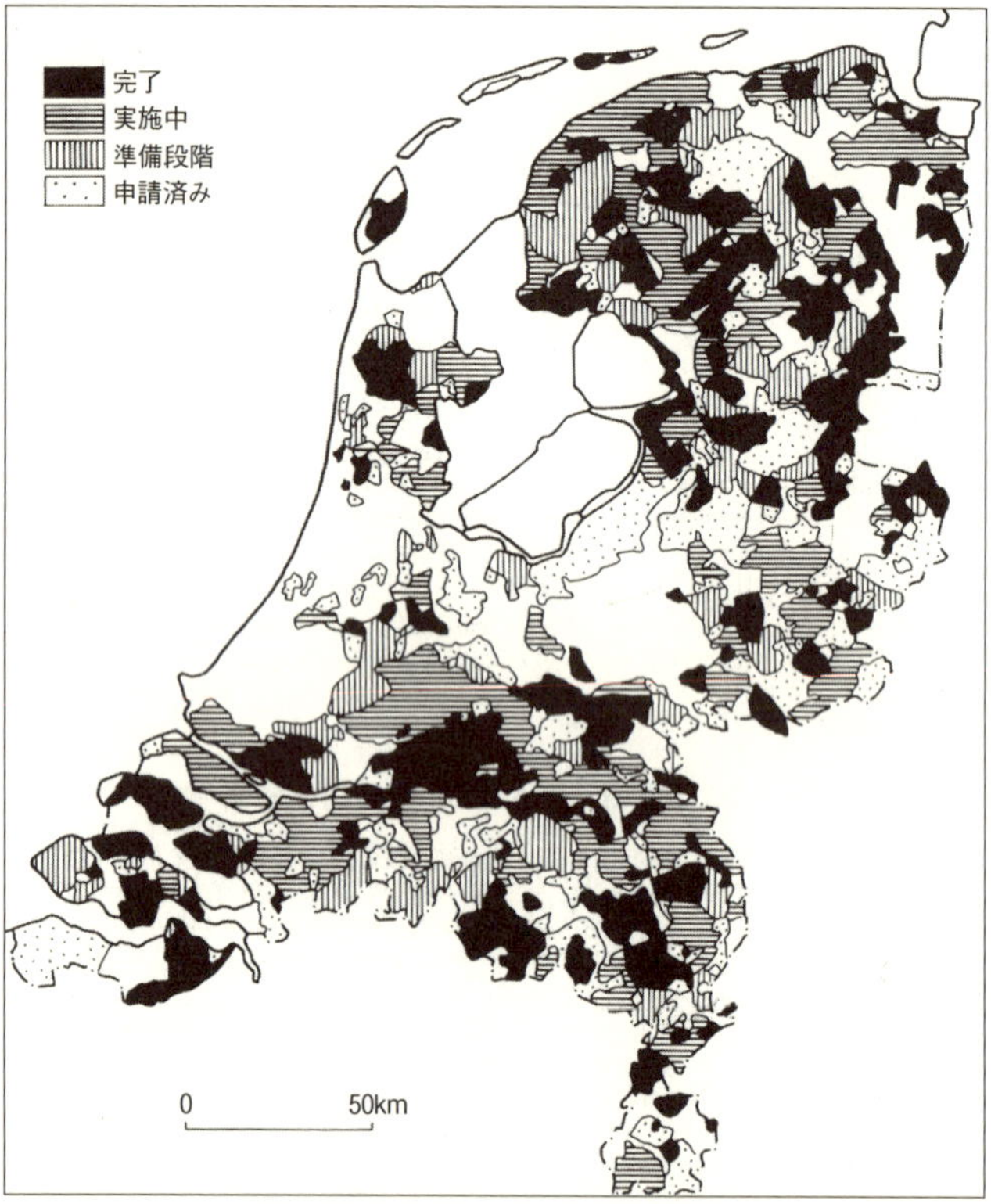

図6-3　1982年時点の農地整備事業の進捗状況

出所）Lambert 1985: 314に引用されたJaarsverslag（1982）のCentrale Cultuurtechnische Commissie Landinrichtingsdienstの図より。

ことになると思っていた」*2（［　］内は引用者注）。

ここで求められていた彼らの仕事とは、第三次国土空間計画文書に続いて策定された「自然およびランドスケープの保全と農業の関係性に関する文書（Nota betreffende de relatie landbouw en natuur- en landschapsbehoud：関係性文書）」（一九七五）のもとに定められた環境保全政策で、自然保護地の拡大を目指すとともに、指定された地域の農地において農家が環境的な価値を高めるべく、エコロジカルな管理方法に転換するための補助事業に関わる助言であった。一方、土地整理事業はすでにほとんどが着手済みであり、そのような助言をする余地は、ないに等しかったのである（図6－3）。

サイモンズら森林局のランドスケープアーキテクトたちは、この負のスパイラルを脱するために、農地と自然を扱う新しい考え方が必要であると考えていた。

自然を「開発」すること

自然環境保全の専門家たちも、同じような矛盾を感じていた。既存の自然環境をそのままに保全しようとする「守り」の政策は、「手つかずの自然」が存在しないオランダでは本質的に通用せず、近代的な農業政策との間の乖離を深めるばかりとなっていた。むしろ、新しい自然を開発する、いわば「攻め」の政策に転じる必要があるということ、そして、保全の対象となる自然環境の質についても、より高い目標を設定する必要があるということが、意識されるようになる（Dettingmeijer 2011）。

森林局に所属していたフランス・フィラ（Frans Vera, 1949-）を筆頭とする一群の生物学者たちは、後にオランダで「自然開発主義者（nature developers）」と呼ばれようになる。彼らは、伝統的な自然環境保全が目指した「自然」は本物の自然ではなく、ただの脆弱な文化的産物であると強い非難を浴びせた。そして本物の自然とは、人為の排除された原自然のことであると主張した（Dettingmeijer 2011）。

フィラらが提案したのは、必要最小限の初期条件を整えた後、可能なかぎり自然による「自己制御と自己秩序形成」の力に任せるというものであった。そして、人間の介入を最低限にすることで自然がその力を存分に発揮できるよう な、できるかぎり大きな規模の保護区域を設けることを重要視した。フィラらは、生態学的リファレンス（所与の条件において人間が介入しなければ、自然環境が自発的に到達すると想定される指標的な姿）の必要性を説き、そうしたリファレンスなしにそれまでの自然環境保全が行ってきた環境管理を、無益で効果のない「大きなガーデニング」と言って非難した。

このような考え方の違いは、それまでの自然環境保全家たちと、自然開発主義者たちが、それぞれに依拠していた理論体系の違いによる部分がある。というのも、それまでの自然環境保全運動家たちは、ヴェストホフが依拠した植物社会学の延長に時間軸を組み込んだ、植物群落の分類とその時間変化に着目する群集生態学に依っていた。これに対して、自然開発主義者たちは、アメリカのオダム兄弟（Eugene Pleasants Odum, 1913-2002 and Howard Thomas Odum, 1924-2002）によって広められたシステム的生態学に依っており、食物連鎖におけるさまざまな生物の役割に注目する立場を取っていた。

自然がその力を十分に発揮できるよう人間が干渉しないのであれば、「開発」という表現は合わないように見えるが、そうではない。すでに半ば以上が破壊された生態系を相手にする場合、その生態系に積極的に手を加え、介入することでこそ、自然が自分の力で循環を始められるようすることができると、自然開発主義者たちは考えた。

このような考え方はアメリカではエコロジカル・エンジニアリングと呼ばれ、システム的生態学を基礎とした一流派をすでに築いていた。そのアプローチをきわめて大雑把にイメージするならば、たとえば、対象とする生態系に食物連鎖上欠けている役割がある場合、その役割を担う種を系内に加えることで、その生態系の食物連鎖を修復することができる、というような考え方だった。もちろん、そうした生物種の生息に必要な環境を作るための水や植生に関わる自然的ダイナミズムの再導入とともに、である。

オーストファールデルスプラッセン

オーストファールデルスプラッセン（Oostvaardersplassen）は、アイセル湖の南に面する、最も新しく干拓された五六〇〇haの土地で、レリスタットというニュータウン（第三次国土空間計画文書における中核成長都市の一つ）の南西側に位置する。当初は工業用地として開発される予定だったが、一九七〇年代の経済危機によってその計画は保留となっていた。放置されたまま、なかなか乾かないその土地に、いつのまにか多様な種類の動植物が棲み着くようになった。フラミンゴなども現れるようになり、なかには希少な鳥類も見られた。

フィラは、人間の目的と関わりなく、自発的に生じたこのオーストファールデルスプラッセンの「自然」を自然開発のモデルにすべきであると考えた。ただし、そのまま放置すれば良いのではなく、改善をしなければならない。この湿地に持続可能な生態系を構築するためには、湿性草地の刈り込みを適宜行う草食動物が必要であり、そうすれば草原の粗密にも差が現れ、より多様な動植物が棲息場所を見出すことができる。そうして、多様性の高い環境が実現すると考えたのである。

フィラのこのような理論は、実際にオーストファールデルスプラッセンに適用された。厳密な生態学的リファレンスとして適切な原産種はすでに絶滅していたため、代替種としてコニック種の馬と、ドイツからヘックオックス種の牛が導入されることになった。一九八三年に、ヘックオックスが三四頭導入され、一九八四年には二〇頭のコニックが導入された。そして、一九九二年には五六頭のアカシカが導入される。その後、これらの動物は自由に保護地内で生活し、二〇一一年現在、アカシカは約二二〇〇頭、コニックは約九〇〇頭、ヘックオックスは約三五〇頭にのぼる（ICMO2 2010）。オーストファールデルスプラッセンは、今や国際的に有名な、都市圏のなかの野生動物保護区域となっている（図6-4）。

フィラによる「自然」の捉え方の転換は、オーストファールデルスプラッセン内における動物の死骸の扱いなど運営に関わる諸課題も含め、その急進性ゆえにさまざまな議論を巻き起こしている。しかし、この考えはその後のオランダの空間計画における自然環境保全の取り入れ方について、大きな変化を促す原動力となった。

ジレンマからの解放

日本にいる我々にとっても、アメリカで見るような「手つかずの自然」に出会う機会は滅多になく、あったとしても、その規模はごく小

図6-4　オーストファールデルスプラッセン
出所）Jan Marijs 撮影。

さい。アメリカの国立公園を見て感動して帰ったクレインデルトは、一九二〇年代のオランダでそれを引き合いに出して国立公園の必要性を主張した。そのときおそらく、そうした「大自然」の保護を日本で主張する場合にも容易に想像される、半信半疑の視線を受けたのではないだろうか。それはアメリカの話でしょう、オランダでは事情が違うでしょう、と。

確かにオランダの国土は自然との壮絶な駆け引きをしながら作り上げてきた人工的環境である。そんななか、近代土木による風景の急速な改造に直面して「守るべき自然は何か?」と自問したとき、ヴェストホフの「半自然」という概念が寄る辺を提供したのであった。そして、ほかに頼るものがなかったオランダの自然環境保全は、それが「半自然」であって「自然」ではないことを、意図的に記憶から削除していたのではないか。オランダの自然保護史を振り返るとき、そのように筆者は考える。システム的生態学の標榜したものが本当の「自然」なのかという問いが、また別の問題としてあるにしても。

森林局のランドスケープアーキテクトたちが抱えたジレンマも、この自然環境に対する捉え方の「すり替え」の結果生じたといっていいだろう。森林局は、自らのミッションである農業の近代化を行いながら、なおかつ自然環境の保全に関わって世論に対応する必要があった。このときにオランダの自然環境保全が目標としたのは一九世紀の古き良き農村景観だったから、森林局は農業の近代化と自然環境の保全を両立するために、農地のあり方について独りで綱引きをするはめになった。

こうした状況のなか、「半自然」に頼ることなく「自然」を捉え、なおかつそれを「守る」だけではなく、新たに「創る」ことすらできるという自然開発主義者たちの発想は、サイモンズをはじめとする森林局のランドスケープアーキテクトたちにとって、目から鱗が落ちるようなものだったのではないか。一九世紀の農村景観にとらわれず、「自然環境」を別の場所に用意すれば良いのなら、もう無理をして農地のあり方をめぐる綱引きをせずに済むからだ。

実際、この考え方を応用して、ビッグ・グループのメンバーたちは「カスコ・コンセプト（Casco Concept）」という、後のオランダの地域デザインに新しい道筋を開くアイデアを生み出しつつあった。ただし、これが世に出るには一九八〇年代の後半を待たなければならない。

注

＊1　D・サイモンズ（D. Sijmons）への筆者によるインタビュー（二〇一三年九月一四日）より。

＊2　同右。

第7章　異分野交流のステージづくり

地方への権限委譲

オランダの一九八〇年代は、「オランダ病」と呼ばれた経済危機から国を挙げて脱しようとする時期であり、後に「オランダの奇跡」と呼ばれる財政再建に向けた改革の時代でもあった。この改革は、社会保障支出の削減による財政改革、賃金上昇の抑制とワークシェアリングによる労働市場改革、そして社会保障制度の効率化とドイツマルクとの関係を安定化する金融政策による、総合的な取り組みであった（財務省財務総合政策研究所二〇〇一：二三八）。

住宅政策では、ラントスタットとグリーンハートによる都市モデルは「集中的分散」政策によって一九七〇年代を通して守り抜かれた。しかし実際には中高所得者層は都心に残ることを選び、実際に郊外に移転したのは低所得者層が多かった。オーバースピルの受け皿として計画されたニュータウンや団地では十分な管理能力を持たないままにメンテナンスが低下し、空き家の増加やバンダリズムなどが多発するなど、コミュニティの崩壊が明らかとなるケースが生まれた。また、新市街地の建設に伴って魅力を失った既存の賃貸住宅にも低所得者層以外が住みつかず、手入れも行き届かぬまま深刻な住環境の低下が生じた。ベイルマミーア団地のように、モダニズムの失敗として烙印を押された計画もあった（角橋 二〇〇九：一五一）。

二〇世紀も終わりに近づくにつれ、第二次国土空間計画文書で想定された人口増加が過大であったことも明らかになる。一九八二年、住宅空間計画相のピーター・ヴィンセミウス（Pieter Winsemius, 1942-）は、「ロッテルダムがオランダで最も失業率の高い場所の一つであることを知りながら、我々はもはや、企業家たちに北や東、あるいは南に行くようにと頼み続けることはできない」と述べ、市場のニーズに即したラントスタットでのインフィルを志向した。住宅政策に関して、地方への権限委譲を避けられない状況が来ていた。政府は「都市及び田園再生法」で、それまで多くが地方都市に割り当てられていた都市再整備予算を再編する。都心の再開発にも適用可能で、総額の八〇％を地方自治体が直接運用できる予算が導入された。オランダは、主要都市の人口増加を抑制する方向性から、都市の成長を市場原理と地方自治体の判断に任せる方向性へと、大きく舵を切った（Ovink and Wierenga ed. 2013: 113）。

民間活力の導入

こうして権限を委譲された地方自治体のイニシアチブで、世界の建築界の目を引く一連の再開発プロジェクトが、ラントスタットを中心に展開する。たとえばロッテルダムのコップ・ファン・ゾイド（Kop van Zuid）では、ニーウェ・マース川を渡るエラスムス橋の建設によって日常的にアクセス可能な中心市街地の範囲が拡張され、工業跡地であったこの地区は職住近接型の市街地へと変貌した。またこの事業は、公民連携（ＰＰＰ）手法を用いた開発事業のモデルとしても有名になった。経済改革の一環としてのさまざまな規制緩和や分権化によって、その後も各地でこうしたプロジェクトが生まれていく（図７‐１）。

一九八八年には、第四次国土空間計画文書案が発表され、国際的な競争力を持つ都市づくりに向けて、主要都市

図 7-1　コップ・ファン・ゾイドの遠景
出所）著者撮影。

における開発に重きをおくことが明記された。地方自治体では、このタスクを民間活力の導入を行いやすい大きさに分割した。これによってプロジェクトベースの都市開発が急速に広まり（Ovink and Wierenga 2009: 123）、民間の建築家やアーバンデザイナー、またランドスケープアーキテクトたちにも活躍の場が広がっていった。

政権交代後の一九九三年に発表された追補版第四次国土空間計画文書（Vierde Nota Ruimtelijke Ordening Extra：通称ＶＩＮＥＸ）には、前政権が十分に踏まえなかった環境に対する配慮に関する内容などが盛り込まれた。さらに集約的な投資がなされる地区が指定され、「ＶＩＮＥＸ地区」と呼ばれたこれらの地区は、国際的に注目される再開発の舞台となる。

しかし、こうした地方自治体への権限移譲と民間活力の導入は、ＲＰＤが地域計画の手綱を手放し、広域的な全体像を政府や自治体のコントロールの及ばないところへと追いやってしまうことでもあった(Ovink and Wierenga 2013: 122)。中央によるコントロールは、確かに時代に相応しくなかった。しかし、地方自治体への丸投げを継続すれば、戦後数十年をかけて共有してきた国土の将来ビジョンがなし崩しになってしまう。

地方分権化によるコンパクト・シティ政策の順調な滑り出しに

よって表向きの華やかさが得られたものの、実際に国の財政が黒字に転換するのは一九九九年のことである（財務省財務総合政策研究所 二〇〇一：二四一）。その間、一九八〇年代から九〇年代にかけて、マーストリヒト条約の締結によってヨーロッパの経済統合が進むなか、健全な財政と国際的な競争力を持ち、かつ魅力的な都市と国土を作ることは、ともに急務であった。そうした状況において全体像が見えないままの建設ラッシュというのは、関係者には大きな焦りを強いたはずである。

シナリオ・プランニングと参加型の国土空間計画

この期間、オランダ政府は無策だったのか。もちろん、そんなはずはない。遡って一九七〇年代以降、ＲＰＤのイニシアチブが明らかに低下するなかで、政府は国土の全体像を探る新しい方法論を求める努力を続けていた。シナリオ・プランニングの開発はその代表的なもので、ＲＰＤによるいくつかのシナリオ検討のほか、政府政策科学委員会（Wetenschappelijke Raad voor het Regeringsbeleid：通称ＷＲＲ）の取り組みに、その様子を見ることができる。ＷＲＲは、セクターの垣根を越えた総合的な政策の根拠となる調査を行う組織である。政府に助言をする委員会として一九七二年に臨時で立ち上げられ、一九七七年には常設化された（Salewski 2013: 188-199）。ＲＰＤは賢明にも、幾度かの試行の後に自らはフィジカルなプランニングのシナリオ検討に専念すべきであると判断し、社会経済学的な側面は別の専門機関や他のセクターに委ねる方針をとっていた（Salewski 2013: 93）。

ＷＲＲが未来を展望した最初の大がかりな調査は一九七七年の「次の二五年――オランダの未来の探求」（WRR 1977）（ＡＴＢと呼ばれた）であった。そこでは、二〇〇〇年までＧＤＰの成長率が三・〇％で維持されると想定したシナリオＡと、ローマクラブの『成長の限界』を反映して一九八五年まで徐々にＧＤＰの成長が鈍化し、その後は〇％

先進国との関係	合議による管理				東西の自由貿易の部分的放棄
先進国間の内部ダイナミクス	高成長に向けた合意	急速な価値変化と緩やかな成長	社会集団と緩やかな成長との間の競合		
右：相対的な生産性の動向 下：南北関係や発展途上国間の関係	収束			発散	
南北経済交流の大きな成長	A：高成長シナリオ	B1：新たな成長シナリオ	B2：収束−中成長シナリオ	B3：発散−中成長シナリオ	
北と南の間の分裂強調				C：南北不協シナリオ	
東西の先進国との地域的連携による南の部分的断片化					D：保護主義的シナリオ

図 7-2 「政策のための将来調査」（BTV）で用いられたシナリオのマトリクス
出所）Salewski 2013: 195.

になると想定したシナリオBのスタディが行われた。各セクターからの協力を得て実施された調査の成果は、市街地の発展や自然環境保全の計画案を図として示すものではなかったが、実質的には、野放図なスプロールによるグリーンハートの消滅（シナリオA）と、自然環境を保全し交通量の増加を極力抑制するコンパクト・シティ（シナリオB）という、二つのフィジカルなシナリオの下敷きを描いていた（Salewski 2013: 189）。

しかしこの報告書は、価値観が多様化する時代にそれぞれのシナリオにおける規範の変動を含めて未来像を描く難しさや、この予測図が二〇〇〇年以後に生じる問題を想定していないことによる正確性の限界などに触れ、この調査自体がバイアスのない中立性を持ったものとはなりえないことも伝えていた（Salewski 2013: 190-191）。

これを踏まえ、WRRは「政策のための将来調査」（WRR 1980）（BTVと呼ばれた）を実施し、一九八〇年と八三年の二回にわたって、オランダの国土空間計画に大きな影響を与えるレポートを発表する。この調査で採用された方法論[*1]をきわめて大雑把にいうと、「客観性」を重視するために規範に関わる課題に触れないようにしていたこれまでの調査方法に代わって、複数の支配的な政治的スタンスを取り上げ、それぞれのスタンスで、得られる統計的情報をもとに将来を占う、というものであった（Salewski 2013: 191-192）（図7 - 2）。

さて、ＢＴＶは各政党や各行政セクターが発行した文書をもとに、さまざまな立場の相互矛盾を明らかにしながらありうる将来像を描き出すものであった。そのプロセスも専門家の意見を聞くだけでなく、経過報告のシンポジウムやメディアを通した反響をフィードバックとして含めながら分析するという、きわめて透明度の高いものであった(Salewski 2013: 192-193)。「客観的な情報」をもとに「専門的」な判断がなされるのではなく、判断がよって立つ規範自体を検討対象に据え、さまざまな主観のいずれが支配的になるかという観点でシナリオ分類を行ったという点で、ＢＴＶはオランダの空間計画において確かに革新的だった。

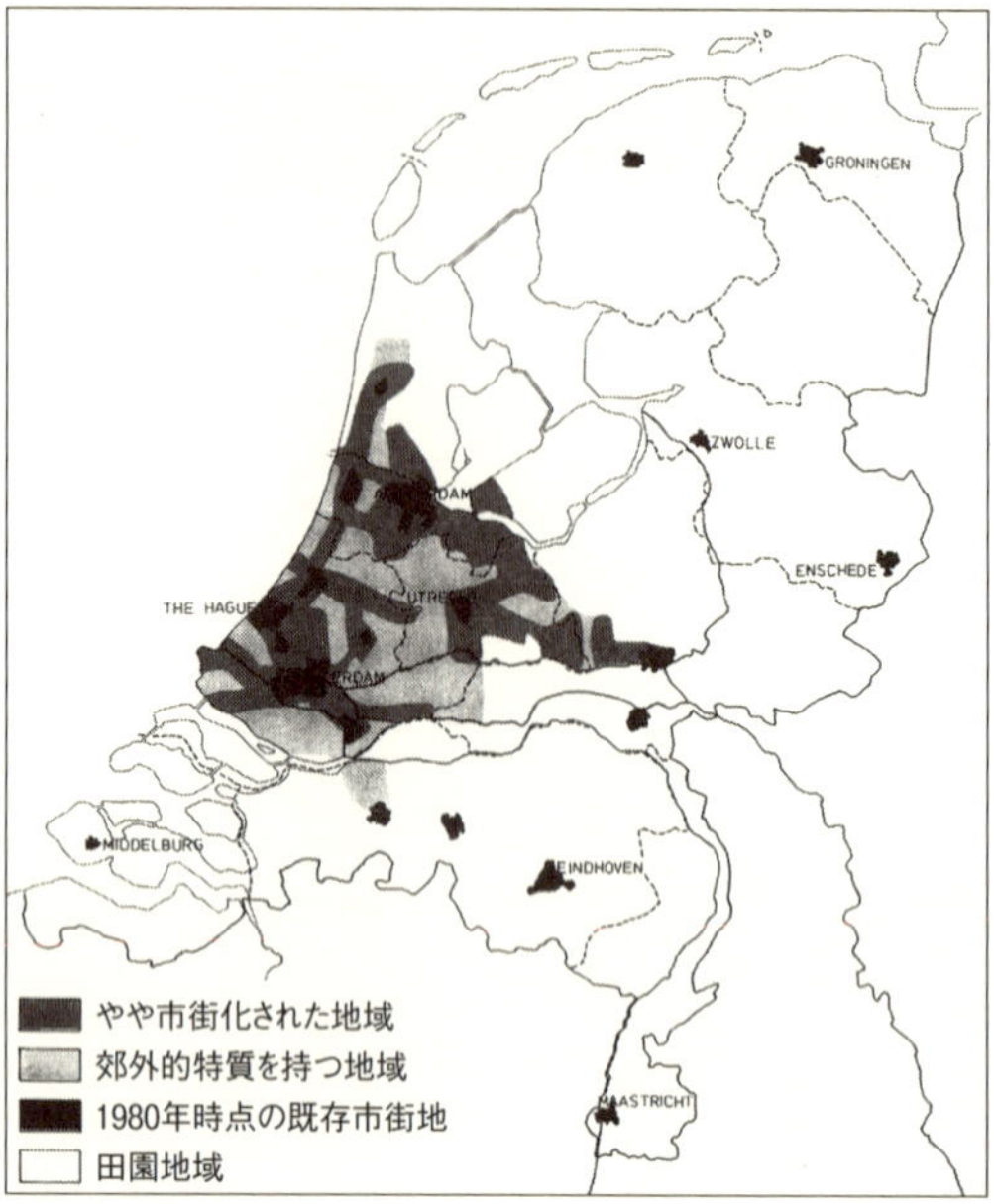

図 7-3 「ラントスタット・ホーラントの未来」のシナリオＡ
出所）Salewski 2013: 102.

図 7-4 「ラントスタット・ホーラントの未来」のシナリオＢ
出所）Salewski 2013: 103.

そして一九八三年、RPDは、「ラントスタット・ホーラントの未来」（Rijksplanologische Dienst 1983）と題した報告書において、国土の空間計画に関する三つのシナリオを描いた（Salewski 2013: 97-107）。シナリオAは「現状維持」、すなわちグリーンハートのスプロール化が進行する未来であり、シナリオB、Cはそれぞれ、ラントスタットに住宅を集約する「コンパクト・シティ」と、地方都市にあまねく人口を分散させる「分散型居住」であった。二〇一〇年、人口は一五八〇万人、そのうちラントスタットには六五〇万～六七〇万人が住み、二〇万～三〇万世帯の住宅の需要増加を見込むことが、共通の条件とされた（図7-3、4、5）。

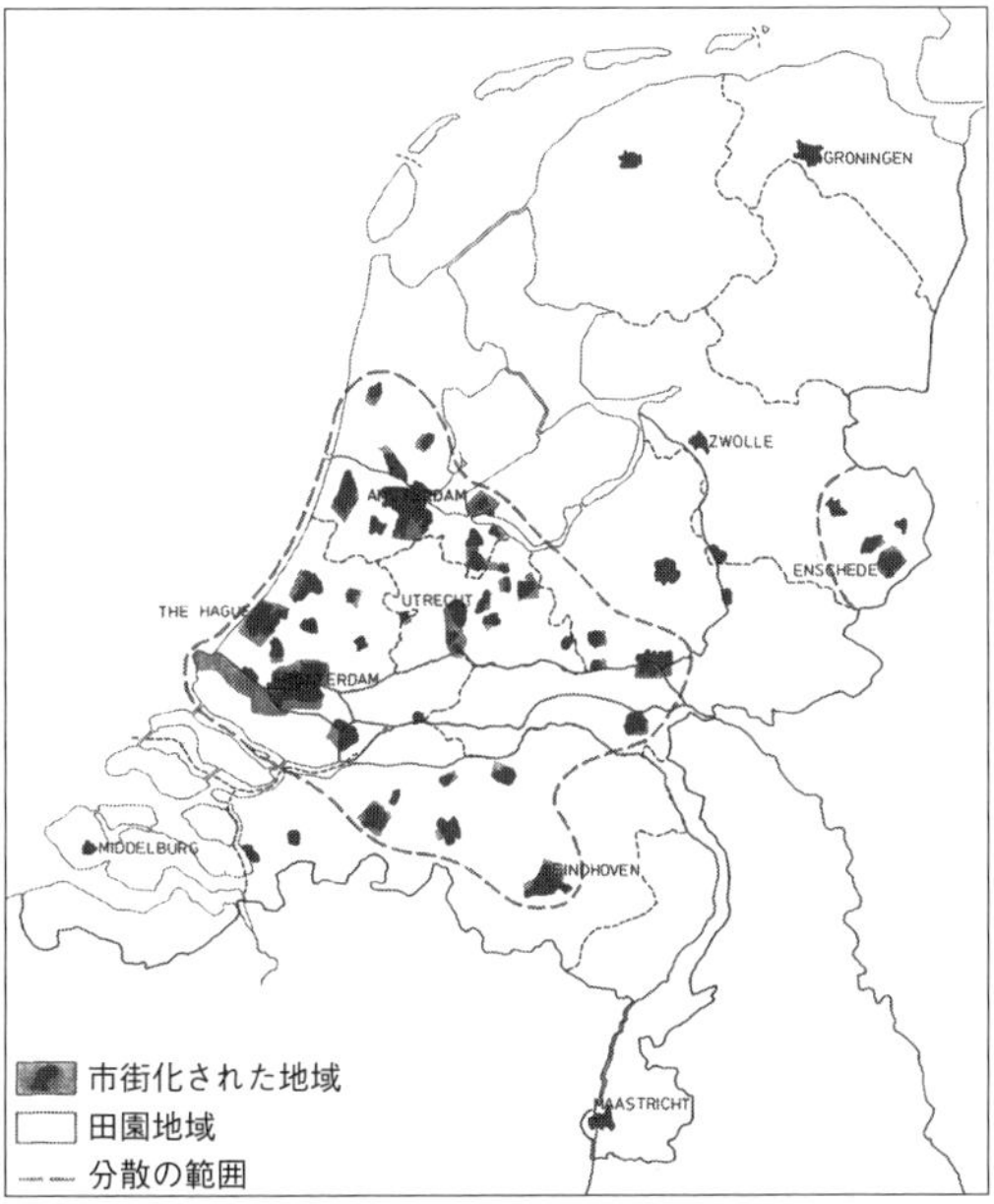

図7-5 「ラントスタット・ホーラントの未来」のシナリオC
出所）Salewski 2013: 104.

すでに分かるように、このシナリオスタディは、「科学的」な未来の予測を目指すものではなかった。一定の想定のもと、どのような都市の未来像を国民が望むのか、RPDが複数案を作って提示するという意味あいが強い。このうち「コンパクト・シティ」のシナリオを継承する第四次国土空間計画文書の案が提示されたのは、翌年の一九八四年のことである。このプロセスが、それまでにない参加型のイノベーティブな方法論によったものとして評価されていることも頷ける（Faludi and Van der Valk 1994: 204）。また、環境配慮の不足を大きな理由として新内閣が文書を改定した際、その大きな骨格が支持されて継承されたことにも（Faludi and Van der Valk 1994:

217）、このプロセスに対する社会的な評価が窺われる。

ＮＮＡＯ財団

ＢＴＶは、それまでのシステム的で階層的なプランニングの手続きに終止符を打ち、国土空間計画や地域デザインの検討がさまざまな主体によって試みられる状況を作り出した。ＷＲＲの委託を受けた地理学者のグループや、建築家のグループによる自発的なスタディがさまざまに展開されていく。

特に、アーバンデザイナーや建築家にとっては、抑圧的なシステムプランニングが力を失ったこの時期は、「デザイン」が再びオランダの都市に物申す立場を取り戻すための絶好の機会であった。オランダ建築財団が主導して一九八三年に立ち上げたＮＮＡＯ財団（Nederland Nu Als Ontwerp / Netherlands Now As Design）は、ＷＲＲから非金銭的な協力を取りつけ、その中立性を信頼として各都市だけでなくプロヴィンスや省庁、大学および企業など多くのスポンサーを獲得した。そして、五年間にわたってオランダの未来像についての積極的な提案を発信していった。リーダーの一人であった都市計画家のＤ・フリエリング（Dirk Frieling, 1937-2011）によれば、ＮＮＡＯの目的は「未来に関して『作りうる』明るいビジョンを立ち上げ、『空間の構成に対する社会参加というアイデア』をそこに入れ込むこと」であり、そうする理由は「空間の構造が、最も分かりやすく『作りうる』ものである」からであった（Salewski 2013: 216-245）。

ＮＮＡＯは、ＢＴＶのシナリオメソッドを援用しながら、「環境問題」「経済不況」「文化的行き詰まり」といった当時のオランダをとりまく課題に立ち向かうビジョンの選択肢を、仮想的ではあるが具体的なデザインを通して示すことを目指した（Salewski 2013: 222）。

図 7-6　NNAO におけるレム・コールハースのパネル
出所）Salewski 2013: 274.

一九八七年にＮＮＡＯは、三五組の制作者による多様なスケールにわたる提案を集めた展覧会「新しいオランダ二〇五〇」を開催した。この展覧会はＢＴＶのシナリオに基づいて考案された「慎重（New Netherlands 2050）（Careful）」「ダイナミック（Dynamic）」「危機（Critical）」「緩和（Relaxed）」の四つのシナリオを用い、それぞれのシナリオについて、アーバンデザイナー、建築家、ランドスケープアーキテクト、さらにはプランナーや交通水運省に所属する土木技術者など幅広い出展者を含んだ（図７‐６）。

実際には、ＮＮＡＯによる五年間の試みから直接に地域デザインのプロジェクトが生まれることはなかったし、ややもすれば、建築的なアプローチが伝統的なデザインコントロールへの回帰を志向する傾向があったとの指摘もある（Salewski 2013: 211）。とはいえ、開かれた民間の取り組みから、分野横断的で広域的なデザインやプランニングに関する議論の場を作りうることを示したのが、このイベントの大きな功績であったと筆者は考える。ＮＮＡＯがオランダ建築財団の主導でありながらも、建築家だけでなく、アーバンデザイナーや土木技術者、さらにランドスケープアーキテクトを含めた分野横断的な議論の場を設けたこと自体に大きな意味があった。

またＮＮＡＯは、普及していたシナリオ型の蓑を着て、もう一つの実験を行っていた。それは、調査から分析へ、そしてプランニングからデザインへと直線的に進む伝統的な方法論とは異なるプランニングのあり方を示すことであった。すなわち、一定の仮定に基づく具体的なデザインを先行させて、その評価を自らに問うことで他の選択肢の発見や、規範に関わる本質的な課題の発見へと導くという方法である。

クライアントを相手取って建築やランドスケープの設計実務を行っているものにとっては、一度は手を動かさないと分からないのが「スタディ」の常識である。しかし、戦後オランダの国土空間計画では、セクショナリズムとシステムア的プローチの呪縛が、計画家から長くその自由を奪っていたのである。

さらに、ＢＴＶとＮＮＡＯにおけるシナリオ型アプローチは、その評価の根拠となる規範自体を問おうとする点で、かつてステイヘンハが目指した方向性と軌を一にしている。その意味で、ＮＮＡＯは、そのイベント的な見た目にもかかわらず、オランダの空間計画史上の嫡流に位置づけられる活動といえるだろう。

注

＊１　この調査報告書は、ＯＥＣＤの「インターフューチャーズ報告書」（OECD 1979）の方法論を参考にして取り組まれたことを明らかにしている。経済のグローバル化に伴い、多国間の相互依存を前提にした望ましい政策についてシナリオを検討した「インターフューチャーズ報告書」は、日本のイニシアチブによってなされたものである。

第8章　コウノトリ計画

エオ・ワイヤーズ財団

未来に向けた、分野横断的で創発的な議論の試みは、民間だけで行われていたのではなかった。本書の文脈においてＮＮＡＯの設立以上の重要性を持つ出来事は、ＲＰＤに在籍した、ある個人のイニシアチブによって実現した。一九八五年のエオ・ワイヤーズ財団（Eo Wijers Foundarion）の設立と、エオ・ワイヤーズ・デザインコンペティションの開催である。

財団とコンペの名称がその愛称で記念している人物、レナード・ワイヤーズ（Leonard Wijers, 1924-1982）は、デルフト工科大学で土木技術をおさめた住宅空間計画省の管僚で、第二次国土空間計画文書の策定にＲＰＤのディレクターとして関わった。リサーチを優先するシステム的なアプローチには馴染むことができず第三次国土空間計画文書にはあまり関わりを持たなかったとされるが、その突出した広域スケールでの構想力によって、後世にわたってその名を知られている（Ministerie van I&M 2013a: 39）。

ワイヤーズの名を冠するこの財団は、その名に相応しく以下の三点をミッションとした（Eo Wijers Stichting 1986:

7-9)。

①市域に収まらない、広い関心に応える空間デザインを誘発すること
②オランダにおける可能的な長期的空間開発のビジョンの発展を誘発すること
③若手を中心とした空間デザインの専門家たちが、要求の有無にかかわらず発表できる機会を提供すること

ワイヤーズがまとめた第二次国土空間計画文書は、ステイヘンハら社会科学系の計画家から「ブループリント」と批判を受け、その後のシステム的アプローチに道を譲った。これに対してエオ・ワイヤーズ財団は、開かれた議論のテーブルを用意することで、即座に「ブループリント」化されることのない、いわばトレーシングペーパーに描かれた生のデザインが持つ情報量の豊かさを再評価しようとした。そして、それによって地域計画における思考ツールとしての「デザイン」の復権を試みたのである。

財団の発起人であり、現在はそのチェアを務める都市計画家ハンス・リーフラング（Hans Leeflang, 1951-）は、一九八〇年代のＲＰＤにおいて、追補版第四次国土空間計画文書（ＶＩＮＥＸ）をまとめあげたことから「ＶＩＮＥＸの父」といわれる人物だ（Rodenburg 2015）。リーフラングはこれまでの経験から、セクターや分野のしがらみを超えた中立的な議論の空間が必要だと考えていた。そこで、住宅空間計画省内に事務局を置きつつも、独立した組織としてこの財団を設立した（現在は、事務局も独立したＮＰＯ法人となっている）。

財団では三年に一度、市域を超えた地域デザインに関する設計競技、「エオ・ワイヤーズ・デザインコンペティション」を開催することになった。一年目は課題設定のための調査とコンペの準備、二年目がコンペの実施、三年目がその結果の分析に充てられるというサイクルである。このようにして、単なるお祭りイベントではなく、地域計画に関わる現実的な問いを投げかけ、それに対する答えを通してデザイナーたちが問題提起やビジョンの提示を行い、それらに対する複数の専門家たちによる評価を明確にするという、オープンで継続的な議論の場が作られたのである。

財団は、理事としてRPDと州の空間計画局の代表者と、オランダ住宅・空間計画協会（NIROV）、オランダアーバンデザイナー協会、オランダランドスケープアーキテクト協会からメンバーを迎えてスタートした。

コウノトリ計画

第一回エオ・ワイヤーズ・デザインコンペティションのテーマは「川の国、オランダ」であった。設計競技では、中心的な課題として以下の三つに答えることが求められた（Eo Wijers Stichting 1986: 7）。
・既存の土地利用の再編を視野に入れたどのような開発[*1]によって、新しく明確な構造を創発することができるか。
・この変転する文脈のなかにおいて、河川は、機能的、空間的にどのような重要性を持ちうるか。
・地域の差別化のための新しいコンセプト（および、そこで生じる河川の働きの変化に関するアイデア）を、どの程度、空間デザインの提案に反映することができるか。

スタディエリアは、①マース川のリンブルフ部分、②アイセル湖、③マース川、ワール川、ネーデルライン川（図1-1、B-3）、そしてレック川からなる一帯の地域、④ライン川河口部、の四つから選択するものとされ、「選んだ地域に対する開発の可能性に関する分析を通してそのエリアにおける課題を定式化した上で、その課題に対する解答を、地域的スケールと局地的スケールの両方に対する具体的なプロジェクトの提案として作り込むこと」が求められた。

設計競技の審査は分野横断的なメンバーで行われた。元住宅空間計画省副大臣で当時のレーク市市長であったS・ランヘダイク・デ・ヨン（Siepie Langedijk-de Jong）を審査委員長とし、水理学者のA・C・ゲーイ（A. C. Gaay）が副委員長を務めた。そして、ランドスケープアーキテクトのK・P・フォルマー（K. P. Vollmer）、都市デザイナーの

K・J・W・H・ディーン（K. J. W. H. Deen）、そして社会学者のP・ソネス（P. Thoenes）が委員を務めた。

　そして、このデザインコンペティションで最優秀案となったのが、その後のオランダの地域デザインに新しい流れを生み出す「コウノトリ計画（Plan Ooievaar）」であった（図8-1）。

　チームメンバーは、RWSの土木技術者であったディック・デ・ブルィン（Dick de Bruin, 1943-）、森林局のランドスケープアーキテクトであったディルク・F・サイモンズとロドヴィック・ファン・ニューヴェンホイズ（Lodewijk van Nieuwenhuijze, 1950-）、景観科学を学び、同じ森林局のランドスケープアーキテクチュア部に勤務していたディック・ハムホイズ（Dick Hamhuis, 1955-）、農業水産省自然環境野生動物局の自然開発・大規模自然地部に在籍していた生態学者のフランス・フィラ、そして、ナイメーヘン大学とユトレヒト大学で美術史を修め、森林局でランドスケープデザインに携わる傍ら、歴史景観保全財団の研究員を務めていたウィレム・オーバーマース（Willem Overmars, 1943-）の六人であった。このうち何人かは、本書ですでに登場している人物である。

　コウノトリ計画は、本書の主題である「ルーム・フォー・ザ・リバー」へと至るオランダの地域デザインの流れに非常に大きな役割

図8-1　「コウノトリ計画」の平面図
出所）De Bruin et al. 1987: 24-25

を果たす。そこで、この提案の内容については、その背景とともに詳細に確認しておきたい。

河川地域と農業

コウノトリ計画が注目したのは、課題が提示したスタディエリアのうち、③のエリアであった。提案の骨格は、オランダ南西部の「河川地域」（図8-2）における主な土地利用である農業と自然を互いに分離すること、そして、その二極の間が、農業を含む自由な土地利用のために残されるという考え方である。いきなりそういわれても分かりにくい。提案を理解するために、私たちもこの地域の成り立ちを概観しておく必要がある。

いくつもの川が網目のように絡み合う河川地域は現在でこそ優良な農業地帯だが、もともとは多くの氾濫盆状地の存在が特徴であり、戦前は決して耕作に適していたわけではなかった。度重なる氾濫と共生するために、穀物のほかに畜産や果樹、家禽を含む混合農業が数世紀にわたって行われてきたが、そのころの河川地域の生活は、平均的な農業地帯に比べれば貧しい方であった。

しかし戦後、増産による食糧自給率の向上が欧州全体の目標とな

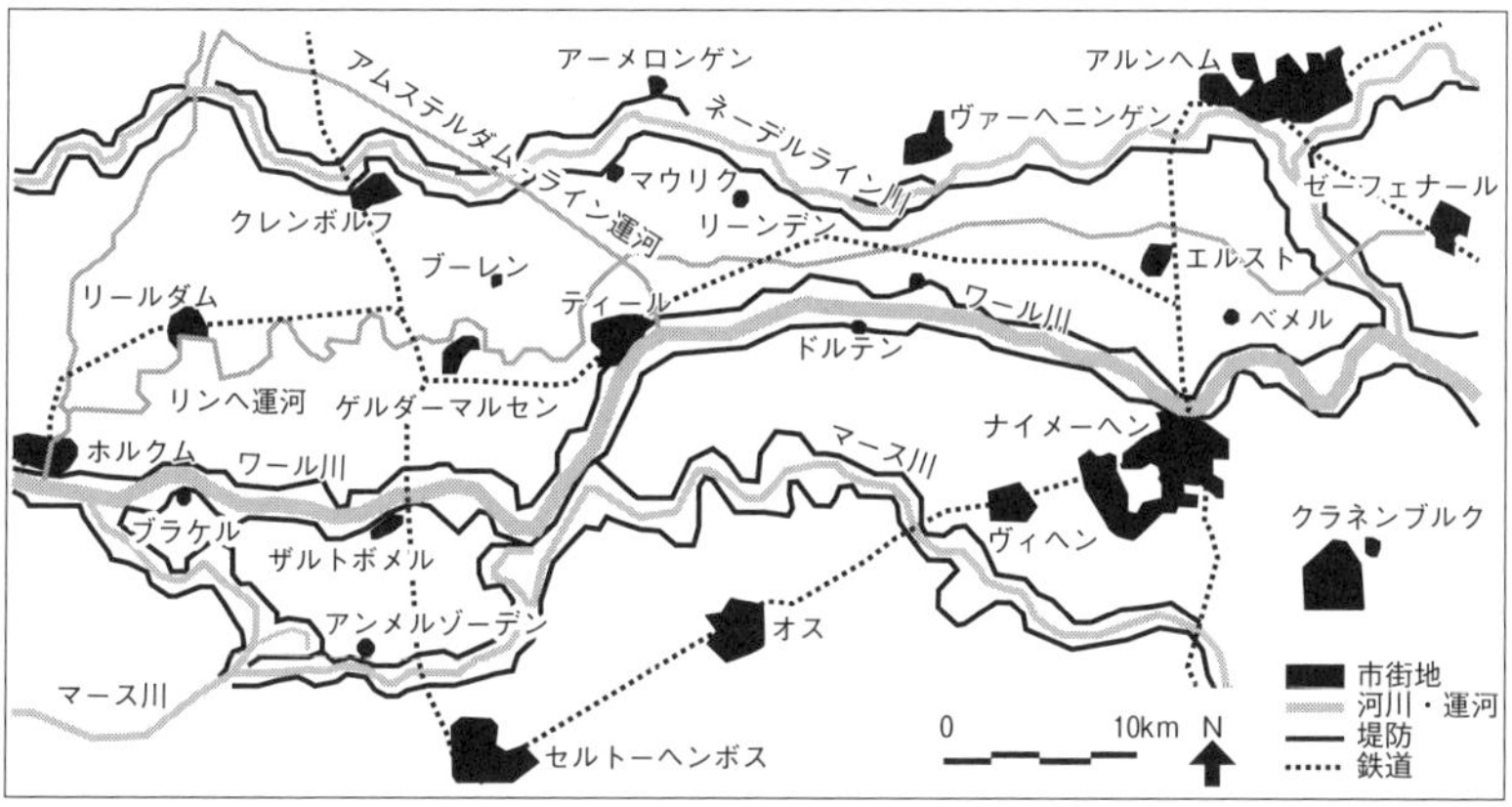

図8-2　河川地域

る。オランダでこの目標を達成するには、河川の標準化と排水整備、堤防の強化による土地条件の向上が必須であり、本書でもすでに見たように、膨大な農場の近代化と集約化が行われた。一九五七年には、ECC（ヨーロッパ経済共同体）が「共通農業政策」を採択、農産物の欧州統合市場が形成された。以降一九八〇年代までは、農業の国際的な競争力を向上するための国を挙げたオランダ酪農業の技術革新期となり、河川地域も飛躍的な生産力の向上を遂げる。一九三〇年代から二〇〇〇年にかけてのオランダでは、人口が二倍になったのに対して、牛乳の生産量は三倍になった（Van der Heide et al. 2011）。森林局のランドスケープアーキテクトたちが農地のデザインに特に苦しんだのが、この時期である。

しかし、一九八〇年改正の共通農業政策は、各国の輸出補助金が促す過剰生産を抑制しようとした。牛乳などの農産物に関する国別生産割当が実施され、各国とも闇雲な増産ができなくなった。さらに、環境に対する意識の高まりから、国の買取額に生産過程の環境負荷を反映するというEUの方針が明らかにされた。そこで牛乳など一部の品目については、政府の買取額を上げるために、よりエコロジカルな農業にシフトする農家も現れていた（Van der Heide et al. 2011）。

一方で、堤防が整備されても未だに堤外地で営農を続けていた農家も多くあった。そうした農家は河川地域には特に多く、相変わらずの水害に悩まされていた。そして、そのような質の低い農地でも同じような農業政策の保護を受けている農家もあったため、農産物は質の格差が拡大する傾向にあった。

カスコ・コンセプト

こうした背景のもと、サイモンズをはじめとする農業水産省のメンバーは、このコンペのフィールドがビッグ・グループ議論で構築してきた「カスコ・コンセプト」の適用例を示す絶好の舞台であると考えた。[*2]

カスコ・コンセプトは、異なる速さのダイナミクスを持つ土地利用を、空間的に分離するという考え方だった。自然保護地や林業のための森林育成地、飲料水の涵養地など、土地がその能力を発揮するために長い期間を要する用途（Low Dynamic Functions：ＬＤＦ）を、長く変わることのない「枠組み」という意味の「カスコ（Casco）」として位置づける。「カスコ」以外の土地は「ユーザースペース」と呼ばれ、そこに市街地や、農地、レジャーなど、より短期間で土地を改変する可能性のある用途（High Dynamic Functions：ＨＤＦ）を割り当てるという考え方だ（Sijmons 1991: 20）。

カスコ（Casco）というのは、もともとスペイン語でヘルメットや、ジャケットの袖、あるいは、一般にものを守るケースなどを表す言葉で、オランダ語では「枠組み」などの意味を持つ。ここでは、長期的に維持され、育てられるべき「自然環境」を守る鞘やケースのような意味である。もちろん、カスコにしまいこんだからといって、いっさいの利用が禁じられたり、ユーザースペースではいっさい自然環境としてのクオリティを求められなかったりするということではない。最低限の保護によって、フレキシブルな国土空間計画に資する強靭な骨格としての自然環境を担保する、というのが趣旨である（Sijmons 1991: 19-45）。

短期的に変化する土地利用においては、将来像を見通すことが難しい。一見安定して見える農地の姿も、ここ数十年で作られたものにすぎず、それすらも、ヨーロッパの経済統合の動向次第では、どうなるか分からないのである。しかし、自然環境を含む田園地域の計画では、上記の通り長い時間をかけなければ育て上げられない土地利用が存在するため、市街地の計画の場合以上に長期的な見通しが必要になる。このような「不確実性」と「長期的計画」をいかに共存させることができるのか、という問いに対するビッグ・グループの解答が、カスコ・コンセプトであった。

自然開発によるエコロジカルネットワーク

次頁のボックスに、コウノトリ計画における敷地の分析から提案に至る流れの一部をまとめた。

この内容を端的にいえば、堤外の低質な農地を自然開発地にすることで、自然環境と人間活動の明快なゾーニング（カスコ・コンセプト）を導入し、河川地域における生物生息地の安定した連鎖を再構築することであった。具体的には、他の地域では農業の近代化が進む中で、農地としても自然環境としても質の低い状態に取り残された堤外の農地を主な対象として、河川のダイナミズムを回復すること。そして、草地、河岸植生、湿地、開水面の四つの要素に適切な隣接関係を与えることによって、途切れていた生態学的な一体性（連続性）を回復する。具体的な方策としては高水敷に掘削される自然型のサイドチャネル（高水路）が主となるが、補助的な提案である飛び地状の氾濫盆状地の再生は、ビースボッシュ（Biesbosch）などの国立公園や、平行して走る各河川の間をつなぐ「飛び石」の効果を持つ（図8-3）。

提案に含まれる生態学的なアイデアは、一九七〇年代にマッカーサーとウィルソン（Robert Helmer MacArthur, 1930-1972 and Edward Osborne Wilson, 1929-）や、ジャレド・ダイアモンド（Jared Mason Diamond, 1937-）などの研究によって学術的に明らかにされていた「エコロジカルネットワーク」という、網目状につながる生物生息地の概念を援用したものである（De Bruin et al. 1987: 15）。

「飛び石」は、比較的弱いながらも重要なつながりを担保する、島状に連鎖する生物生息地のことであり、これに対して河川のようにしっかりとした連続性を持つ生物生息地の帯は「回廊（コリドー）」と呼ばれ、また、国立公園のような大規模な自然保護地は「コアエリア」と呼ばれる。コウノトリ計画は、後に国際的な注目を浴びるオランダのエコロジカルネットワーク政策の原点を提示した。

「コウノトリ計画」の骨子
（課題設定から自然開発まで）

1．農業から見た課題の分析

【高水敷】河川地域で営農する農家は大きなリスクを抱えている。予期できない水位の上昇によって、夏にさえ起こる頻繁な浸水があるためである。

【堤内地】1950 年代の土地整理事業によって小さな氾濫盆状地は埋め立てられたが、農産企業はより大きくなり、今後もより効率的な水管理を求めるだろう。しかし、その方法は統一されておらず、最適化もされていない。

【堤防上の土地】堤防の上には、牛の放牧や、果樹園、畑作、（施設）園芸などさまざまな形態の農業が展開され、集落さえ存在する。土地が不足するなか、一般に農産企業にはより集約的な農業にシフトする傾向もある。また、欧州レベルでは、土の上での生産から撤退し、施設園芸へシフトすることも議論されている。そうなれば、既存の農地を適性に合わせて別の産業に転用する方が適切である。

2．生態学的な課題の分析

河川地帯にかつて存在した景観構成要素が失われ、景観の一体性が失われている。盆状湿地は失われ、同様に氾濫原の樹林も失われた。現在の河川地帯における川は、治水と航路の確保のために河道が深く狭く固定され、堤外の高水敷すらも夏堤防に守られた農地として利用されている。氾濫原として残存するのは、堤外の草地のみである。すでに多くの生物種が失われているこれらの場所を、生態学的な再生に向けた道筋に正しく接続することが求められる。つまり、残されたランドスケープの要素をうまく活用しながら、生態学的な一体性を再生することが課題である。

3．具体的な解決策

（1）現在農地となっている部分を含め、高水敷に河川のサイドチャネルを掘削することで、氾濫原としての自然環境を再生する。河川沿いには、開水面と背の低い植物による開けた植生、沿岸に連なる樹林によって作られる、縦断方向の生物生息地の連続性を再生する。

（2）完全に失われている横断方向の連続性は、かつてこの地のランドスケープの構成要素であった盆状湿地を再生することによって再構築する。

（3）既存の農家に経済的な影響が生じるが、その対象となるのは既述の通り質の低い農地であること、またサイドチャネルの掘削時に発生する粘土の採掘権による利益が見込めること、さらに改善された環境に誘発されるレジャー産業による利益が見込めることなどによって、経済的なバランスが取れる。

出所）Eo Wijers Stichting 1986; De Bruin et al. 1987.

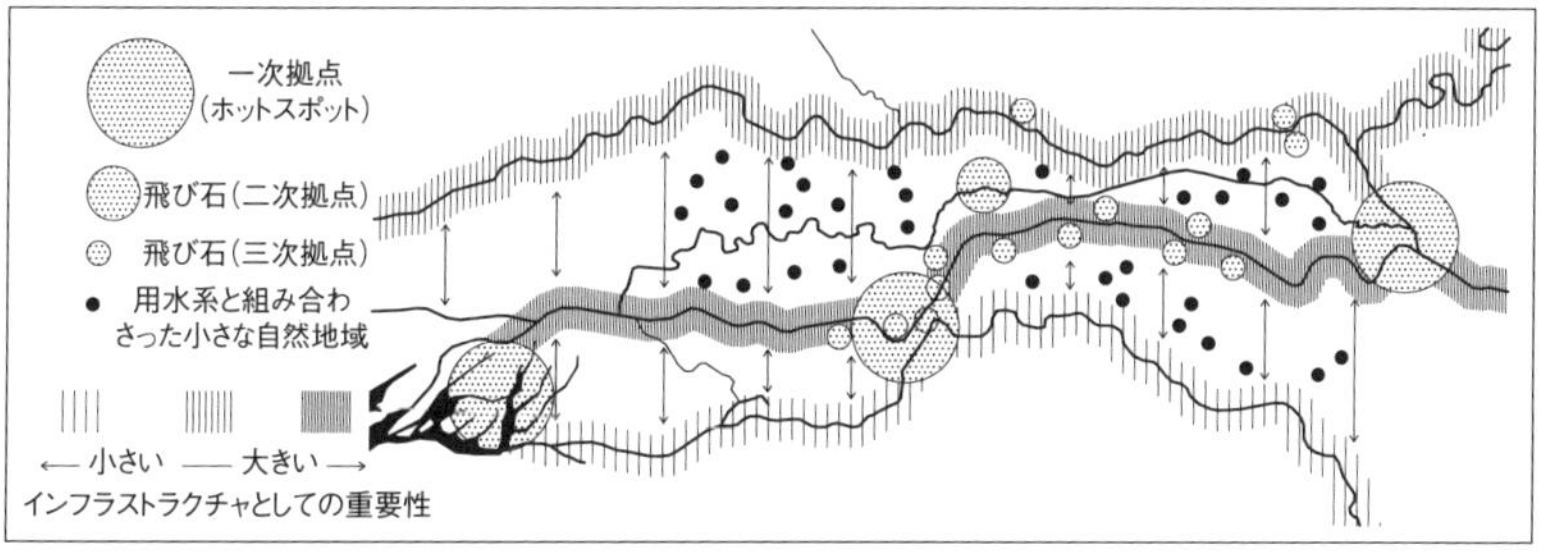

図 8-3　河川地域のエコロジカルネットワークのダイアグラム
出所）De Bruin et al. 1987: 32.

高水敷で自然を再生するためのサイドチャネルは、縦断方向の二重堤防と、横断堤防、そして水制によって囲まれる高水敷の一部を掘り下げ、下流から常時氾濫水を侵入させるというシンプルな方法で提案された（図8-4のフェーズ4）。「信玄堤」を思わせるようなその姿は、水位の変化や侵食と堆積の作用を生かして、人為的な利用を可能としたまま、生物生息地を育む「カスコ」としての河川を作り出す仕組みだった。オランダ人土木技師のヨハニス・デ・

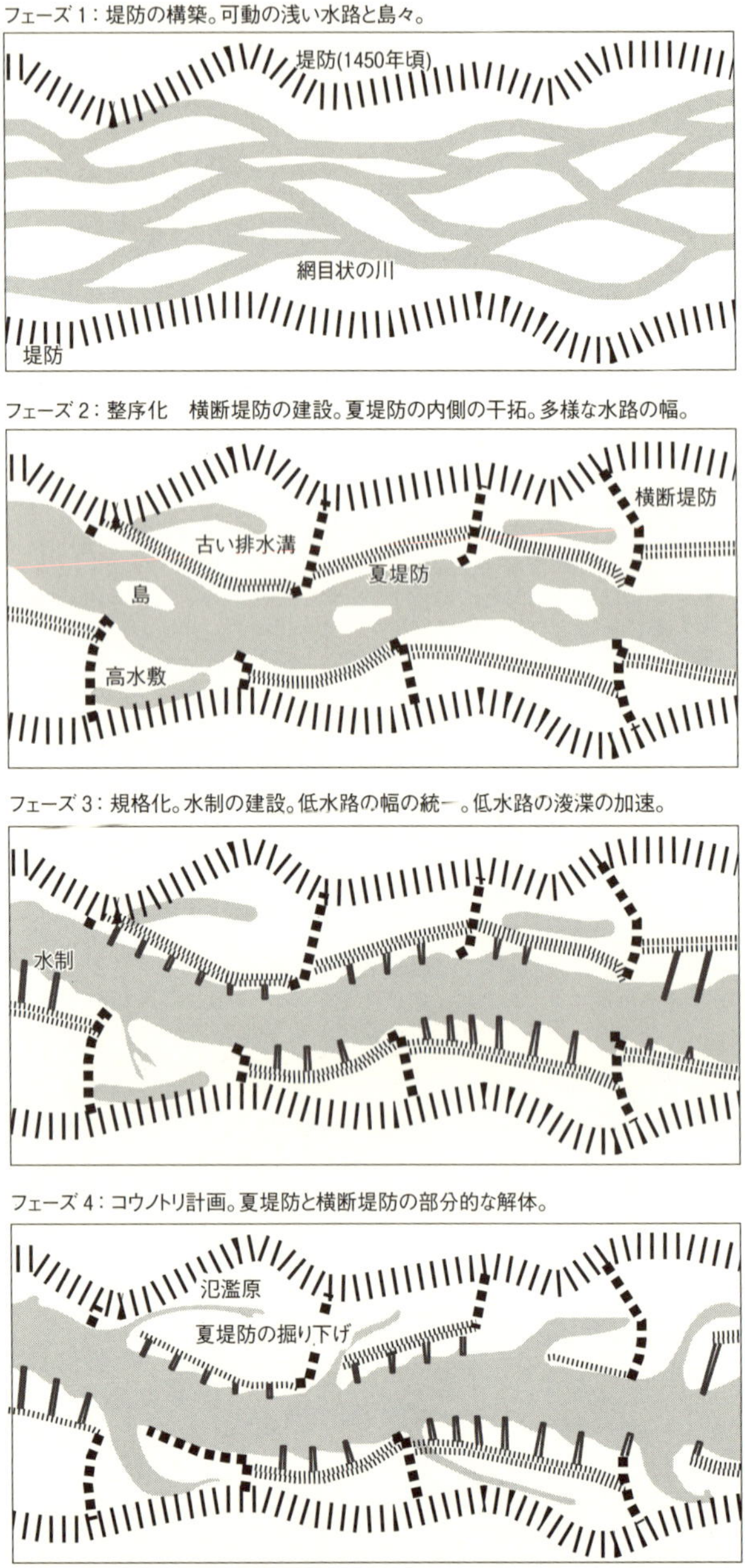

フェーズ1：堤防の構築。可動の浅い水路と島々。
堤防(1450年頃)
網目状の川
堤防
フェーズ2：整序化　横断堤防の建設。夏堤防の内側の干拓。多様な水路の幅。
横断堤防
古い排水溝
夏堤防
島
高水敷
フェーズ3：規格化。水制の建設。低水路の幅の統一。低水路の浚渫の加速。
水制
フェーズ4：コウノトリ計画。夏堤防と横断堤防の部分的な解体。
氾濫原
夏堤防の掘り下げ

図8-4　河川地域の歴史的変化とコウノトリ計画の提案
出所）De Bruin et al. 1987: 38-45 より作成。

レイケ（Johannis de Rijke, 1842-1913）が淀川に設置したワンド（湾処）が、現在貴重な生物生息地を提供していることを思い出させる。

それまでのオランダの河川整備は、河道を固定し水深を増すことで航路を確保し、水深の小さい部分を減らすことで植生の繁茂を抑制してきた。短期的には安全で、機能的な河川のあり方が実現されてきた。これに対してコウノトリ計画は、自然のダイナミズムを生かした介入を継続しながら、長期的な目線で環境を育成し、川との持続可能な関わり方、つきあい方を追求するという考え方であった。

エコロジーと経済のバランス

もちろんコウノトリ計画は、自然の再生のみに焦点を当てたのではなかった。「分離と混交」「川の三元論」という二つの考え方に基づいて、堤内地と堤外地、あるいは自然環境と人間活動の場とを横断する地域デザインが、広域スケールから局所スケールまで連続して提案された（Eo Wijers Stichting 1986: 14-15）。

「分離と混交」は、ＨＤＦとＬＤＦをゾーン分けしつつも、個々の用途については関連して利用できるものや、共生しやすいもの同士をできるだけ近接させるという方針だ。分かりやすい例でいえば、自然環境と、屋外レクリエーション・ビジネスや、集約型農地と粗放型農地を互いに隣接させることなどである。

「川の三元論」は、河川地域の各河川にそれぞれの特徴を見出した上で、個々の特徴に合った沿岸環境のゾーニングや川自体の利用計画を考えるというものである。たとえば、「川については、それぞれの川の能力と質に基づいて、役割分担がデザインされる。すなわち、ネーデルラインとレックは、大量の舟運流通とボートによるレクリエーションが特徴である。氾濫原は主として草本類の植生となり、そこここにおそらく樹林もあるような、開かれた空間とする。

この景観を保つための放牧が、限定的な一次産業として許可される」(Eo Wijers Stichting 1986: 15)といった具合である。

具体的には、各タイプの河川に対する介入のあり方が整理され、その上で、それぞれの川沿いにおけるプランニングの指針が、「生活の質（QOL）」「農業」「用地取得と管理」の三側面から示された。これらの詳細については図を参照されたい（図8‐5）。コウノトリ計画は、土地の取得あるいは地権者を誘導するためのアプローチについても提案をしており、行政による直接買収を主軸としつつ、ほかにもいろいろなケースを想定している。そこには「ワーズスカップ」という民間の景観管理機構の提案など意義深い議論も含まれるのだが、紙幅の都合から、本書では説明を割愛する。

コウノトリ計画がもたらす風景は、次のように表現された。

「堤外地では、強力な生態学的システムを伴う氾濫による堆積と浸食が繰り返され、池と森、そして、かつてのオランダに存在した粗放的な牧野景観と局地的な湿地が再生される。黒ポプラや黒コウノトリ（black stork）などの失われ忘れられた動植物と自然の流れが再導入される。掘削によって、興味深い池や井戸が作られ、自然環境のなかにレクリエーションの新しい可能性が広がる。氾濫原では侵食と堆積のプロセスが生きているが、高水敷における土砂の採掘によって、過剰な堆積は抑制される。計画は、堤防に住む村や町の住民に大きなアメニティを提供しつつ、川に新しいアイデンティティを与える。大規模な農業の外側で、氾濫盆状地における野性の自然と、航行が営まれ、エコロジーと経済がバランスをとる」(Eo Wijers Stichting 1986: 14)。

提案は審査委員によって、「グラウンドブレイキング」であり、「オリジナリティとアイデアの豊かさが手を取り合い、広域スケールでの地域再編と、地域スケールのデザインを行う見事な挑戦」として、エオ・ワイヤーズが行った

コンセプト	方針と介入の対象	概要
分離と混交	方針	互いに許容しない機能は分離しつつ、同じ場所で同時に行いうる活動や、互いを強化するような活動は、組み合わせて計画する。
河川の３元論	方針	川については、各々の川の能力と質に基づいて、役割分担がデザインされる。ネーデルラインとレックは、大量の舟運流通とボートによるレクリエーションが特徴である。氾濫原は主として草本類の植生となり、そこここにおそらく樹林もあるような、開かれた空間とする。この景観を保つための放牧が、限定的な一次産業業として許可される。ワール川は、舟運の単機能と、氾濫原の自然環境（樹林、水、そして草地）の重要性が特徴である。
	ネーデルライン川とレック川	1．農地の買い上げ 2．氾濫原を川の摂理に任せるべく解放する。下流の夏堤防は掘り下げ、上流側の横断方向の堰は繋げて水制機能を調整する。 3．植生管理は、牧畜／放牧のシステムによって行われる。 4．既存のレクリエーション用の池を完成する。 5．氾濫原を通りぬける、連続的な歩行者トレイルを建設する。
	ワール川	1．農地の買い上げ 2．氾濫原の河川の摂理への解放。 3．横断方向のダムを夏堤防と水制との結節点とする。 4．河畔林が成長するにつれ、地表レベルの低下を含めた補修工事を行う。 5．植生管理は、畜牛によって行う。消滅した生物種の再導入（ビーバー、黒コウノトリ、黒ポプラ）。 6．夏堤防の内側の一部に、堤外と関連した自然エリア 7．レクリエーション；縦横の堤防からの自然体験。 8．夏に浸水する湿地では、農地は減少して自然地と混交する。川沿いには、レクリエーションを中心とする商業利用が見られるようになる。
	マース川	1．低地部に水と湿性草地をおく。 2．高地部には広く連続した農地を開拓する。 3．砂の採掘によって、ウォータースポーツをさらに展開する。
生活の質（QOL）	方針	デザインは二極に分けて行う。氾濫原と盆状湿地である。それらの間のエリアには、堤防の上の町や村があり、それ自体は特段の変更はない。 しかしその両側のデザインによって、この中心部分も影響を受ける。 河川の機能はよりローカライズされ、住宅の近くに自然が発展する。生活の質が大きく向上し、地域のアーバンフリンジが発生する。
	生活の質に対する介入	1．アーネムとナイメーヘンには、二重のウォーターフロントを開発する。 2．市街地と田園地域の開発をコントロールするペリアーバン・グリーンストラクチュアの建設。 3．市街地の直近におけるレクリエーション目的の砂の採掘。 4．氾濫原沿いのルート開発による河川のレクリエーションエリア。
農業	方針	農業については、エリアの構造に合わせて３種類に分けてデザインする。周縁部においては酪農と畑作による農業の適正化、堤防上では園芸と果樹及びその他の農業のさらなる展開、そして浸水する氾濫原では農業を抑制する。
	農産業エリアへの介入	1．50ha 規模の営農が可能な構造とする。 2．酪農の他に、畑作も可能とする（生産物と堆肥を交換する）。 3．二重用水システムの構築：常に低い用水と、常に高い用水が、営農地に二重に接続する（排水と灌漑）。 4．高い用水は自然的な機能を持って残存する自然に接続し、河川敷の高い部分に接続する。 5．密に植栽された道路に沿った農家の家屋。
農業用水システム		低水位時と高水位時に分けて機能する二重用水のシステムが、対象エリアによりよい生態学的な機能を提供する。栄養価の高い水は低い水路を流れ、比較的清浄な水が高い用水から供給される。高い用水は、アヒルの養殖場やその他の自然地をつなぎ合わせる。これらの水路に沿って、湿地が生育し、局地的なエコロジカルインフラストラクチュアとして働く。
管理のアプローチ		ここに示される改変の結果は、うまく管理できるものでないといけない。川は、管理境界とその後背地で、この計画では、管理の骨格となる。基本的な方針は、堤防から堤防までの間の一体性のある区間を管理の一区分とし、これを「ワーズスカップ」と呼ぶことにする。 これは、リバーフロントと堤外地を管理する民間団体である。そしてその割り当てが地方自治体のゾーニングプランに翻訳される。

図 8-5 「コウノトリ計画」における介入方針

出所）Eo Wijers Stichting 1986: 15-16 より作成。

であろう発想に最も近い魅力を持つものとして評価された（Eo Wijers Stichting 1986: 13）。

地域デザインへの原点回帰

もちろん、カスコ・コンセプトや、コウノトリ計画といったものが、すぐに河川地域全体を変貌させたわけではない。しかし、エオ・ワイヤーズ・デザイン・コンペティションとその授賞作品を通して、地域デザインというものが分野や権益の範囲を超えて議論されねばならないと宣言された意義は大きかった。

この設計競技をRPDのリーフラングがリードした経緯も意味深い。演繹的なプロセスとセクターの縦割りという大きな縛りによって誰もが身動きを取れずにいた時期に、RPDがあえて自らの外に財団を設け、他のセクターからの横断的議論のプラットフォームをプロデュースしたことになるからだ。

NNAOは「新しいオランダ二〇五〇」を通して、官僚主義的なシステム志向のプランニングから、デザイナーの跳躍的な構想力と表現力を動員したシナリオ型のプランニングへと、議論の矛先を変えることに成功した。まず描いてみなければ、分からない。この発想は、問題解決的な志向から問題発見的な志向への転換を迫ったものともいえる。考えてみれば、第二次国土空間計画文書において、ワイヤーズ自身が目指していた世界が、すでにそうだったのではないか。エオ・ワイヤーズ・デザインコンペティションは、オランダの空間計画にその原点を思い起こさせる企てであったようにも見える。オランダの「空間計画」という概念は、「都市計画」よりも「地域デザイン」に近いように思える。

エオ・ワイヤーズ・デザインコンペティションは、以後も三年に一度の頻度で開催されているが、二〇〇四年以降の課題では、事前に候補地となる州と入念な協議を実施した上で、対象地域を明確に指定した課題設定を行うようになっている。また、なんらかの形で実際の取り組みへと発展させることを前提とし、近年の課題ではビジョンの提示だけでなく、その実現の方策についての提案も求めるようになっている（図８‐６）。

『生きる川』

コウノトリ計画に触発された実践的な試みは、小さいながらもすぐに始まった。コウノトリ計画が世に出た直後、森林局はドゥールシェ氾濫原（Duursche Waarden）の河川沿いにハイランダー牛の粗放的な放牧を始める（Peters et al. 2014: 78-83）。そして一九九二年には、コウノトリ計画のメンバーの一人、オーバーマースが独立して立ち上げたコンサルタント事務所「ストローミング（Stroming）」に対して、オランダＷＷＦ（世界自然保護基金）がより詳細な調査を委託した。その成果は『生きる川（*Levende Rivieren*）』として出版された（Stroming 1992）（図８‐７）。

『生きる川』では、土砂採掘業者の営利的採掘活動を戦略的に誘致してサイドチャネルの掘削を行い、そこへ過去に失われた動植物種を導入することが提案された。それによって、河川の自然なダイナミズムと食物連鎖を再生すると同時に、商業的な粘土採掘によって河川断面を拡大でき、公的な費用をかけることなく、河川の許容流量の増加が実現できるという主張を加えた（Silva and Kok 1994）。

経済的なインセンティブによって河川に手を加えると同時に、生物種の

図 8-6　West8 による最近の受賞案のパネル
出所）West8 の HP（www.west8.nl/projects/all/markeroog/）。

図 8-7 『生きる川』の表紙
出所）Stroming 1922: 表紙

投入で自然環境の生態学的な価値を向上させるという考え方は、まさにフィラが提唱した「自然開発」そのものであった。オランダＷＷＦのお墨付きが得られたことで、自然開発は大いに勢いづき、その後ライン川支流やマース川沿いの氾濫原において次々とパイロットプロジェクトが実施されていった。

現在では、オーバーマースとその共同者が始めたこれらのイニシアチブは、オランダＷＷＦやナチュールモニュメンテンの支援を受けて設立されたアーク財団（Ark Foundation）へと発展し、河川沿いの自然開発地の管理を行っている。それらの氾濫原のうちいくつかの様子は今もＷＥＢ上で公開され、人工的に再生された「自然」の成長を見ることができる。[*3]

自然開発事業の本格化

コウノトリ計画は、分野横断性と協働性を前提とする地域デザインのモデルを示した。特に、それが河川を対象としたことは、一九九〇年代のオランダの地域デザインに、直接間接に大きな影響を与えることになった。というのも、河川行政は環境保全との関わりですでに難題を抱えており、コウノトリ計画は渡りに船のアイデアだったからである。当時の交通水運相ネリー・クルース（Neelie Kroes, 1941-）は、この方針をすぐさま採用する。そして、環境劣化

図8-8　ブラウエ・カーマーにおける自然開発
出所）Feitse Boerwinkel 撮影。

が問題になっていた河川敷内の土地を一九八九年から続けざまに自然保護地へと転換していく。そのなかには、アイセル川のドゥールシェ氾濫原（Duursche Waarden 一九八九〜）、ネーデルライン川のブラウエ・カーマー氾濫原（Blauwe Kamer 一九九二〜）（図8-8）（図1-1、B-3）、ワール川のミリンガワールト氾濫原（Millingerwaard 一九九一〜）（図1-1、B-4）、マース川のコニングステーンラングス氾濫原（Koningssteenlangs 一九八九〜）などが含まれた（Peters et al. 2014）。

一九九〇年代に入ってからは、次章に見るオランダ政府の自然政策プランの後押しも得て、河川沿いの自然保護地は増加していく。放棄された採掘跡地などが主な対象地とされ、採掘業者、RWS、州や市、そしてレクリエーション関連企業などとの連携で氾濫原として再生され、現在は宝くじを財源とする財団の支援などによって、各種の自然保護団体が管理している（Peters et al. 2014）。

ビッグ・グループのメンバーが二〇年来温めながらも実践に移せなかったことが、コウノトリ計画をきっかけとして次々と現実のものとなっていった様子は、アイデアが具体的な形で社会に発信され、共有されることの重要さを感じさせる。こうして人々は、かつて農地だった自然な氾濫原に樹林が育っていく様子や、高水敷に粗法的な放牧地が展開される様子を目の当たりにするようになった。

注

＊1　ここで「開発」と訳している ontwikkelingen の語義は、市街地の開発に限定されない。

＊2　D・サイモンズ（D. Sijmons）への筆者によるインタビュー（二〇一三年九月一四日）。

＊3　dwaalfilm.eu.（http://www.dwaalfilm.eu/）において、二〇一五年一一月現在視聴可能である。

第9章　エコロジカルネットワークと「ランドスケープの質」

デルタ計画の軌道修正

ここで再び、河川行政の本流へと目を戻そう。

低地オランダの国土のなかでも、南西デルタは特に潮位の影響を大きく受ける地域で、ピート（泥炭）や川に運ばれた砂でできている他の地域とは異なり、その土壌も、度重なる高潮によって海から運ばれた堆積物を主としていた。この地域の治水は歴史的にも困難を極め、戦前の河川標準化の過程では取り残された地域といっても良かった。これが、先に述べた戦前の河川地域における農家の困窮の原因である。それでも堤防や水制によって大きな改善が行われ、条件は大分改善されていた。しかし、一九五三年、このオランダのアキレス腱である南西デルタを、大規模な自然災害が襲った。すでに見た、北海沿岸大洪水である。したがって、これを受けたデルタ計画、特にその中でも一九六〇年に始まった東スヘルデ防潮堤は、オランダ王国が水害との戦いに勝利し、人工的な国土を完成するための、まさに記念碑的な事業だったのである。

しかし、近代的な土木事業による環境破壊が批判されるなか、固定堰として計画された東スヘルデ防潮堤への反対は、漁業への影響に対する地元住民の反対にとどまらず、流域の環境問題に関する全国規模の反対運動へと発展する。そして一九七四年、ＲＷＳは固定堰を可動堰へと変更せざるをえなくなった（Van der Brugge et al. 2005）。

市民の目から見れば、時代の進展に伴い新たな知識を得たなら、それを取り入れた計画へと変更するのは当然のように思える。しかし、それまで圧倒的な自己裁量で治水事業を進めてきたＲＷＳにとって、市民の反対で計画を大幅に変更することは、マルケル湖干拓事業の中止に続く、大きな挫折であった。

ＲＷＳの改革

一九七〇年代後半から一九八〇年代にかけて、ＲＷＳのデルタ局長を務めたＨ・Ｌ・Ｆ・サーイス（H. L. F. Saeijs, 1935-）は、ユトレヒト大学とアムステルダム大学で生物学を修め、レイデン大学での博士論文ではデルタ計画における科学技術と生態学、そして行政との関わりに関する研究を行うことで、次世代の河川の姿を考究した学徒でもあった。それまで工学系の技術者がほとんどであったＲＷＳにおいて、サーイスはデルタ局内に環境問題を専門に調査する部局を置き、多くの環境や生態学の専門家を職員として雇用するという大きな改革を実施した。その背景の一つは、東スヘルデ防潮堤の問題で必要となった河川整備の生態系に対する影響の調査であった（Van der Brugge et al. 2005）。一九七六年からは、ＲＷＳとデルフト工科大学の水理学研究室との共同研究が開始された。一九八三年には「オランダにおける水管理のための政策分析（Policy Analysis for the Water management of the Netherlands：ＰＡＷＮ）」が発表され（Saeijs 1991: 245-255）、河川環境の修復事業は、こうした研究の成果を踏まえて行われるようになった。一九七〇年代に導入されたスマートデザインという河川整備のガイドラインについてはすでに触れたが、こうした動きにも右記のような背景があった。

一九八三年、サーイスは南西デルタの河口部、ゼーラント州の担当ディレクターとなる。そして、エコロジカルな環境を含むホリスティックな河川のあり方を標榜し、従来の河川整備に対抗する立場を明確にした。一九八五年、このビジョンはＲＩＺＡ（国立陸域水管理・下水処理研究所）における調査研究を経て『水とつきあう（*Omgaan met water*）』というタイトルで、交通水運省による水管理政策文書として公示される（Ministerie van V&W 1985）。

文書はＰＡＷＮにおける研究成果を基本に置いた。政府の水管理に関する政策を、量と質の両方に立脚させることを目的とし、その要点は以下のようであった。すなわち、①全体としての水系システムが最重要であり、これには、システムに関わる水中の生物や物質から、湖底や干潟の平瀬まですべてが含まれること。そして、②すべての水管理は、そこに含まれるすべての相互関係を考慮した、バランスのとれた合意形成プロセスのなかに含まれていること（この合意形成プロセスは、以下のことを考慮に入れなければならない。すなわち、安全、農業、住宅、産業、舟運、漁業、レクリエーション、景観および自然である）。さらに、③社会が表明する要望や、個々のシステムによって提供される可能性はすべて同列に並べられた上で、責任のある選択がなされること。最後に、④水は、今や単なる材料や航路としてではなく、適切に機能する水界生態系としての重要性を持つものと認識されること。

この政策に関わる量的・質的課題に総合的に取り組むため、ＲＷＳは一九八六年に組織再編を行う。このとき、デルタ計画を三〇年以上も取り仕切ったデルタ局は解体される。そして、東スヘルデ防潮堤の建設時にデルタ局に雇用された一〇〇人を超える生態学の専門家たちは、ＲＷＳの各部門に散っていった（Van der Brugge et al. 2005）。

こうして、ついにＲＷＳ内の各部門に生態学の専門家が配されるようになったのは、北海沿岸大洪水の発生から三三年、レイチェル・カーソンによる『沈黙の春』の出版からは二四年後のことであった。ＲＷＳに所属していたデ・ブルィンが、サイモンズ、フィラたちと手を組んで、「水とつきあう」ための具体的な地域デザインの提案をコウノトリ計画によって示したのがこの翌年である。このように振り返れば、時代の流れがよく分かるだろう。

その後、水管理に関わる政策の総合化も徐々に進められていく。一九八九年のRWSによる第三次水管理方針文書(Rijkswaterstaat 1989)は、同じ水を扱いながらセクターに別れた予算の分配によって総合的な政策が実施しにくいという問題を指摘し、環境と水質、河川の治水政策を同一の地平で議論すべきであると主張した(Van der Brugge et al. 2005)。考え方としては日本にも導入されている総合治水政策に近い。

文書は淡水供給の立場を中心としたが、その射程は広かった。漁業や航行、農業や環境といったさまざまな観点が調和した水管理のための「全国的ターゲットシナリオ」が描かれた。具体的には「中高部地域と砂丘における地下水のためのシナリオ」「井戸、表流水、池のためのシナリオ」「川のためのシナリオ」という、ランドスケープのタイプごとの三つのシナリオを立て、それぞれがセクターを超えて目指すべき道筋として設定された。

水に関わる政府文書にこうしたセクターを横断するアイデアが盛り込まれるのはそれまでにないことだった。ただ、それにもかかわらず、この政策は直接的な影響を持てなかったようで(Van der Brugge et al. 2005)、当時のセクターの壁の大きさを感じさせる。しかしそれよりも大事なことは、こうした努力がさまざまな立場から諦めることなく続けられていたという事実の確認である。

ランドスケープ・ビジョンと自然政策プラン

コウノトリ計画が森林局に与えたインパクトは特に大きかった。新しいランドスケープの政策文書を、ランドスケープアーキテクチュア部と自然環境保全部との共同作業で政策化することになったからである。ただしその成果は、ランドスケープアーキテクチュア部による「ランドスケープ文書——ランドスケープ・ビジョン(Nota Landschap: Visie Landschap)」(Ministerie van LNV 1992)と、自然環境保全部の管轄である「自然政策プラン(Natuurbeleidsplan)」

（Ministrie van LNV 1990）として、部ごとの二つのマスタープランに分けられた。

前者の「ランドスケープ・ビジョン」は、ランドスケープの国レベルの計画が総体としていかにあるべきかを述べた文書である。それは、「審美性」「生態系」「経済的機能性」を三要素とする「ランドスケープの質」という概念を導入し、それを後述する「国土ランドスケープ・パターン」へと昇華するための方法として「カスコ・コンセプト」を位置づけるものだった。

後者の「自然政策プラン」は、「ランドスケープの質」のうち「生態学」を特に詳細に論じたものといえる。具体的には、コウノトリ計画のような自然開発プロジェクトをつなぎあわせ、それらを既存の緑地の質向上策とあわせることによって、明確なエコロジカルネットワークを国土の上に描いてみせた。

政策として特に重要なことは、両者が理念的な教示にとどまらず、明確に予算をつけて期間と目標を持った計画として定められたことだった。

「ランドスケープの質」

「ランドスケープ・ビジョン」が掲げた目的は、「ランドスケープの質」の維持と向上であった。ランドスケープは「審美性」「生態学」「経済的機能性」という三つの社会的要請に応えることを要件とするものであり、その三つが調和して組み合わさることで、「アイデンティティ」と「持続可能性」の担保された「ランドスケープの質」が生み出されるものと定義された（図9－1）。この考え方は、これ以降、二〇一五年のルーム・フォー・ザ・リバーの完成に至るまで、分野を超えた共通言語として形を変えながら引き継がれていく。

「ランドスケープの質」を向上するという大方針のもと、具体的な成果目標として提示されたのが、国土レベルのラ

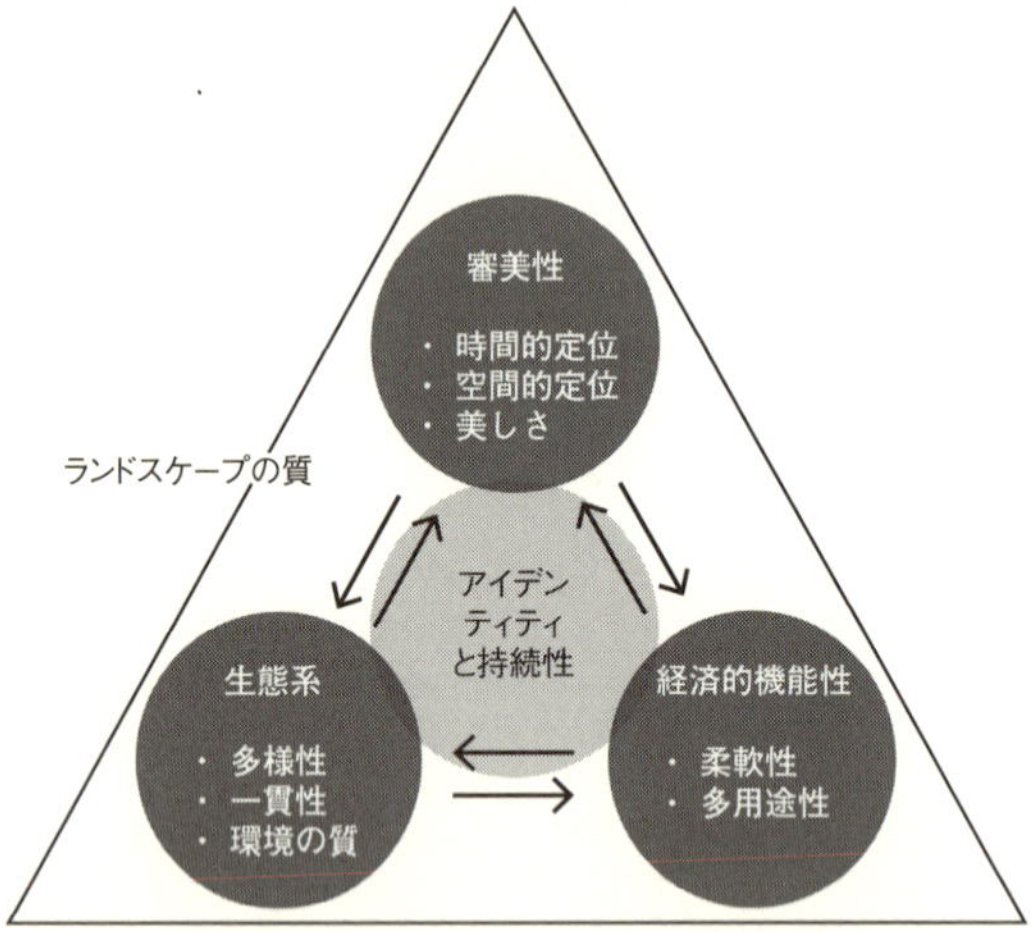

図 9-1 「ランドスケープの質」の概念図
出所）Ministerie van LNV 1992: 11 より作成。

ンドスケープのマスタープランに相当する「国土ランドスケープ・パターン（Nationaal Landschapspatroon）」であった。それは「ランドスケープにおいて国土スケールで認められるパターンや要素、もしくはアイデンティティとなるもの」と定義された（図９－２）。

国土ランドスケープ・パターンは、具体的には、川筋や砂質表土の隆起線や氷堆石などの地形や水系のほか、国土レベルで重要な自然地と森林地帯を中心として、田園地域の邸宅地や、「より小さいが重要性を持つ地域」も含むものとされた。要するに、大きなスケールで捉えられるオランダのランドスケープの特徴的なパターンや要素を主として、その特徴を国土レベルの骨格として活かしながら、人工的な景観要素も含めて秩序あるランドスケープを国全体として作っていこう、という考え方である。

ランドスケープ・パターンにおける各要素は、互いに重なり合う地図上の範囲として、図９－２に見るような一枚の図に示された。

ランドスケープ・ビジョンの意義

さて、「ランドスケープ・ビジョン」では、このような目標を達成するために具体的な事業項目を立て五年間にわたり年間約四五〇〇万ギルダーの予算を割り当てた（図９－３）。

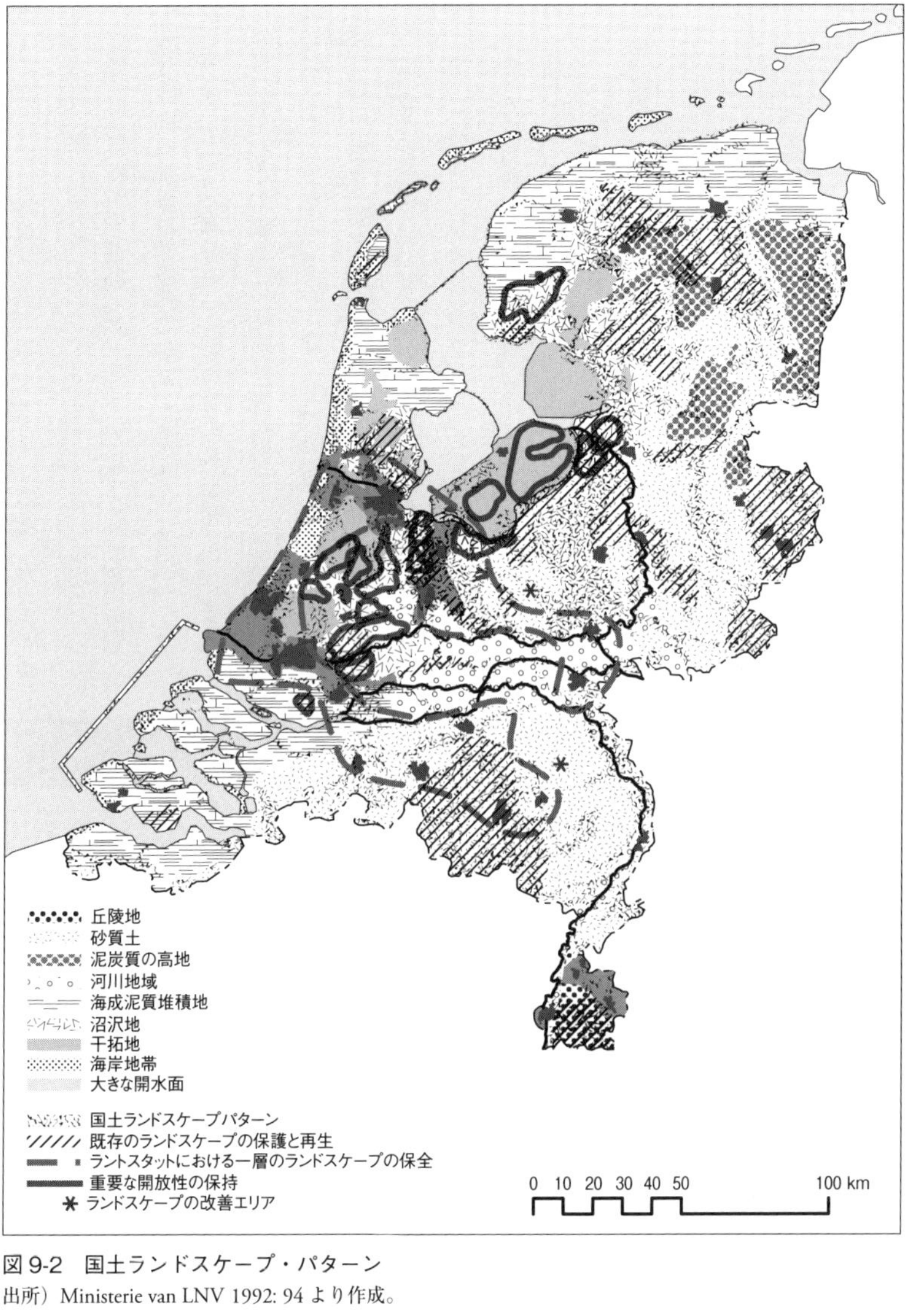

図 9-2　国土ランドスケープ・パターン

出所）Ministerie van LNV 1992: 94 より作成。

ランドスケープ・パターンの実装に関わっては、次に見るエコロジカルネットワークや、民間事業におけるランドスケープ建設のための補助金、あるいは土地利用計画における緑化などへの補助支出といった政策のように、すでに別のセクターで実施されているものも対象に含まれた。また、一九八八年の第四次国土空間計画文書では、「空間・環境プロジェクト」地区（ROM地区：Ruimtelijke Ontwikkeling en Milieu gebieden）という、環境的な側面を考慮した空間計画を特別に行う地域も別途指定されていた。

したがって、「ランドスケープ・ビジョン」は、五年間にわたって新たな予算を確保するものの、その具体的な事業項目は、新しいものばかりではなかった。むしろ、「ランドスケープの質」というトータルな視点で必要と考える事業に対してはセクターを越えた予算を割り当てることで、総体として「ランドスケープ・パターン」を強化することを目標とした。この分野横断性が「ランドスケープ・ビジョン」のユニークで新しい部分であったといえるだろう。

このような分野横断的な発想は、ランドスケープに備わる多義性や多機能性を考えれば、本来は自然なことである。

予算概要（百万ギルダー／年）		1993	1994	1995	1996	1997	2000	予算配分計
1. ビジョンの具体化		1	0.9	0.9	0.7	0.5	0.1	4.03
2. 調査・情報収集／教育・ターゲットグループに対する政策		1.1	1.2	1.2	1.2	1.2	1.2	4.03
3. 土地取得／ランドスケープ・パターンの実装	a）EHSの促進（70ha/年）	2.6	2.6	2.6	2.6	2.6	2.6	4.02/4.03
	b）樹林拡大等その他の公共事業（140ha/年）	6	6	6	6	6	6	4.02/4.03
	c）樹林拡大等その他の民間事業（25ha/年）	1.2	1.2	1.2	1.2	1.2	1.2	—
	4. 土地利用計画における実装（450ha/年）	20	20	20	20	20	20	4.01
	5. 民間ランドスケープ建設への補助（150ha/年）	1.9	1.9	1.9	1.9	1.9	1.3	4.04
	6. 歴史的ランドスケープの維持管理補助	12.5	12	11.5	11.5	11.5	11.5	4.03
合計		46.3	45.8	45.3	45.1	44.9	43.9	

図9-3　ランドスケープ・ビジョンの事業と予算の表

出所）Ministerie van LNV 1992: 138.

しかし、予算を区分けして管理することで作業を効率化する近代国家の官僚機構には、なかなか生まれにくい考え方である。

また考えてみれば、一九二四年のアムステルダム国際都市計画会議以来、オランダの都市計画はその立脚点を広域なランドスケープを対象とする地域計画に置いていたにもかかわらず、このときまで、ランドスケープを取り込んだ面的な地域計画は議論されることがなかった。「ラントスタット」と「グリーンハート」というアイデアはオランダの都市計画に揺るぎない軸を提供し続け、都市の成長管理に見事な役割を果たしたが、一方でそれらは、住宅政策としてのプランニングを中心としたものであり、国土そのもののデザインではなかった。それに比べたとき、自然環境のほかにも市街地や農地、河川をも含む国土ランドスケープ・パターンという考え方の新しさがよく理解できる。

長期計画とカスコ・コンセプト

しかし、ランドスケープにおける地域のアイデンティティ、つまりその土地の本質的な特徴群は、分かりやすい形をなすまでに非常に長い時間がかかる。樹林一つとっても、その成熟には三〇年はかかる。一方、これに比べて市街地や農地は、人口動態や市場原理を含む都市活動の構造的な変化や、交通機能の変化、または農業の技術革新などによって、たかだか十数年のスパンでどんどん変化していく。したがって、こうした機能に対しては最大限のフレキシビリティを確保しながら、成長の遅い部分、つまり地域のランドスケープの固有な価値の核となる部分については、安定した環境のなかでしっかりと育てなくてはならない。

そこで、ランドスケープ・ビジョンでは、国土ランドスケープ・パターンを長期的に育てるための方法論として、カスコ・コンセプトが採用された。ハイ・ダイナミック・ファンクション（ＨＤＦ）の自由度を最大限に確保しながら、ロー・ダイナミック・ファンクション（LDF）の安定的な作用のための枠組み（カスコ）を将来にわたって確保するという、コウノトリ計画で導入された国土プランニングの考え方である。

カスコ・コンセプトの具体的な用いられ方については、各パターンや要素についての記述を詳述すると膨大になる。そこで、ここでは本書の文脈で重要な「河川」に関わる部分だけ引用しておく。基本となる考え方は、コウノトリ計画以来お馴染みのサイドチャネルの導入にほかならないが、近代的な農業を中心とする堤内のHDFと、河川沿いの生態系をゆっくりと育む堤外のLDFを分けることが最重要課題とされ、カスコ・コンセプトの考え方を軸にして説明がなされていることが分かる。

「河川におけるランドスケープの枠組みを作り上げ、ランドスケープのアイデンティティを向上するとともに生態学的なポテンシャルを活用することによって、既存のランドスケープ・パターンを河川を軸にして強化することができる。

堤内地と氾濫原との区別が、最も重要な取り組みのポイントである。農業の存在によって、このエリアにおける自然の保全が叶わずにいるからである。河川のシステムが持つダイナミクスは、ランドスケープの多様性を作り出す上で最も重要なドライビングファクターである。

高水敷において、水管理の機能のない（つまり、水制の設置のない）範囲で農業のみの利用となっている部分（の一部）を掘削することによって、氾濫原の流れに対する抵抗を低減し、高水位時の氾濫原の大部分において、河川の水が邪魔されずに流れるようにできる。粘土と砂の採掘地を氾濫原内で適切に配置することにより、設定の多様性を増すことができる。

氾濫原には、いわゆる河畔林（河水の流れの向きや水位によって姿や構成が影響を受ける川沿いの樹林）が生じる。ある部分では、放牧によって背丈の低い植生が保たれる。さらに、開水面も生まれ、堆砂が再開する。このようにして生まれ変わる氾濫原は、河川に沿ったエコロジカルコリドーを形成し、オランダの高部と低部とをつないでいく」（Ministerie van

LNV 1992: 88-90)。

自然政策プラン

一九九〇年の自然政策プランは、コウノトリ計画においても理論的な基礎となったエコロジカルネットワークの考え方を国土規模で位置づけることに的が絞られた。

その巻頭では、本書でも見たオランダにおける歴史的な自然環境に対するまなざしの変化を振り返っている。この政策文書の視野の広さを感じさせる部分であるため、やや長くなるがその一部を引用しておく。

「文明の発展は、自然環境の改変と自然資源の利用とに直接的に関わっている。人類は早くからデルタの改変を始め、それはのちに拡大し低地の国（ネーデルランド）と呼ばれるようになった。大きな哺乳類は数世紀の間に駆逐され、古の樹林は伐採され、沼地は乾いたままとなった。一方でオランダの人々は、そうした状況のなかでも自然を痛めつけていただけではなく、豊かにもしていた。いくつかの側面では多様性を増し、また望まれない動植物を広げることもしなかった。人によって作られた農地のランドスケープも、生態学的に高い質を持っていたのである。

特に一七世紀以降、限られた集団において自然への関心が高まり、一八世紀には教養の高いブルジョワジーが自然とランドスケープに対する関心を抱くようになり、多くの歴史的な自然物の収集をするようになる。［中略］二〇世紀になって、自然を求めて人々がより広い範囲を移動するようになったとき、自然の質の低下が、彼らの目に見えるようになってきた。

人口の増加と科学技術や経済の発展に伴って、自然とランドスケープの質に対するインパクトは、ますますネガティブなものとなっていった。農業の生産方式の発展は、環境汚染と相まって、農地のランドスケープにおけるバランスを豊饒化するものから低劣化するものへと変えてしまったのである。

何ごとも、希少になったときになってその価値と必要性に対する意識が増すものである。自然についての価値も、同様である。この必要性は、特に第二次世界大戦後に表明されるようになったが、これは屋外レクリエーションの普及に負っている部分があった。自然は、レジャーの目的地となったり、レクリエーション活動の背景として活用されたりしてきた。現在では、観光上の必要不可欠な要素となっている。

これに加えて現在では、人にとっての自然の利用価値とは別のものとしての自然の価値に対する認識が、多くの人々の間で高まっている様子が見られる。絶滅危惧種の先行きに対する倫理的懸念が、メディアによる報道もあって、より高まっている。自然とランドスケープに対して危害を加えることに対する抗議はますます高まっており、特に直近の環境について、その傾向は強い。

清浄な水、清浄な空気、そして清浄な土壌、これらが本質ではあるが、それだけでは結局、人類の環境は本当の環境となるまでに至らない。本当の環境には、自然とランドスケープの質や、野生の動植物の種が含まれる。自然環境の保全と、可能な場所ではそれを開発することが、高密度に開発された私たちの国において、私たちの世代が直面し、将来の世代の利益のためにも取り組まねばならない課題なのである。

自然環境が持つ多くの働きを想定して、自然とランドスケープの指針表明に関わるサステナブルな解決策を提供すべく、政府は自然政策プランを発表する。それは、既存の政策の調整を必要とする新たな開発にも焦点を当てるものである」

（Ministerie van LNV 1990: 7-8）。

その上で、自然政策プランの目的は、次の七点とされた（Ministerie van LNV 1990: 79）。

一、国内的、国際的に重要なエコシステムを、空間的に安定したエコロジカルネットワークのなかに、持続可能な形で保存し、再生し、開発することを政府が重視すること。
二、地質的、文化的な歴史、そして明確な重要性を持つランドスケープの経験的価値の保全と開発を、政府が重視すること。
三、より一般的な自然とランドスケープの価値に対する、田園地域と市街地の両方における保全と発展を促進すること。
四、最も自然な野生の動植物種のバリエーションを、エコシステムの一部として保存し、再生すること。
五、環境、水、そして空間の計画における自然的な構成要素を強化すること。
六、自然に対する社会的な支持を拡大し、この政策をサポートすること。
七、さらなる調査の努力によって、政策のシステム化、さらなる検証と評価を行うこと。

表現は地味だが、各項目を見ると分野横断的な視点を強調していることが分かる。本書の文脈で特に重要なのは、これらの目的を実現するために提案されたエコロジカルネットワークと、自然開発事業である。以下、それぞれについて見てみたい。

エコロジカル・メイン・ストラクチュア

「エコロジカル・メイン・ストラクチュア（Ecologische Hoofdstructuur：EHS）」は、一九七五年の「関係性文書」（八三頁参照）などによる既存の指定地を含め、より明確な構造を持ったネットワークとして自然環境を保全創出する地域を含む。それは、コアエリアと回廊、飛び石、バッファゾーンを組み合わせて作られた。砂丘、泥炭質および粘土質の淡水湿地（マース川流域と周辺の低地）（図1‐1、B‐3）、砂質の高地部と南リンブルフの丘陵地帯、支流とその周囲、大きな川や湖が、その構成要素である。

コアエリアは、最小でも二五〇haのまとまった自然環境（環境配慮型の農地や樹林との組み合わせも含む）であり、それ以外の場合は五〇〇ha以上、針葉樹林の場合は千ha以上とされた。既存の自然的環境約四万五千haや、関係性文書が指定した一〇万haの農地のうち八万haに加え、大小の河川や大きな湖沼と北海沿岸の土地などが、コアエリアとして指定された（Ministerie van LNV 1990: 79-91）（図９－４）。

NURG

自然政策プランのもう一つの目玉は、「自然開発」エリアの導入であった。自然開発エリアは、地下水位が高く耕作に適さない土地を主な対象として、低地部だけでなく、比較的標高の高い地域も対象とされた。コアエリアの補強や新設、また互いにより近接した湿地の創出がその導入の目的である。およそ五万haの自然開発事業が目標とされ、候補となるべき範囲として、約一五万haが図示された（Ministerie van LNV 1990: 84）。

エコロジカルネットワークを考える上で、最も重要かつ効果的なランドスケープのタイプは、もちろんのこと河川であった。堤外地にも多くの農業が展開されてきたオランダにおいて、堤防強化や夏堤防と水制の設置による河川の規格化は、堤外での農業を結果的に促進し、そして水深を増すことで就航性を向上したが、当然、それによってエコロジカルネットワークの骨格としての河川は痩せていった。一方で、戦後に堤内地の農地の近代化が急ピッチで進むなか、堤外地の農地はその近代化の波に取り残された。この状況に重ねて、欧州の共通農業政策によってオランダの農業は生産を抑制せざるをえなかったから、堤外地の農地もその魅力を低下させていた。ＥＨＳの政策はここに目をつけた側面がある。もちろん、コウノトリ計画の作者たちがこれに先駆けて同じ内容を提案していたのは、すでに見

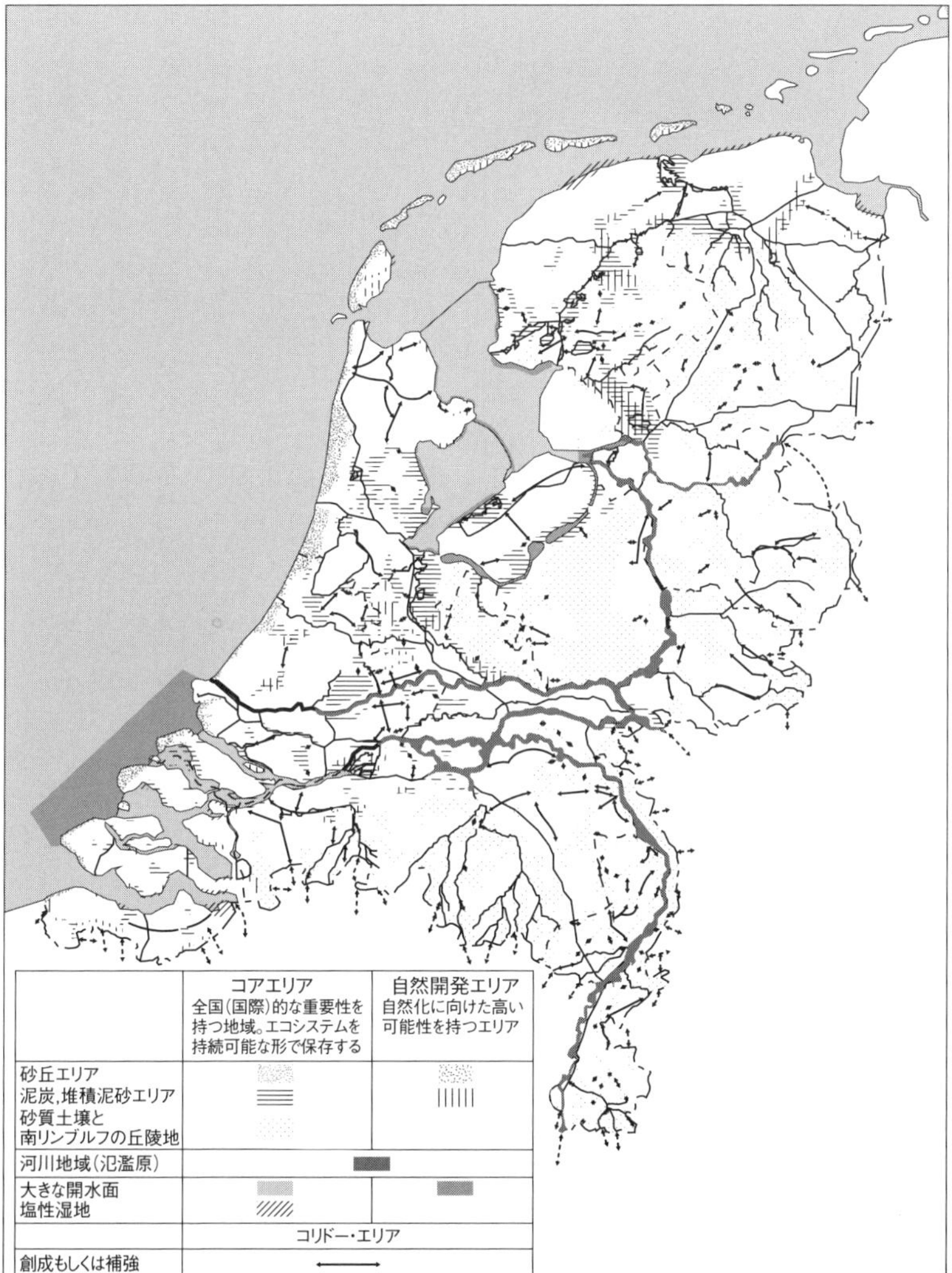

図 9-4　エコロジカル・メイン・ストラクチュア（1990 年）
出所）Ministerie van LNV 1990: 273 より作成。

た通りだ。
自然開発事業においては、交通水運省が一九八五年に公表していた第三次水管理政策文書との連動が視野に入っていた。実際、自然政策プラン策定の翌年である一九九一年には「河川に関する詳細検討（Nadere Uitwerking Rivierengebied：ＮＵＲＧ）」が、住宅空間計画環境省、農業自然水産省（一九八九年に農業水産省から改称）、交通水運省の三省に加え、主要河川を擁する各プロヴィンスの共同声明の形で公表された。

ＮＵＲＧの名称を見ると具体的に何の詳細検討だか分かりにくいが、要するに自然政策プランで提案された自然開発事業をＥＨＳの目標に則って具体的なアクションプランに落とす役割を担っていた。そこでは、主要河川沿いの環境を詳細に読み解き、ＥＨＳにおけるコアエリアや回廊を強化していくために必要な自然開発計画の実施計画が立てられた。

先にコウノトリ計画の具現化として挙げた、アイセル川のドゥールシェ氾濫原、ネーデルライン川のブラウエ・カーマー氾濫原、ワール川のミリンガワールト氾濫原なども、ＮＵＲＧサイトとしての指定を受けて実施された自然開発事業である。

ＥＨＳと同様、その一部であるＮＵＲＧサイトの自然開発は

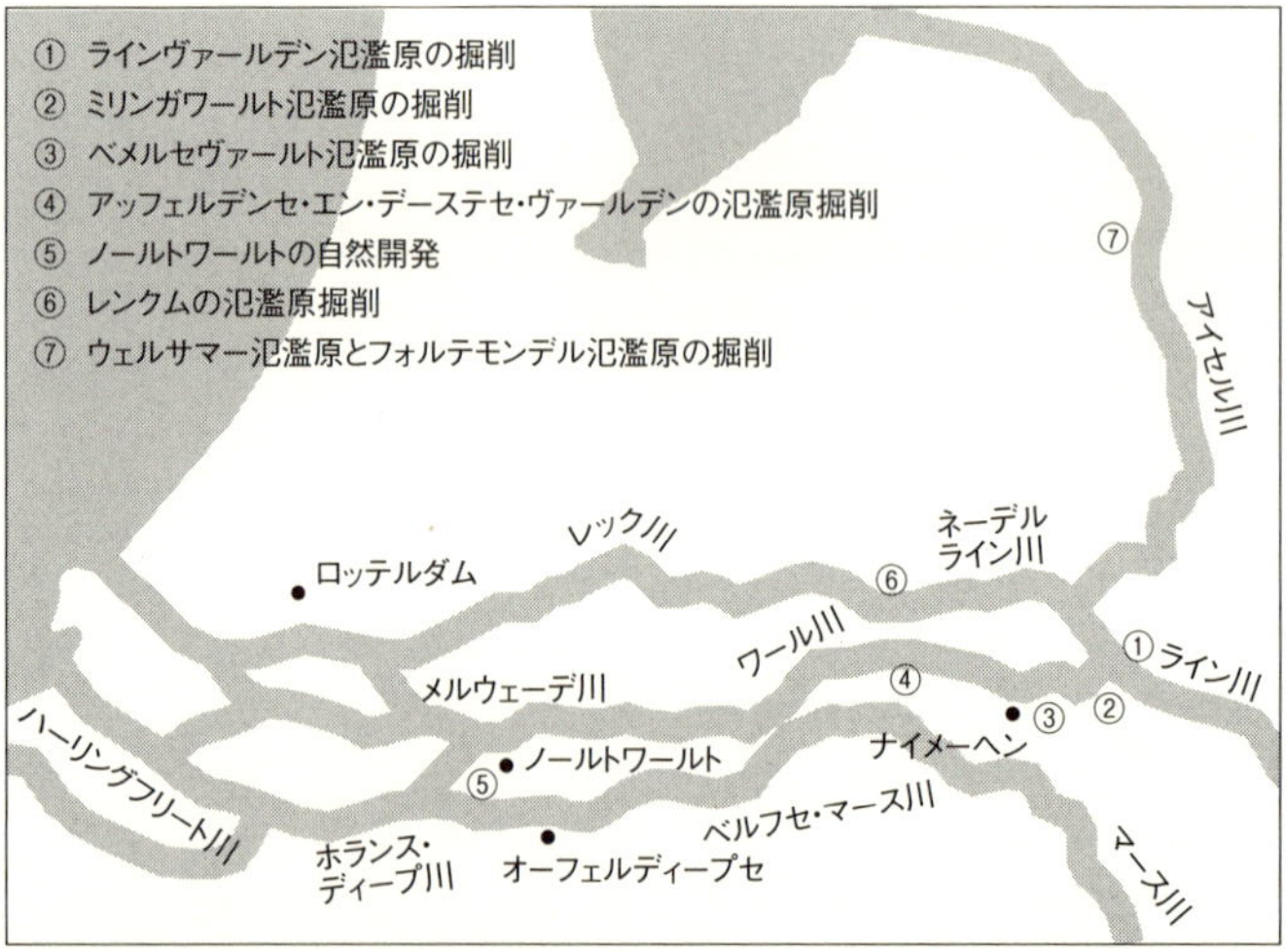

図 9-5　NURG サイトの図
出所）Ministerie van I&M 2013b: 1 より作成。

必ずしも全面積に対して国の予算が確保されたわけではなく、ある部分は生産性の低い堤外の農地を持つ農家が土砂の採掘に土地を供与するなどの場合も含まれていた。また、WWFやアーク財団による自然開発活動で見たように、事業費の多くを各種財団による寄付に負っていた。

農業自然食糧省（二〇〇三年に農業自然水産省から改称）と交通水運省は、二〇〇八年に河川の水位低下に効果があるNURGサイトについて予算を出しあい、七つのエリアに合計七千haの氾濫原を掘削する自然開発を、二〇一五年までに実現するというNURG協定を結んだ（Ministerie van I&M 2013b）（図9‐5）。

ナチュラ二〇〇〇へ

一九九三年、環境に対する視点をより重視した追補版第四次国土空間計画文書（VINEX）が公表され、通称VINEX地区と呼ばれる交通の要所に多くの再開発計画が実施される。経済的にも活況を呈し「オランダの奇跡」と呼ばれる景気回復の時期に差し掛かる。こうした時期にオランダは、以上の二つのランドスケープに関わるマスタープランによって、これまで踏まえられていなかった、田園地域と市街地を一体的に、俯瞰的に眺める視点を、苦労の末獲得したように見えた。

また、政府はエコロジカルネットワーク政策において国際的な生態系保全の重要性に関する記述をかなり強調して組み込んでいた。この主張は欧州へと投げかけられ、一九九二年にはEUの生息地指令「ナチュラ二〇〇〇（Natura2000）」による欧州全域のエコロジカルネットワークの構想へとつながっていく（Jongman 1995）（図9‐6）。

すでに見たように、オランダの環境保全の芽生えは、他の欧米諸国に比べて決して早かったとはいえない。ライン川、マース川流域の汚染をすべて自国の衛生と産業の課題として受け止めなければならないなか、生命線ともいえる

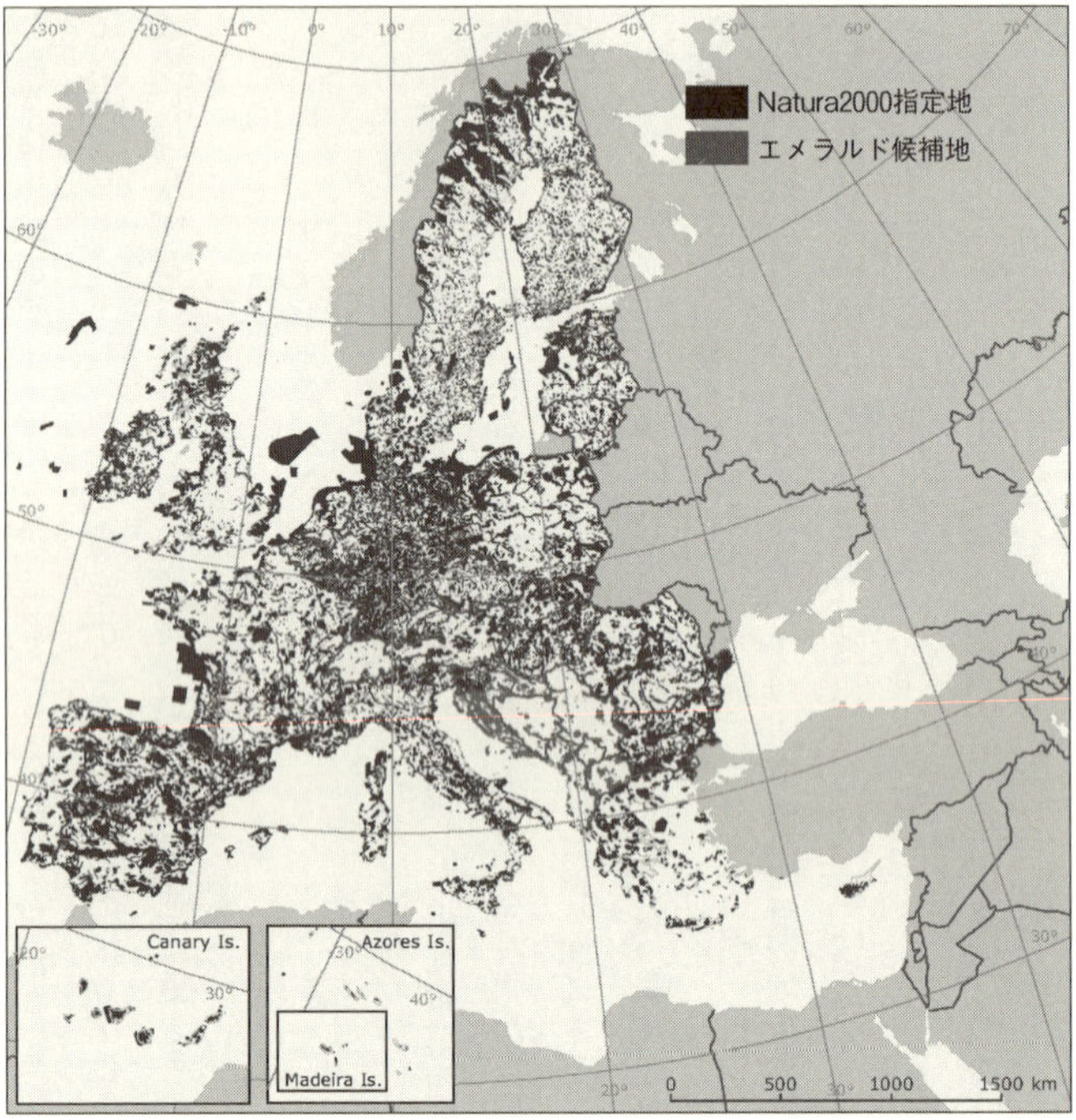

図 9-6　Natura2000 とエメラルドネットワーク

出所）European Environment Agency の HP（http://www.eea.europa.eu/data-and-maps/figures/the-natura-2000-and-the）

欧州の環境問題に関して、二〇世紀の終わりごろオランダはようやく一つのイニシアチブを獲得した。

近代技術と産業、都市、自然、それらがようやく美しく結び合わさるかに見えたこのころ、オランダ国民の目を覚ますような出来事が起こる。一九九三年と一九九五年に立て続けに訪れた、ライン川流域における堤防越流寸前の高水位であった。

第10章　新しい水管理政策の始動

目覚め

一九九三年一二月にマース川で、さらに一九九五年の一月から二月にはマース川とライン川で、その直前の大雨と上流部の降雪によって水位が激しく上昇した。マース川沿いのベルギーとの国境付近のボルフハーレンでは、一九九三年に一五〇年に一度の確率に相当する三一二〇㎥／sの流量を、一九九五年には二八六一㎥／sの流量を記録する。マース川上流の堤防強化が完了していない地域では洪水は護岸を超え、リンブルフ州では一九九三年に一万七千ha、五五八〇軒の家屋が浸水し、一九九五年に一万五五〇〇haが浸水する。二度にわたる高水位の被害総額は三億ギルダーを超えた（Wind et al. 1999）。

下流部の沿岸地域では、デルタ計画によって堤防の建設は進められていた。しかし、強度については、実は多くの地点で目標値を満たせていなかったため、政府は安全を保証できないと判断した。結局、一九九五年にライン川の水位が上昇した際には、二五万人の住民と、一〇万頭の牛とほぼ同数の豚、三万頭の羊と一五〇万羽の家禽の避難指示が出された。実際、川の水は堤防越流の寸前まで押しよせ、その脅威は写真で見るだけでも伝わってくる（The

図 10-1　1993 年の高水位の様子
出所）The Government of the Netherlands 2006a: 表紙

Government of the Netherlands 2006a)（図10 - 1）。

政府はすぐに緊急政策「主要河川のデルタ計画」を発表、あらゆる予算的、手続き的支障を排する法整備を同時に策定し、一五〇㎞にわたる堤防の嵩上げに着手する。

しかし、そもそもなぜ、一九五三年から始まっていたデルタ計画は、このときに十分な効果を発揮できなかったのか。実は「ランドスケープの質」に関する議論、つまり、これまで見てきたような、景観や生態系、文化的価値の要求こそ、それを阻害する最も大きな要因だった。専門家はそれらの重要性をデルタ計画が見落としてきたと主張し、それに基づいて周辺住民や活動家たちが反対運動を行い、それに対応するためにプロセスが遅延し、予定通りの計画を完了することができずにいたからだ。そればかりではない。

本書でもすでに見たベヒト委員会による「スマートデザイン」に端を発する一連の堤防デザインに関する議論は、今やデルタ計画の遂行に致命的ともいえる障壁となって立ちはだかっていた。「スマートデザイン」は、河川断面の計画にあたって、水理学以外の視点、すなわち景観的、自然的、文化的な視点を踏まえるよう要求するものであった。そして、これを受け継ぐ委員会（委員長の名をとりボエルティエン委員会と呼ばれた）以来、議論は二〇年近くに及んでいた。

引き下げられていた安全基準

こうした議論の結果として、ロビス地点における計画流量は、当初デルタ計画が整備目標としていた一万八千㎥／ｓから一万五千㎥／ｓへと、大幅に変更されていた。この決定は、主要河川における堤防越流の確率を、三千年に一度から一二五〇年に一度へと変更するという、安全基準の大きな引き下げであった（Van den Brink 2009: 139-141）。

堤防の整備基準が引き下げられるまでにはさまざまな計算方法が試され、なかには一万五千㎥／ｓでは足りないとする結果も出ていた。基準引き下げの決定は科学的な判断というよりも、市民の強い抵抗を受けた政治判断だったのだろうか。実際はそうではなかった。むしろ、堤防の嵩上げによる垂直方向の治水から、河川の拡幅による水平方向の治水への転換は、河川行政の世界において、すでに大きなうねりとなって起きていたのである。

一九九三年の高水位の直後、一九九四年に開かれた委員会（通称、ボエルティエンⅡ委員会）は、コウノトリ計画や、それをベースにして展開された「生きる川」構想に示された考え方、あるいはマース川沿いの自然開発計画などに対して、大きな関心を抱いていた。そして、河川整備のあり方に対する根本的な転換を迫る報告書を提出した。報告書は「マース川の回復（De Maas terug!）」と題された。

その内容は概略、以下のようであった。すなわち、川の水嵩が増すのは自然の摂理による現象であり、人間活動を営むにあたっては、そもそもこれを考慮に入れる必要がある。しかるに、これが現在まで十分に配慮されることがなかったことこそが問題であり、景観、自然、文化を尊ぶＬＮＣ価値の考え方は依然として重要である。したがって、すぐに堤防の嵩上げへと走るのではなく、まずは高水敷の掘削と自然開発に優先して取り組み、次に、低水路の浚渫などで河川断面を稼ぐべきである。延長六〇㎞の堤防の嵩上げは、これらの対策を経て、それでも水位が十分に下げられない場合にかぎり実施すべきである、というものであった。報告書は、この対策を二〇年の間に完了すべきであるとした（Van Heezik 2008: 101）。

さまざまな議論のなか、ＲＷＳがライン川の計画流量を一万五千㎥／ｓに下方修正したのが一九九三年の一月であり、マース川の高水位が訪れたのはその同年一二月であった。これに対して、上記のボエルティエンⅡ委員会が二〇年がかりの河川改修の提案をまとめたのが一九九四年であり、さらにマース川とライン川流域を二度目の高水が襲ったのは、その六週間後の一九九五年一月であった。委員会の結論に反対していた者は誰もが「二〇年後なんて、とんでもない。だからＬＮＣ価値なんて嫌だったんだ」と思ったことだろう。

自然や景観との共生を望むオランダ国民の美しい決意は、一五〇年に一度の高水位によって、二度までも皮肉な返礼を受けることになった。人間たちが自然や景観、文化などといった自己実現に現を抜かすたびに、それこそが人類の慢心であるとしてあざ笑うかのように襲ってきたのが、一九九〇年代の二度の高水位だったのである。

主要河川のデルタ計画

一九九五年の高水位の避難者がすべて帰宅すると、政府は「主要河川のデルタ計画」に着手した。当然のことながら、一刻も早く完了させる必要があった。二年を空けずに訪れた一五〇年に一度の高水位を前に、環境と景観に配慮して二〇年後に六〇㎞の堤防を強化しよう、などと言っている場合ではなかった。政府は主要河川にすでに計画されてい

図 10-2 「主要河川のデルタ計画」で採用された新型堤防
出所）Mugmedia in commission of H+N+S, Oct. 2002.

た一五〇㎞の堤防強化の完了と、マース川の上流部における小規模な堤の建設を一四五㎞にわたって計画し、この整備期限を一九九六年とした（Van Heezik 2008: 105）。

しかし、このような状況下でも、それまでの議論はできるかぎり丁寧に引き継がれ、活かされていった。一度目の高水位の後、一九九四年のボエルティエンⅡ委員会が既存の方針を覆さなかったことは大きな意味を持った。二度目の高水位後の「主要河川のデルタ計画」にあたり、ＲＷＳは特別法による短縮手続きを通じて設計を委託する企業ＪＶのメンバーとして、河川事業に圧倒的なノウハウの蓄積を持つ土木技術コンサルタントＤＨＶのほか、ランドスケープの計画設計事務所Ｈ＋Ｎ＋Ｓを加えて堤防強化のデザインを依頼したのである。

Ｈ＋Ｎ＋Ｓは、コウノトリ計画の主要メンバーであったサイモンズらが森林局から独立して構えていた民間事務所であった。Ｈ＋Ｎ＋Ｓのメンバーはそこで、彼らが一九七〇年代に森林局で開発したハンドブックのノウハウを存分に生かした（サイモンズ 二〇一五）。さまざまな抵抗を受けながら可及的迅速さで実行せねばならない堤防強化において、ＬＮＣ価値を中心的に扱うこのハンドブックの利用が、地域の合意形成の上で有効であったことは疑いを容れない。このようにして、一九七〇年代に森林局内の議論に端を発した新しい河川断面は、二〇年近くのプロセスを経て、ようやくＲＷＳにおける一つの標準となった（図10‐2）。

工事は、一〇㎞の堤防強化を六週間で建設する急ピッチで進められた（Van Heezik 2008: 105）。

共同政策「ルーム・フォー・ザ・リバー」

一九九六年四月、「主要河川のデルタ計画」が進むなか、住宅空間計画環境省と交通水運省によって、両省の共同政策「ルーム・フォー・ザ・リバー」が発表される。以下は、この際の官報における通達の冒頭である。

「マース川とライン川における近年の洪水、我が国の脆弱さ、そして気候変動と海面上昇に関する不吉な予測によって、現在、そして将来における持続可能な水害対策にきわめて優先的に取り組まねばならないことが、明らかになっている。短期的には、『主要河川のデルタ計画』によって、加速的な河川堤防の強化とマース川の堤防未設置地域での堤の新設が実施されている。長期的には、堤防の嵩上げだけではなく、河川により多くの空間を与えて排水能力を高めることによる、持続可能な水害対策を行う。これによって、たとえば気候の悪化などによる水位の上昇を抑制できる可能性がある。堤

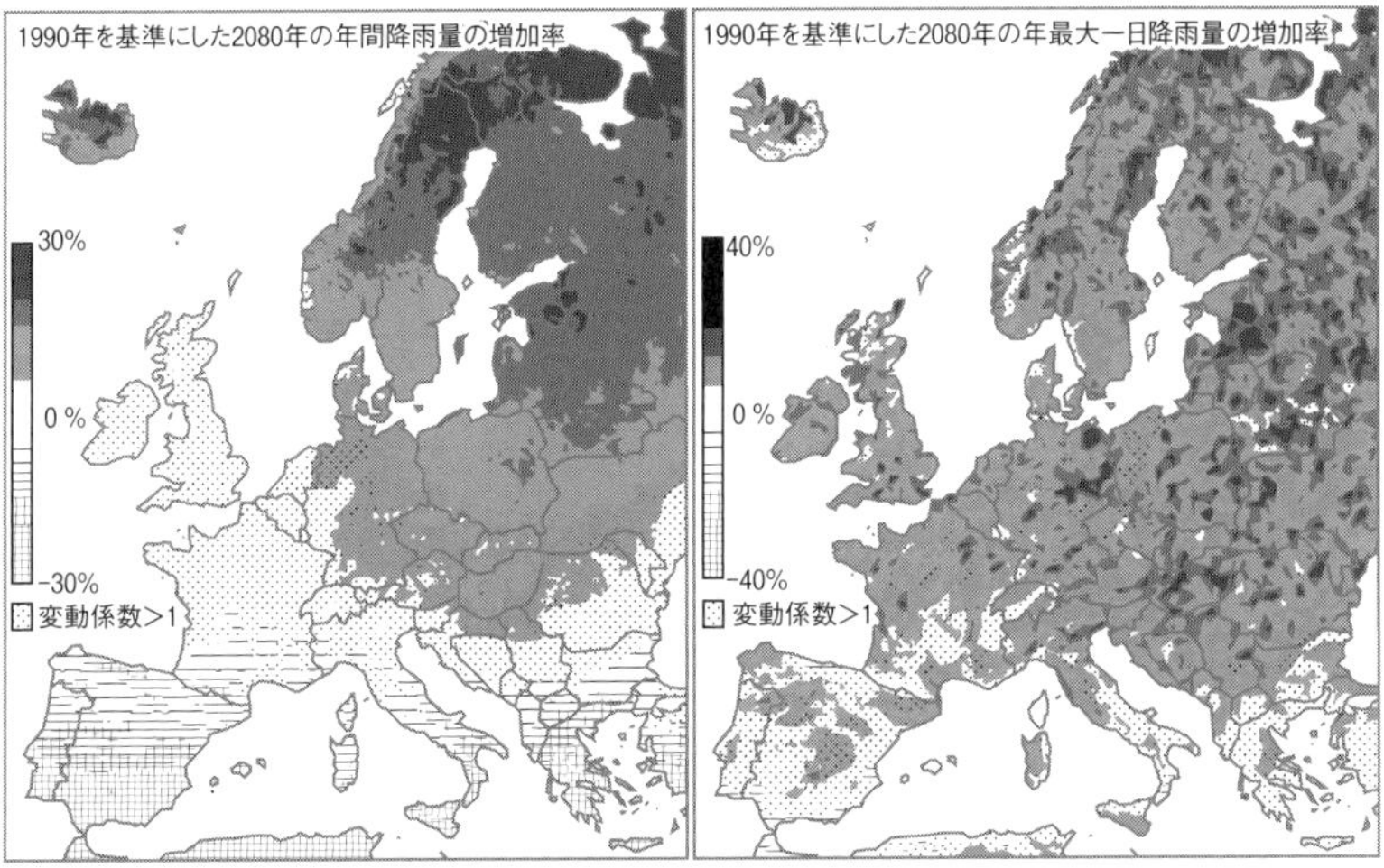

図 10-3　ヨーロッパの雨量予測
出所）Alfieri et al. 2015: 1148 より作成。

防の嵩上げと堤の建設は、他の方法によって十分な効果が得られないときにのみ実施する最終手段となる」（Ministeries van V&W en VROM 1996）。

ここで「気候変動」への配慮が含まれていることに注意したい。一九八八年一一月にはＵＮＥＰ（国連環境計画）とＷＭＯ（世界気象機関）の共同作業により、地球温暖化に関する科学的側面をテーマとした初めての公式の政府間の検討の場であるＩＰＣＣ（気候変動に関する政府間パネル）が設置され、一九九二年五月には気候変動枠組み条約（ＵＮＦＣＣＣ）が採択されている。

二度の高水位は、その翌年からの出来事であった。したがって、この出来事に関する議論は地球温暖化による海面の上昇と降雨量の増加という、オランダにとって最も恐るべき出来事に関する予測のなかでなされていた（図10‐3）。低地オランダにとって海面上昇は、地盤沈下の問題と合わさって、他国の目線で考える以上の重さと宿命的な構造を、確かに持っていた。オランダでは、ピート（泥炭）を多く含む含水率の高い土壌から継続的に排水をしてきたから、地盤沈下は歴史的な課題として存在していた（Van de Ven 1993）（図10‐4）。

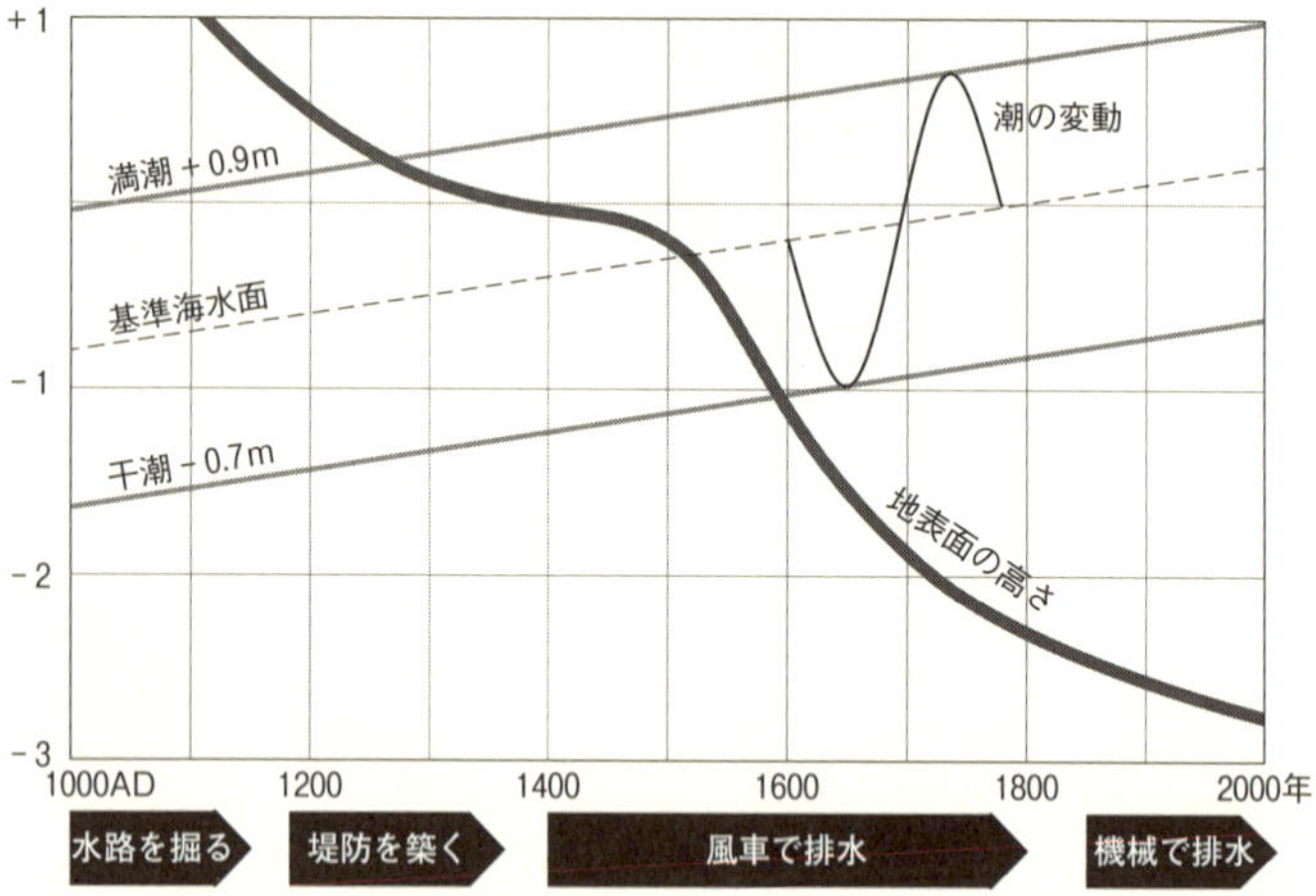

図 10-4　オランダの地盤沈下と海面上昇のグラフ
出所）Van de Ven 1993: 196 より作成。

これに加えて地球温暖化の加速による海面上昇が予測されれば、国を支えるシステム自体の更新を考えはじめるのは自然である。しかしそれは簡単なことではない。何か打てる手はないのか。このような状況だったから、一万五千㎥／sの計画水量でよしとするわけにはいかなかった。政策ルーム・フォー・ザ・リバーでは、具体的な手段の方向性として、以下の三つが示された（Ministeries van V&W en VROM 1996）。

A、高水敷における空間を確保すること。将来の高水位を吸収するために、河川に直接的に関わる活動以外の利用は行わないものとする。

B、空間の創出、つまり自然開発事業とも組み合わせながら高水敷の河床を下げ、（有効な）幅を広げることによって、許容流量を向上する。この拡幅や掘り下げの阻害になったり、あるいは事実上将来の阻害となったりするような開発はいっさい認められない。

C、高水敷で許容される活動でも、高水位の際に生じさせる阻害を最小限にすることで、一二五〇年確率の計画水量を確保する（一二五〇年確率は、ライン川の計画流量でおよそ一万六五〇〇㎥／sに相当する）。

日本では河川敷内で河川に関わらない開発を行えないのが当たり前なので、右記のAについては何を今さら、といいたくなる向きもあろう。しかし、オランダでは歴史的に水害から守りようがない土地を耕して生きてきた歴史がある。そうした場所を短期的に守るための堤防工事は各地域の水管理委員会によってなされる場合も多かった。堤外地に民有地があるようなことは今でもよくあることで、何代にもわたって堤外地に住んできた農家もたくさんある。だからこそ、高水敷と低水路を分け隔てる夏堤防の建設もなされてきた。そのように考えたとき、この決定がいかに住民に大きなインパクトを持ったかが分かる。

「生きる川」構想の検証

本書の文脈で見れば、Bで触れられている「自然開発事業」にも着目すべきだ。

実は、かねてよりＷＷＦの「生きる川」構想に関心を抱いていた当時の交通水運大臣Ａ・ヨリツマ・レブニック（A. Jorritsma-Lebbink, 1950-）は、ボエルティエンⅡ委員会の勧告を受け、「生きる川」構想の水理学的検証をＲＷＳの諮問研究機関であるＲＩＺＡ（国立陸域水管理・下水処理研究所）に委託していた。

ＲＩＺＡの結論（Silva and Kok 1994）は、手短にまとめると以下のようであった。

一、河川の氾濫原に生物の生息域を回復する試みには一定の効果があるものの、現在の平均水位を保つためには氾濫原の二〇％までしか樹林化することができないし、それ以上の自然開発を行う場合には、樹林の抵抗による流速の低下を考慮せねばならないので、さらなる氾濫原の掘削か、堤防の嵩上げが必要になる。

二、ＷＷＦが想定している粘土層の商業的な採掘によって掘削コストを賄うことは現実的ではなく、樹林の造成が可能な河床レベルにするのは、そうとう難しい。この背景には、多くの氾濫原では優良な粘土の採掘がすでに行われてしまっていることと、河床に堆積した汚染物質の処理に関わる負担の問題がある。
三、大きな範囲に適用しようとすれば河川管理上の課題が避けられないが、自然開発の規模を調整するのであれば、航路としての機能を保ちながら自然を拡大し、かつ安全性を確保する計画は可能である。
報告書はこのように分析した上で、五〇年程度の時間をかけて氾濫原の樹林の比率を二〇%まで上げ、農地の比率を一〇%まで下げるものと、二〇年間で完了するために氾濫原の七〇%を農地として、自然開発の量を極小にするものとを両極としたバリエーションを、ほぼ同額の試算として提示してみせた。

自然開発事業が水位の低下に向けてなしうる貢献に関しては、一見してかなり否定的な報告である。自然開発事業を河川断面の拡大と重ねて実施するためには、後者のみで行う場合に比べて多くの費用がかかるのは明らかであり、これに見合うだけの採掘業者の利益が上がることは見込めないとされたのである。したがって、調査結果は民間活力による自然開発事業の治水目的での効果をバックアップするものではなかった。

ただ注意すべきなのは、この検証はＷＷＦの「生きる川」構想がそのまま可能であるかどうかを試算したものであり、事業費を河床の採掘で得られた粘土や砂の売却益でまかなうことを前提としている。今や、国土の安全を守るために国の予算を拠出するのは当然であるから、水平型の治水に向けて効果のあることは、短期的にペイできるかどうかにかかわらず、すべて取り込む必要があるのも事実だった。

気候変動と国際的な水管理

気候変動を背景に含む上記のような議論は、ＲＷＳの考え方自体にも変化を与えた。一九九八年に公示される第四次水管理政策文書の作成チームは、一九九五年一〇月に将来展望に関する予備的な報告書『水に空間を』(Berends

1995）をまとめている。

そこでは近代的な河川整備の「行き過ぎた部分の回復」「来たるべき変化に対する予見」「水の貯留に十分な空間の確実な準備」などがうたわれ、気候変動の影響を鑑みたとき、従来の水を封じ込める努力のみでは対応しきれないという認識が明らかにされた。そして、河川の拡幅やサイドチャネル、バイパスの掘削、さらに望ましくは主堤防の移動なども含む、水平型の治水へのシフトが具体的に示された。

環境配慮や市民参加など時代が変化するなかで二度の高水位を経た今、治水の総元締めであるＲＷＳにも、これまでのレジームが通用しないという自覚が、深く浸透していた（Van Heezik 2008: 104）。「河川」はこれまでのように閉じた世界ではいられない。陸地の「空間計画」と合わせて議論することが不可欠である。それが、政策ルーム・フォー・ザ・リバーが二つの省の共同で発表されたことの意味だ。だから、既存の河川敷内での断面拡大を念頭に置く一九九六年の通達は、実はあくまでも準備的なものであったといえる。実際には、この政策の発表と並行して、より広い範囲を対象とした水平型の治水の可能性が議論されていたのである。

垂直型の治水から水平型の治水へのシフトは、国際的な潮流でもあった。ライン川流域では一九九七年の夏にはチェコ、ポーランド、ドイツが堤防を越流する洪水に見舞われた。死者は一〇〇人以上にのぼり、一〇億ユーロ以上の被害が生じた（Van Heezik 2008: 107）。これを受けて一九九八年、第一二回ライン川流域大臣会議では、ライン川の主な範囲における水位の最大値を二〇〇五年までに三〇cm低下させるアクションプランが採択された。水位を低下させることが目的となれば、堤防の嵩上げでは効果はない。各地域で水をいかに受けとめ、上下流での水位の上昇をいかに避けるかが課題となる。

水との新しいつきあい方

こうしたなかオランダでは、交通水運省と各地域の水管理委員会の代表者が集まる水管理委員会連合のもと、二一世紀の水管理に関して勧告をするための委員会が招集された。「二一世紀の水管理委員会（Commissie Waterbeheer 21e eeuw）」と呼ばれたこの委員会は、一九九九年四月に招集され、水管理委員会連合会の意見を取り入れながら勧告をまとめ、二〇〇〇年八月、次に示すような勧告を提出した（Commissie Waterbeheer 21 eeuw 2000）（［　］内は引用者注）。

一、水政策の新しいアプローチ

二一世紀には、二〇世紀とは異なる水管理のアプローチが求められる。［既存のアプローチでは］すでに、負荷の超過や被害がしばしば発生している。必ずしも、安全が補償されているとはいえない。迫りくる気候変動と土地の集約的な利用のために、長期的な課題は増大している。政治と行政は今、根本的な選択を迫られている。水のシステムは現在、そして将来に向けても、質、量ともに適切な状態ではない。

二、盟友としての水

市民の支持がなければ新しい水政策は成り立たない。政治家と市民は、脅威と期待の両方に関してより多くの情報を受け取り、より直接的に新しい水管理のアプローチに取り組む必要がある。そのとき初めて、彼らは水を敵ではなく、盟友として認めるようになる。

三、水政策の三原則

二一世紀の水政策は三つの原則で構成されるべきである。

・保水と一時的な貯留

・水のための空間

・複合的な土地利用機会の開発

四、先送りしないこと

現行の水管理システムではあらゆる課題が先送りされる場合が多かった。新しい水管理の出発点として、水系自体の課題や行政的責任、あるいは費用について先送りしないことが必要である。

五、必須の三段階戦略

「保水、貯留、そして排水」という三段階戦略は、すべての政府の計画においてバランスのとれた方針として適用され、委員会や行政によって確認される必要がある。

六、水のための空間

国、州、そして水管理委員会における既存の「ルーム・フォー・ザ・リバー」政策、すなわち総合的な水管理の政策と多用途に供する空間に関する政策は、維持され、それぞれの集水域において明確な目的を持ったアクションプランに翻訳されなくてはならない。地方自治体の政策においては、水のための空間を用意すると同時に、空間の質を向上するための機会を追求しなくてはならない。

七、水検査

大規模かつ／または主要な敷地における意思決定にあたっては、「水検査」が求められる。［そこでは、計画による］水系に対する質、量に関する影響が検証され、必要に応じて補填的な施策が適用される。それについては水管理委員会の意見を聞くこと。

八、一時的な水のための空間

一時的な貯水のための空間と「水管理」の目的を第一の目的とする空間の確保は、国によるＰＫＢ［基本計画決定と呼ばれる国が策定する重要な空間計画のこと。詳しくは後述］と州の地域計画や地方自治体のゾーニング計画に位置づけられる。危機において、この土地が水の貯留のために利用可能となるように、買収するか、協定を結ぶ。

九、河川流域アプローチ

水政策は河川流域アプローチに基づく。国際的、地域的な集水域を指定し、集水域ごとのプログラムを構築する。意思決定においては対象エリアにおける関係者の連合体や地域的なプラットフォームが活用される。

一〇、集水域ごとの基準システム

地域の集水域ごとに基準システムが導入される。基本的な基準は国で定め、州は河川の各々の集水域における最終的な基準を採用する。水管理委員会は、この基準に従ってあらゆる水管理の責任を持つ。

一一、主系統の安全確保

主要河川と海岸に関する既存の安全基準は時代遅れのものとなっている。危険性はきわめて増大している。すでになされている提案に基づき、既存の確率年方式の代わりに、可能性とそれに伴う被害の大きさを考慮したリスクマネジメントを採用する。

一二、補償制度

既存の補償制度は、降雨による被害と、可能性としてはボエゼム［ライン川の派川であるアウデ・レイン川とハウエ川、およびラインラント地方の主要運河がなす水系］の洪水までを含む保険に切り替える。主要な水害防御ラインからの洪水については、従来通り国が責任を負う。

一三、国レベルの指揮

国際的、全国的レベルでの指揮については交通水運省の役割が強化され、新しい水管理政策文書において選択された政策に基づいて、他局に対する影響を含む量と質に関わる調整が行われる。

一四、地域レベルの指揮

地域的な集水域においては、州が集水域プログラムの開発と実施についての指揮を執る。また、この責任は他局や社会団体との協力のもと遂行される。

一五、行政・政府の役割の時代への適応

水管理に関する新しいアプローチは、これまでと異なるガバナンスと、制御に関する新しい方法を意味する。それは、行政の大きな変化を求めるものであり、特に政府と州における転換が求められる。

一六、費用の増加

ここに提案される水政策によって余計に生じる支出は、およそ年間で五億ギルダーである。これらの支出はその本質的な必要性と、長期的な利益を鑑みて正当である。

ルーム・フォー・ザ・リバーの始動

長々と引用したのは、この勧告の内容に、その後のルーム・フォー・ザ・リバー・プログラムの成功を裏づける原則の、ほぼすべてが含まれているからである。

ここでは、これまでの水管理行政に関わる課題が「水のための空間（Room for the Water）」の必要性として網羅されているだけでなく、将来にわたる水害防止のために必要な、水平型の治水に関する議論の枠組みが作られている。

この点で、報告書はそれまでとは完全に質の異なる議論の地平を開いた。もちろん、この考え方の実施には重大な決断が必要とされる。堤外地にすら何代にもわたって農地を営む人々がいるなか、水平型の治水を展開するには堤内の民有地までも「河川」の一部に編入する必要がある。オランダには土地に関する国の強制収容権が確保されているとはいえ、今やそれは簡単なことではない。

また、報告書におけるもう一つの重要な点は、「空間の質」という用語を政策概念としてはっきりと位置づけるとともに、それを水害防止と同時に実現されるべき目的としたことである。環境や景観への配慮と水害対策との間には、堤防強化への反対運動などを通して排反的なイメージが定着していたが、これら二つの目的を明確に併記することによって、それらが同一地平で共存すること自体を水管理の達成目標にしたからだ。

さらに報告書は、こうした全体と局所とのバランスがとれた水管理を達成するための、行政的な障壁の排除についても踏み込んでいる。各地域の保水力を向上するための国による空間計画の策定など、空間計画行政と河川行政の一体化を促すだけでなく、国と地方の明確な役割分担に基づく水管理における地方分権という、ホリスティックな行政構造の導入を促している。

そして最後に、対策を講じない場合にかかる将来的なコストを鑑みて、現在必要なコストの計上は厭うべきでないとして、締めくくっている。

二〇〇〇年一二月、政府は「水との新しいつきあい方——二一世紀の水政策」(Ministerie van V&W 2000) を発表し、この委員会の結論を基本的に踏襲することを表明する。二〇〇六年の「基本計画決定ルーム・フォー・ザ・リバー」の成立まで、約六年間にわたる分野横断的な国土計画の策定プロセスが、このときに始まった。政府と地方自治体、民間技術者、大学を含む研究機関、そして市民を総動員したその検討プロセスについては、次章で詳しく見ることにしたい。

第11章　ＰＫＢルーム・フォー・ザ・リバー

基本計画決定（ＰＫＢ）と指定大規模プロジェクト

「水との新しいつきあい方――二一世紀の水政策」の公表からほどない二〇〇一年五月、政策「ルーム・フォー・ザ・リバー」は、交通水運省を主幹として、農業自然水産省と住宅空間計画環境省、そして州と市町村および各地の水管理委員会との緊密な連携のもとに実施される「指定大規模プロジェクト（Grote Projecte）」として第二院で承認された。それは、①ＰＫＢ（基本計画決定）によるフレームワークプランの策定、②アクションプランの策定、③実施、の三つのフェーズに分けられ、計画の目的は以下のように定義された（Stuurgroep Ruimte voor de Rivier 2007: 4）。

【主目的】安全性

プロジェクトの主な目的は、ライン川支流をとりまく河川地帯において必要とされる安全レベルを、二〇〇一年に引き上げられた計画流量に従って満たすことである。排水能力のベンチマークは、ロビス（Lobith）地点（図1‐1、B‐4）（ライン川）において一万六千㎥／s、ボルフハーレン（Borgharen）地点（マース川）において三八〇〇㎥／sである。合法的な安全レベルを獲得するにあたって、空間的方策と、技術的方策とのベストミックスを構成するべきである。短期的な方策は、長期的戦略に合致するべきである。この長期的戦略は、ライン川で一万八千㎥／s、マース川で四六〇〇㎥／sである。

【第二の目的】 空間の質

第二の目的は、河川地域における空間の質を改善することに向けられる。その地域をより魅力的でより住みやすくするためである。これらのなかには、水管理に関わる機能とその他の空間的工夫を組み合わせることが含まれる。また、空間の質に関わる目的には、新たな自然の創出も含まれる。ただし空間の質の向上の程度は利用可能な財源に左右される。

【二つの目標の関係】

量的な安全性の目的が、より必要に迫られている。これは、安全性の目標のみに従って水のための空間の創出場所が選択されるという意味ではない。むしろ、水のための空間の位置やそこに適用する方策は、両方の目標との関係で決定される。

【将来のビジョン】

より長期的には、さらに大きな河川への流入と海面上昇が予測されている。ＲＩＺＡによる社会的費用便益分析では、これに対する河川地域の防御のために取りうる方策の探究も行う。こうした理解に基づき、ＰＫＢでは空間の質を考慮した河川地域の安全性に焦点を当てた長期ビジョンが描かれる。

さて、計画の内容を掘り下げる前に、用語とその意義について若干の説明をしておきたい。

まず、ＰＫＢというのは政府や各セクターが主幹となって作る個別の空間計画に関わる政策文書である。これは一九七二年に第三次国土空間計画文書の作成のために導入されたのが始まりである。第三次国土空間計画文書がセクターごとの政策文書の集合として構成され、大量の文書の積み重ねを経て一九八五年の田園地域文書でようやく完結したことはすでに見たが、実はこれらの文書はそれぞれがＰＫＢであり、こうした分割型の国土空間計画文書の策定を可能とするために、ＰＫＢは導入された。第三次国土空間計画文書の頭出しにあたる「基本方針文書」が、最初のＰＫＢである。

当時のＲＰＤは、より科学的でより多面的な配慮を含む、いわば完璧な国土空間計画文書を作ろうとしていた。当然、そのためにはＲＰＤが一人でこれを行うのではなく、各セクターからの協力を得て、多くの情報とその専門的な分析に基づいた計画を策定しなければならない。それは当然時間のかかる作業であり、最初からひとまとまりの全体像として作り上げることは困難である。そこで、ＰＫＢが導入された。

しかし、この方式には問題もあった。つまり、全員で作り上げるのは良いが、結果的にあまりに多くの文書が積み上がる。セクター間の横断的な協力体制ができあがっているわけでもなかったから、実際のアクションプランに移そうとしたときの相互調整があまりに煩雑となってしまったのである。すでに見たように、当時のＲＰＤのディレクターを務めたテオ・ケネが漏らしたという「さて、材料は十分に集まったが、これだけ集まると何のケーキを焼けばいいか分からない」という言葉は今も語り草になっている。

この問題の背景は、単に文書の量が多いだけでなく、その決められ方にあると考えられた。計画文書であって法律ではないＰＫＢの扱われ方は当初、各セクターが計画を策定し、政府がそれを位置づけるというプロセスによっていた。ＰＫＢは国会やパブリックコメントには付されるものの、最終的には政府が策定するものだったからだ。そこで、第三次国土空間計画文書が完了する一九八五年には制度が変更され、ＰＫＢに国会の承認が求められるようになった。

「指定大規模プロジェクト」もこうした状況のなかで導入された。一九八四年から導入されたこの制度は、大規模な都市空間の再編や、複雑な法手続きを要する計画、あるいは鉄道交通の改変など特定の要件を満たす計画に対して指定され、指定を受けるには、国の責任が大きいこと、時間的制約が明確であること、そして大きな財政支出やリスクを伴うことなど、いくつかの条件を満たすことが必要とされる。

指定大規模プロジェクトとなった計画は、準備段階、合意形成段階、実施段階のそれぞれにおいて、その評価報告を第二院に対して逐次行わなくてはならない。国家規模で社会的な要因も含む大変難しい計画でありながら、どうしても期間内に目的を達成しなければならないような重要な計画の場合、塩漬けにならず、しっかりとした準備のもと進められるように、行政府だけでなく立法府においても間接的な監督を行っていく、ということだ。

このような事業を遂行するにあたっては予算も重要だが、なにより市民の合意を得られなかったり、セクター間の調整がつかなかったりして止まるということを、政府の責任として避けねばならない。そのためには、官民をまたぐ多様なステークホルダーによって具体的なゴールとその必要性を共有し、一丸となってことを進める必要がある。

ルーム・フォー・ザ・リバーにおいても、水理学的な側面だけでなく、「空間の質」を考慮に入れ、地域ごとに抱える課題に関する入念な調査と、丁寧な合意形成のプロセスに力を注がなくてはならない。これまでの堤防強化のように、反対されて止まることがないようにするためにも、国会の場で国民の代表たちがサポートすると同時に、RWSがこれまでのトップダウンではなく、地域目線の丁寧な進め方を行っているのかどうかを含め、進捗を厳しく監視することが重要である。ルーム・フォー・ザ・リバーにおいては、指定大規模プロジェクトの制度がこのような体制の役割を担ったことになる。

プログラムの工程

以降、ルーム・フォー・ザ・リバーは、準備段階から実施・評価段階までのプロセスを含む事業として「ルーム・フォー・ザ・リバー・プログラム（以下、ＲｖｄＲプログラム）」と呼ばれることになった。ＲＷＳ内にプログラムの進捗を統括するステアリンググループが設置され、二〇〇二年の基本レポート以降、六ヶ月おきに、各側面におけるプロジェクトの進捗を第二院に報告することになった。

ＲｖｄＲプログラムの第一フェーズ、つまりＰＫＢ策定までの過程は、国が主体となって検討する「中央トラジェクトリー」と、地域が主体となって検討する「地域トラジェクトリー」との、二つの道筋に分けられた（図11‐1）。ステアリンググループやその母体となる省庁が、この事業においていかに地域の目線を重視していたかがよく分かる。それらはどのように進められたのか。注目すべき点については後に詳細に見ることとして、まずは全体の概要をたど

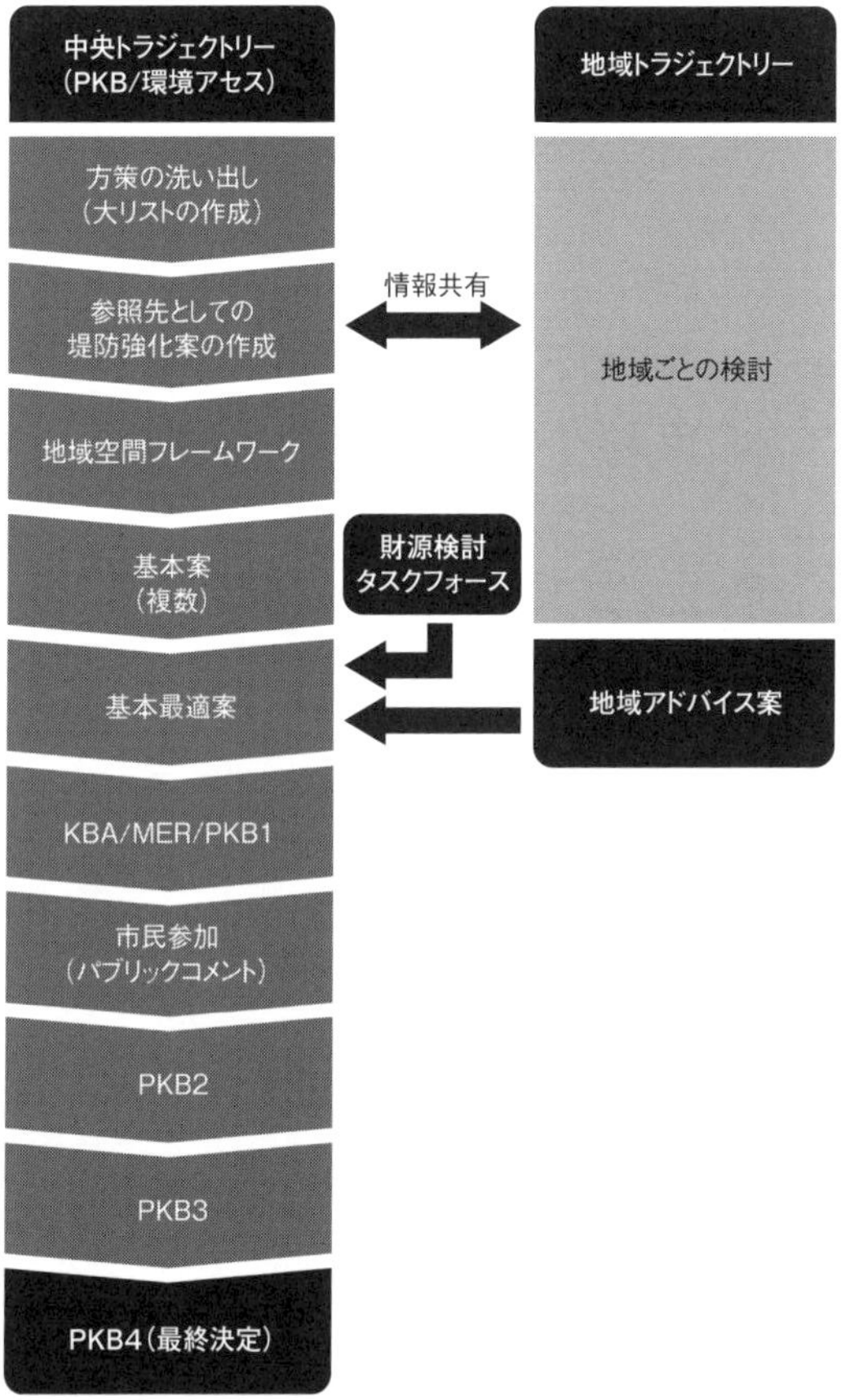

図 11-1　RvdR の第一フェーズの工程図

出所）Stuurgroep Ruimte voor de Rivier 2007: 9.

ろう。以下は、ステアリンググループによる報告書（Stuurgroep Ruimte voor de Rivier 2007: 8-12）と二〇〇六年の最終版ＰＫＢ文書（The Government of the Netherlands 2006a, b）から得られる情報に、他の記録やインタビューなどから得られた理解を加え、筆者が再整理した流れである。

【ステップ一】 方策リストの作成。ＲＷＳが最初に行ったのは「大リスト」と呼ばれる方策リストの作成、つまり、水平型の治水対策を視野に入れた水位低減方策の徹底的な洗い出しであった。①高水敷の掘り下げ、②橋などの障害物の撤去、③主堤防の移動、④遊水池や貯水池の建設、⑤放水路の新設、⑥水制の低下、⑦低水路の掘り下げ、⑧堤防の嵩上げ、⑨堤防強化、の九つに分類される個別の方策（図11-2）は、アイセル川、ワール川、ネーデルライン川、レック川、メルウェーデ川、ニューウェメルウェーデ川、マース川の合計で六〇〇にのぼった。

その次のステップは、無限にも感じられるような六〇〇の方策から目標を達成するための組み合わせを決定することである。それも、地域住民や地方自治体や水管理委員会の支持を得られるような組み合わせを見つける必要があった。この協議は流域ごとの作業グループが責任を分担して行い、さまざまな地域でデザインセッションを開催し、どのような提案が最も支持を得られるのかを明らかにする必要があった。しかし、そのためには準備作業が必要である。そこで以下の準備作業は、地域での検討と、ほぼ平行して行われた。

【ステップ二-二】「ブロックボックス（積み木箱）」の開発（一九九七～二〇〇二）。六〇〇のなかから方策を選ぶためには、それぞれの方策がもたらす水位低減効果と費用、そして生活や自然、景観、レクリエーションなどに与える効果の算出をしなければならない。そこで、コンピュータを用いたインタラクティブなシミュレーション・ツールが開

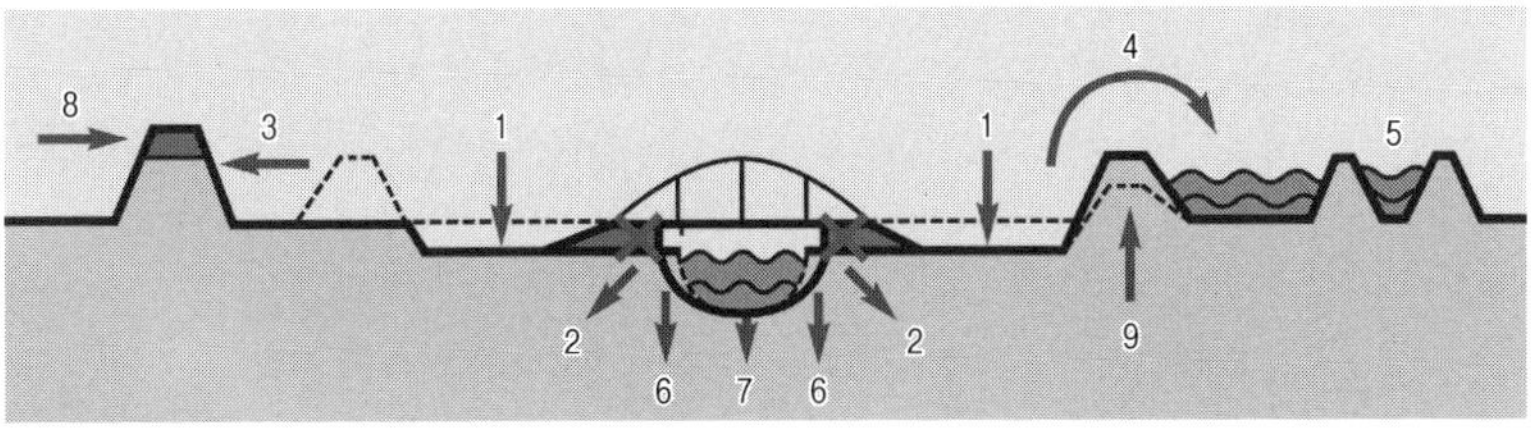

1 高水敷の掘削　　4 遊水池と貯水池　　7 低水路の掘り下げ
2 障害物の撤去　　5 放水路　　8 堤防の嵩上げ
3 引き堤　　6 水制の低下　　9 堤防の改良

図 11-2　RvdR における 9 つの水位低減方策
出所）The Government of the Netherlands 2006b: 38.

発された。「ブロックボックス」は、個々の方策が持つ効果や影響が一セットのデータに翻訳され、それらを組み合わせた案の多様な側面に関する評価を読み取ることができるように設計されたものである（Heuvelhof et al. 2007: 38-39; Schielen and Gijsbers 2003）。

【ステップ二 - 二】 参考案としての堤防強化案の検討。二〇〇三年の前半までに、「参考案としての堤防強化案」に関する報告書が作られた。そこでは、仮に、堤防の強化のみが行われた場合に目標とする流量を満たすために必要な堤防強化とそのためのコスト、またそれが環境に与えるインパクトについて検討された。こうしたカウンター的な検討が行われることも、指定大規模プロジェクトとして重要なことであっただろう。

ステップ三は、「フレームワーク」と呼ばれる全体の計画の枠組みづくりに関する作業であった。これは、ＲＰＤを中心として、国土レベルと、地域レベルの二段階に分けて実施された。

【ステップ三 a - 一】 全国空間フレームワーク（Nationaal Ruimtelijk Kader）の策定。いかに地域目線を大事にするといっても、コンピュータによる道具を用いて皆で部分ごとの課題について話し合えば全体として望ましい結論が出るという保証はない。この段階の作業では、「空間の質」に関する議論が重要な論点となった。「安全性」は、一定の仮定のもと数字で測れるけれども、「空間の質」には多くの側面があるし、数字の合計点では見えてこないが絵で見れば分かる全体のバランスやコンセプトの質というものも重要である。ここで作られたフレームワークは、ＰＫＢ案のぶれない方向性を整理する上で、大きな役割を果たした（The Government of the Netherlands 2006b: 25-29）。

【ステップ三a‐二】 地域空間フレームワーク（Regionaal Ruimtelijk Kader）の策定（二〇〇三）。地域空間フレームワークは、ステップ二で得られた情報を基礎として、安全と「空間の質」の観点から、二〇五〇年をターゲットとして描かれた各エリアの対策ビジョンである。どの方策をどの地域で組み合わせるのが適切か、ＰＫＢとして国会に諮る案を取りまとめる上で、このフレームワークが一つの基礎とされた（Ruimte voor de Rivier Landelijk Bureau 2004）。

一方、これらの中央政府による作業工程と並行して、地域による検討が行われていた。この検討はステップ四とステップ五の間に合流するので、本書ではステップ三ｂとしておく。

【ステップ三b】 地域アドバイス案の制作。交通水運相の依頼によって、北ブラバント州（西部地域）とヘルダーラント州（東部地域）の下に置かれた検討チームによって、「地域アドバイス案」が検討される。これは、ステップ一とステップ二において収集された情報が中央から地域に提供された上で、地域の立場から最適と考える方策の組み合わせについて提案をする作業で、二〇〇一年から正式に開始された。この地域アドバイス案は、ＰＫＢの第一案とともに、第二院に提出されている。

【ステップ四】 基本案（二案）の作成。ステップ二で収集した情報と行った検討を踏まえて、基本となる選択肢を二つ作成する。二つの選択肢は、それぞれ「予算内に収まることを絶対条件とする」第一基本案、「空間の質を重視しながら、コストにも配慮する」第二基本案、として対比的に設定された。前者では結果として従来の河川工学的な、つまり垂直型の対策が多く盛り込まれ、後者の選択肢では、特にアイセル川、ワール川、ネーデルライン川の地域において空間的な、つまり水平型の対策が多く盛り込まれる結果となった。

【ステップ五】 基本優先案（一案）の作成。平行して進められた地域アドバイス案と、財源検討タスクフォースの検討結果とを合わせ、その後優先して検討すべき一案を作成する。「空間の質を重視しながら、コストにも配慮する」をモットーとする第二基本案の内容が大きく盛り込まれる内容となった。

なお、中央と地域の二つのトラジェクトリーにおいて違った内容となって問題となるのは、多くの場合予算的、工期的な問題である。地域アドバイス案は他の地域的課題解決をより多く図ろうとするから、どうしても予算や工期を超過しやすい。しかしこうした能動的な政策立案への参加を促したのは国であるから、それらを単に切り捨てるわけにもいかない。

そこで二〇〇六年一月に発表されるPKBで導入されたのが、二〇〇九年の一月一日までに規定のコストと工期に収まる代替可能な方策を地域が提示できるなら、その案に差し替えることができる、という「交換決定制度」である。こうした政策のあり方は「プログラマトリー・アプローチ」と呼ばれ、RvdRプログラムにおける地域参画において重要な役割を果たした（Heuvelhof et al. 2007: 21）。

【ステップ六】 ＰＫＢパート一の作成（二〇〇五）。ステップ五の基本優先案に対して、環境アセスメントと費用対効果分析の結果必要なった修正を反映したもので、二〇〇五年四月に内閣が第二院に提示する案の原型である。そこには、個々の方策について交換可能な他の方策も併記された。

【ステップ七】 国会におけるＰＫＢルーム・フォー・ザ・リバーの承認プロセス（〜二〇〇六）。パブリックコメントの集約を報告するＰＫＢパート二、それを受けた修正案のパート三を経て、第二院での微修正を反映したパート四が最終案として承認されるのが二〇〇六年である。

「財源検討タスクフォース」は、この計画のために特別に設置されたタスクフォースであり興味深い。このタスクフォースは二〇〇四年に設置され、計画の策定と実施にあたって想定される費用の膨張など、もろもろの財政的リスクを踏まえ、ＥＵの補助金をはじめとするさまざまな追加財源の獲得のために数ヶ月間の集中的な検討を行った。この役割はきわめて重要であった。その結果を踏まえて政府は、最終的な計画の見積額に一億ユーロの上乗せをした予算枠を設定したからである。

二〇〇一年時点で交通水運省が割り当てていた予算は時価で一九億ユーロであり、二〇〇五年時点で見積もられた総事業費には三七％の不確実性が見込まれ、時価で二三億ユーロとなった。これを受けた第二院での動議を通して二億ユーロの予算が追加された。そして上記の「財源検討タスクフォース」によって確保された予算一億ユーロを合わせて、見積金額を満たす予算組みがなされた。「空間の質を重視しながら、コストにも配慮する」基本案がうまく取り入れられた背景である。

こうして二〇〇六年四月、ＰＫＢルーム・フォー・ザ・リバーは第二院において満場一致という類まれな全面的賛同のもとに承認され、国の指定大規模プロジェクトとしての第一段階を完了する。

組織体制

ＰＫＢ策定までの組織体制は、全国レベルと地方レベルの二つのレベルで構成される。そして、ＰＫＢの策定主体である政府系統と、技術的なバックアップである行政系統（すなわちＲＷＳの系統）に分かれる[*1]（図11‐3）。

全国レベルについて見ると、まず内閣の下にＰＫＢの策定を統括するＲｖｄＲステアリンググループ（ＳＲＶＲ）が設置され、交通水運副大臣を長として自治体や関係各機関の代表が参加した[*2]。ＳＲＶＲがＰＫＢを取りまとめる一方、行政実務として最終案の直前である環境アセスメント案の作成や、費用対効果分析などを受け持つ組織はハーグのＲＷＳ内に全国事務局（Landelijk Bureau）として置かれた。

「財源検討タスクフォース」も全国事務局で準備したタス

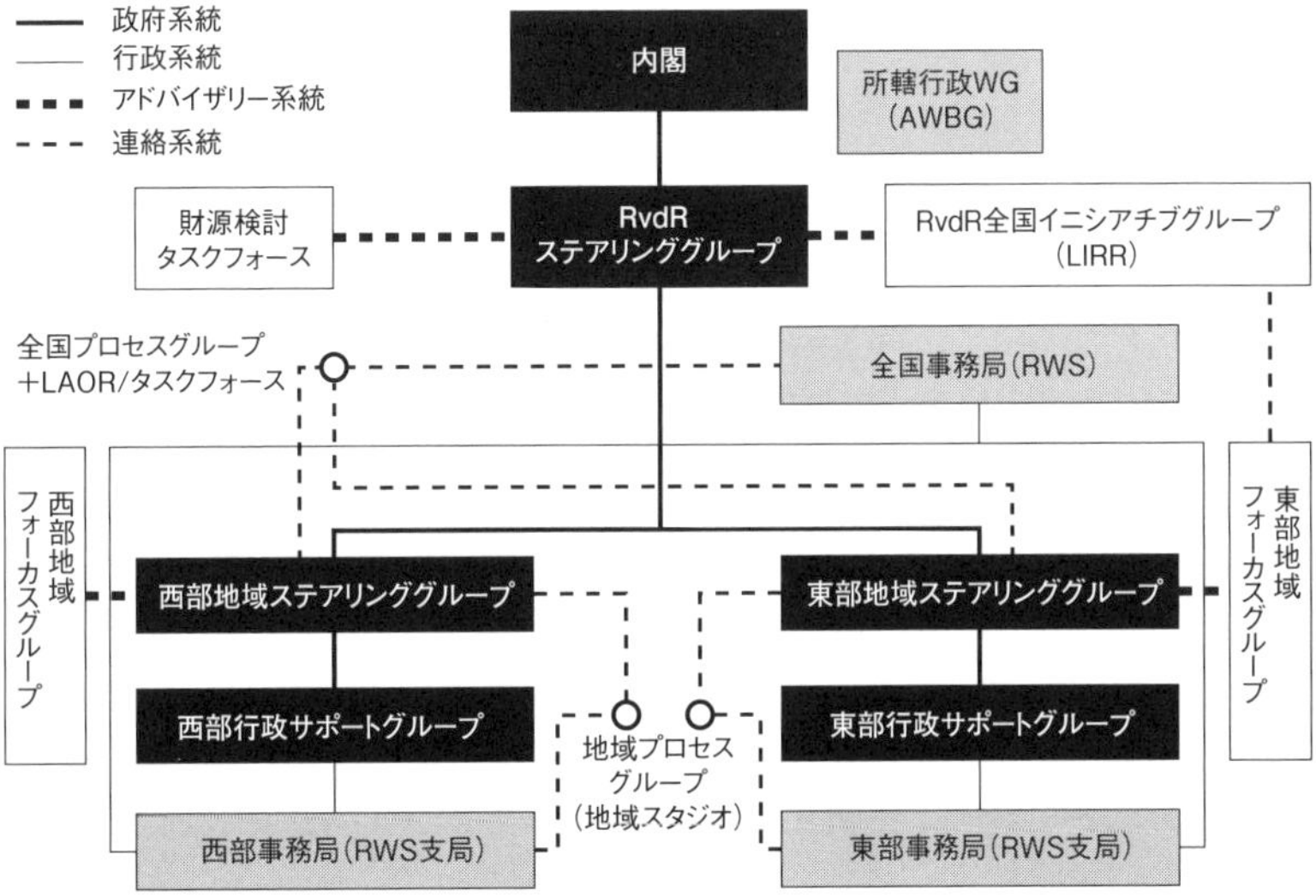

図 11-3　RvR の組織図

出所）Heuvelhof et al. 2007: 27.

クフォースであり、また「ブロックボックス」の開発もRWSの全国事務局を通して行われた。なお、全国河川調整会議（LAOR）は、行政職員による会議でSRVRのサポートを行い、PKBの起草にあたって大きく貢献した。

地域レベルの組織は、交通水運副大臣が各州に対して地域でのPKBに関するコミュニケーション回路を構築するように求めたことから二〇〇一年に構築された。組織されたのは、RWSの二つの支局と守備範囲を等しくする二つのステアリンググループだった。すなわち、標高が特に低い南西デルタエリアを中心に担当する西部ステアリンググループ（以下、西部SG）と、ナイメーヘンより東の比較的標高の高いエリアを担当する東部ステアリンググループ（以下、東部SG）が置かれた。[*3]

西部SGと東部SGは、それぞれ地域アドバイス案の作成に責任を持ち、州と水管理委員会からの代表、また、議員や市長のほか、三省の地方支局からの代表が参加して構成された。西部SGでは北ブラバント州が、東部ではヘルダーラント州が議長を務めた。「行政支援グループ」は、RWSの職員や各州の行政官によって構成され、西部SGと東部SGの準備会議として機能した。

地域アドバイザリーグループは、これまでに述べた以外の団体や機関、さらには農家や一般の地域住民による参画機会を設けるためのもので、計画についての情報を得、また意見や助言をする会議である。後に見るように、ここから問題解決のための貴重なアイデアが生まれるケースもあった。

以上が、PKB策定プロセスの始動時に設定された組織である。

一方、PKB策定過程の特徴の一つは、検討体制のフレキシビリティでもあった。検討を進めるうちに必要とされれば、新しい会議体を適宜追加するという方法がとられた。

たとえば、図において西部SG、東部SGとRWSの各支局（西部、東部）とをつなぐ位置にある「地域プロセスグループ（地域スタジオ）」は、地域における検討と、その結果を中央で策定するPKBへとつなぐ作業の間に、より緊密な連携が必要であると判断され、追加的に設けられた議論の場である。西部と東部の両方において、非常に重要な役割を果たすことになるこのグループは、一言でいえば、国の支局と地方のイニシアチブが垣根を取り払い、一緒になってＰＫＢの下図を描くスタジオであった。実際、筆者が関係者に対して行ったインタビューでは多くの場合これらのグループは「スタジオ」と呼ばれていたので、本書でもこれらを「地域スタジオ」と呼ぶ。

地域スタジオは二週間に一度の頻度で集まり、行政職員とプロジェクトリーダーたちのほか、さまざまな組織が共同作業を行った。ここで、住民の独創的なアイデアによる課題解決や、ブロックボックスだけでは評価が難しい「空間の質」の評価について外部の専門家を交えた判断など、エネルギッシュな議論が行われた。[*4]

さて、計画の内容自体はどのような過程を経て決まったのだろうか。具体的な計画図を追うのは膨大すぎるので、ここでは要点のみをたどる。

「ブロックボックス」か「ブラックボックス」か

最初の検討は、ステップ一の、六〇〇にのぼる水位低減方策のリストアップであった。これらは、第四次水管理政策文書の制作過程で実施された調査の集大成で、その意味では、可能な方策に関する技術的検討はすでに終わっていたといっていい。これらをどのような基準で取捨選択するかが、計画という側面から見れば最初の課題であったといえる。

ステップ二‐一の「ブロックボックス」（図11‐4）は、そのための計算ツールとして大きな役割を果たした。[*5]しかし注意しなければならないのは、結局各地域で「地域スタジオ」が必要になったことでも分かるように、ブロックボックスを手にしたといっても、「空間の質」についての計算結果はあくまでも目安に過ぎない。ＲｖｄＲの第二の目的が「空間の質」の向上であることは計算上も忘れてはならないが、空間の質というのは、実際に体験する前に数字で計算することは難しいのである。

「ブロックボックス」がすでに開発されている状況のなか、安全性とコストについては、概算とはいえ数字で比べることができた。しかし、空間の質については「ブロックボックス」も何らかの基準を持つとはいえ、数字を出されてもにわかにその価値を理解するのは難しい。「ブロックボックス」が「ブラックボックス」の側面を持っていたという関係者の印象が報告されている（Heuvelhof et al. 2007: 39）のは、この質に関する評価の側面を指していたのであろう。空間の質についての議論は多くの場合、図や言葉を用いた議論でなければ伝わりにくいものである。

地域／全国空間フレームワーク

マスタープランの一部において、ある方策を採用することは、もちろん、その対象地域に大きなインパクトを与えるし、他の地域にも間接的な影響を与えるだろう。そうした影響を踏まえた地域デザインとして責任を持つマスタープランが求められる。コンピュータ上のシミュレーションを実行して、「安全性」と「空間の質」の合

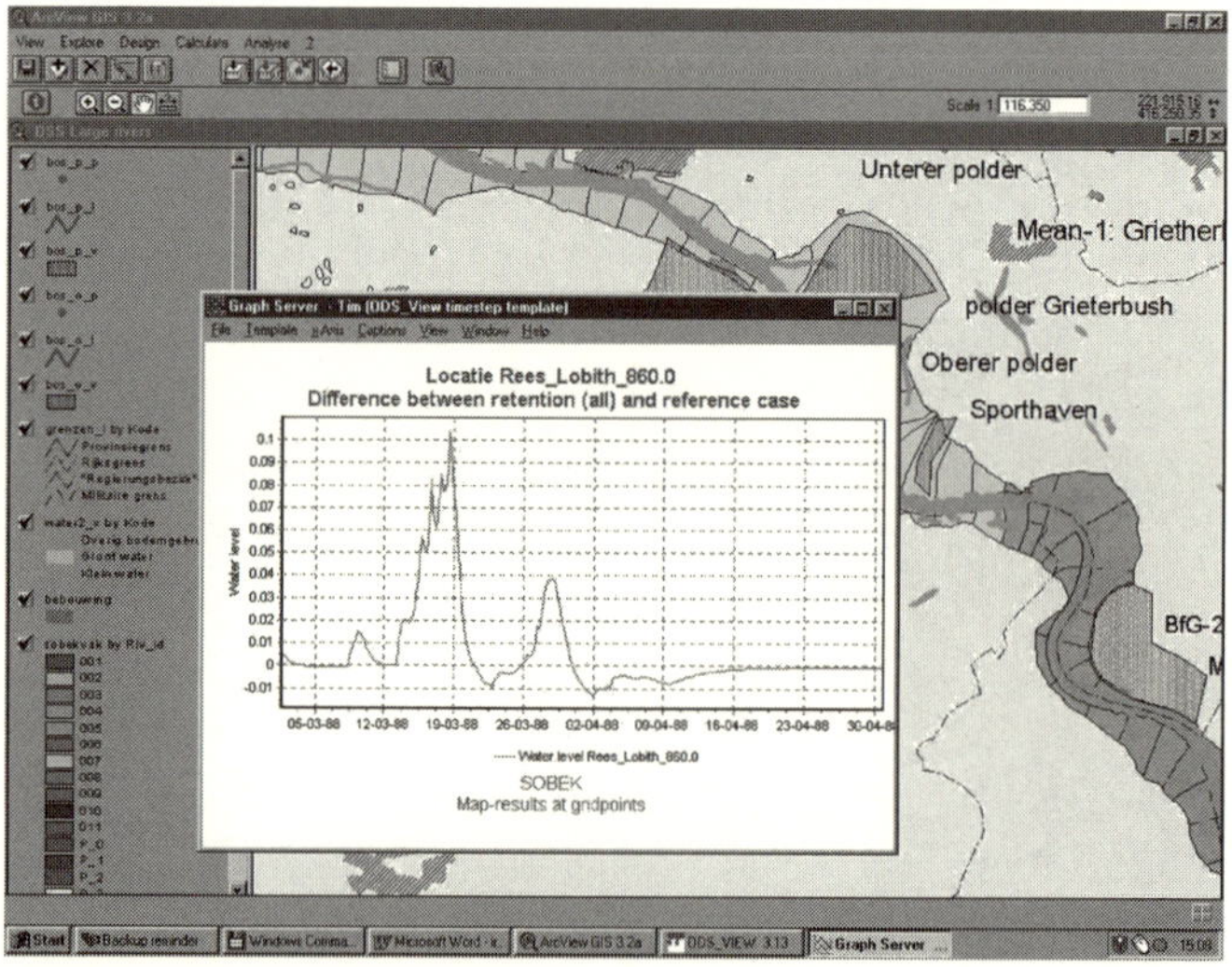

図 11-4　ブロックボックスの画面

出所）Schielen and Gijsbers 2003: 642.

注）グラフによるシミュレーション結果の表示。この例では基準となるケースと、対象地（北ライン、ウェストファリアのライン川下流の一部）における提案として挿入された方策との間に生じる水位の差が、DSS-Large Rivers と呼ばれる GIS 上のアプリケーションによって視覚的に表現されている。

計得点が最も高い場合にその組み合せに決定する、というのはあまりに乱暴な話である。

そのマスタープランの策定にあたるものが、ステップ三における「フレームワーク」の策定であった。フレームワークの策定は、全国レベルのコンセプト案のスタディ、そしてそのコンセプトを各地域での具体的な方策の組み合わせに落とす作業との、二段階で行われた。なおこの検討は、H＋N＋Sによる支援のもと、住宅空間計画環境省の下に設けられた「長期計画コントロールグループ」によって行われた（The Government of the Netherlands 2006b: 25-29）。

全国空間フレームワークのために長期計画コントロールグループが行った検討は、全国レベルの将来計画を、水位低減方策の組み合せによって分けた三つのシナリオに描くことであった。

【シナリオ一】「真珠のネックレス――集約性とダイナミズム」

いくつかの地域において集約的に方策を実施する考え方である。方策的には狭窄地を中心にその地点における保水能力と排水能力を同時に高めるための遊水池や比較的短いサイドチャネルを整備するものである。多くの場合こうした狭窄地は市街地に近接することから、このシナリオでは市街地もしくはその直近の環境に対する影響を前提にして計画する必要があるが、地域にとってはＲｖｄＲを契機とするウォーターフロント開発などの可能性も開かれる（図11-5）。

【シナリオ二】「新河川と旧河川――頑強性と自然」

河道や氾濫原および遊水池の拡大を、田園地域を主な対象として比較的広範囲に適用する。市街地やその周辺に対する影響を最小化する一方、田園地域を主として生物の生息環境を拡大することでＥＨＳの冗長性が増し、エコロジカルネットワークの頑強性の向上に貢献する。河川敷内の既存農地はそのまま利用を継続できるが、田園地域における堤内地において河川敷へ編入する面積が大きくなる。適用する具体的な方策は、多自然型のバイパス河川（「緑の川」）の新設という線的な方策と、既存河川の氾濫原や遊水池の拡大という面的な方策に分かれる（図11-6）。

【シナリオ三】「拡幅された河川帯——線上の均衡」

コウノトリ計画を既存河川沿いに全面展開するのに近いアイデアである。既存の河川敷内に河川改修の対象を絞り、高水敷の掘り下げや河川敷内でのサイドチャネルの掘削を広範囲にわたって実施する。空間的な経済から見れば工事対象は既存の河川敷内に限定されシンプルに見えるが、一方で高水敷に現存する農地を軒並み掘り下げる必要がある。また、既存市街地などとの関わりは小さい（図11-7）。

もとより、これらのシナリオはいずれか一つを選択するという性質のものではなく、水位低下のための方策が、その組み合わせ次第でどのような空間計画上の効果を持ちうるかということの理解を助けること、すなわち、水

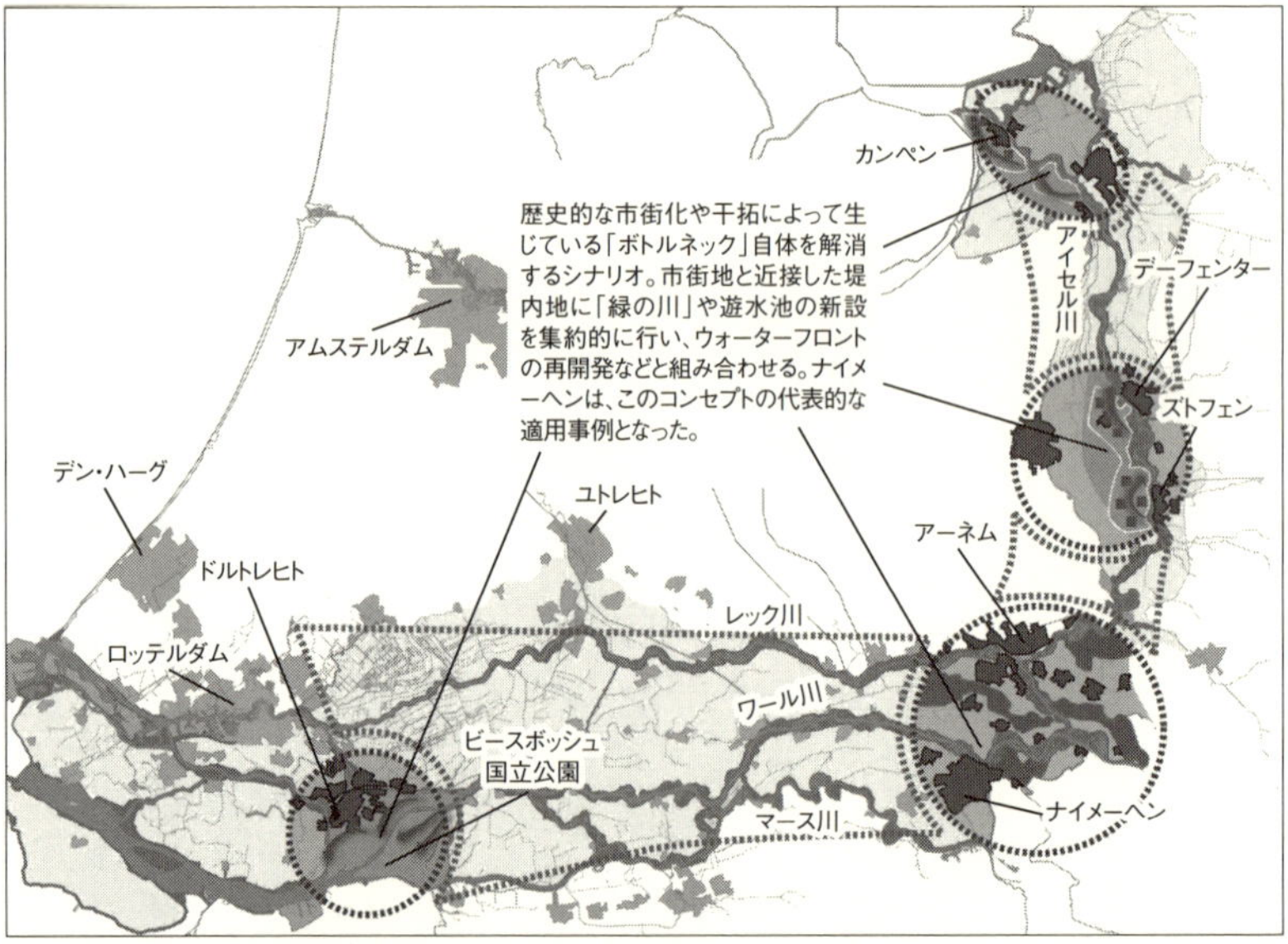

図11-5　シナリオ1：真珠のネックレス—集約性とダイナミズム
出所）The Government of the Netherlands 2006b: 26.

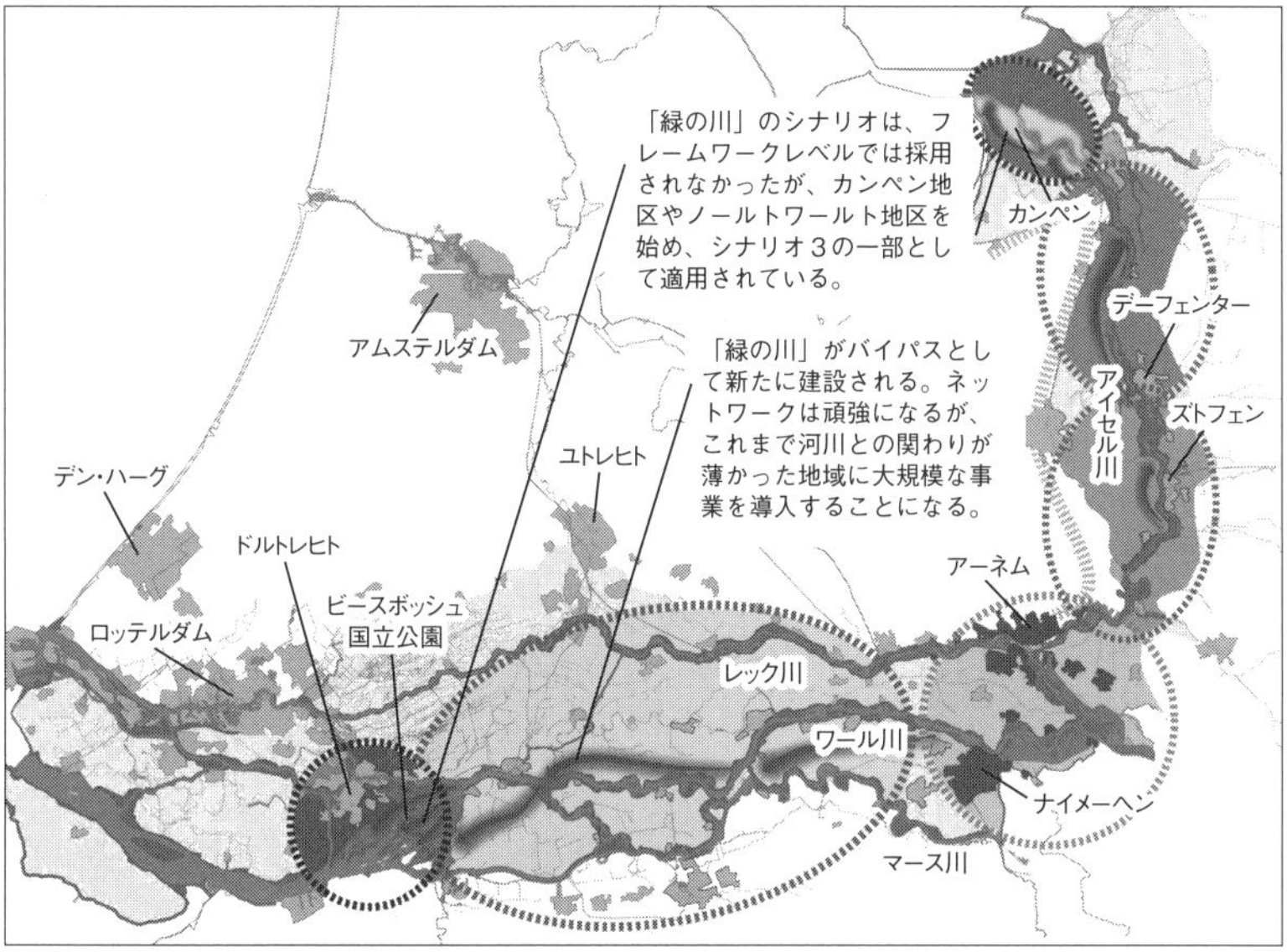

図 11-6　シナリオ２：新河川と旧河川—頑強性と自然
出所）The Government of the Netherlands 2006b: 27.

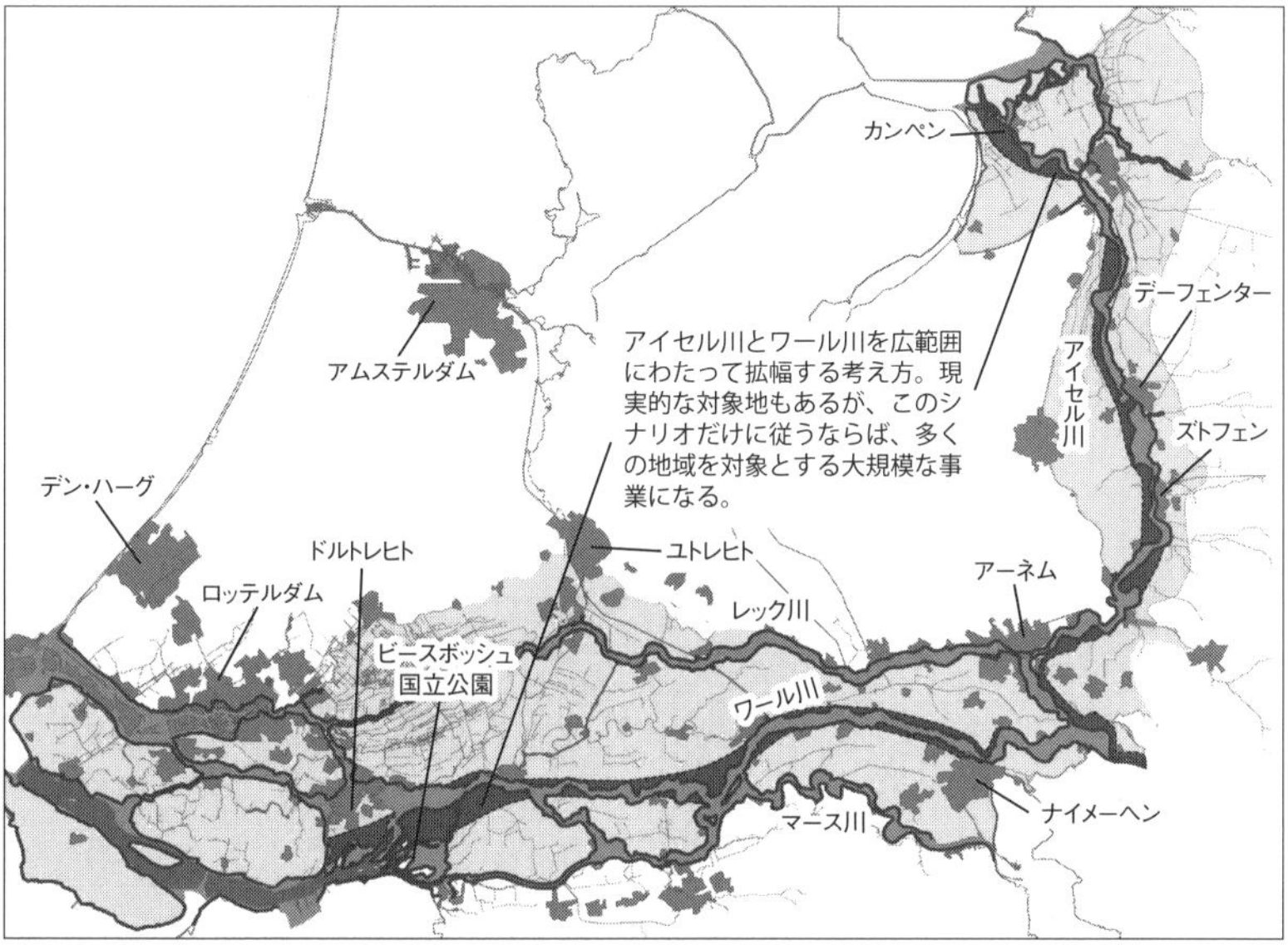

図 11-7　シナリオ３：拡幅された河川帯—線上の均衡
出所）The Government of the Netherlands 2006b: 28.

害対策の方策から空間計画の方策への翻訳例を示すことに本質的な意味があった。[*6]
長期計画コントロールグループは、この三つのシナリオを受け、それらを融合させるかたちで以下のような結論に至る。

① アーネム・ナイメーヘン都市連坦部におけるライン川分岐点（図1・1、B・4）、ズトフェンからデーフェンター（図1・1、A・4）に至る地域、アイセル川下流部においては、市街地開発と保水力強化のための高水路や遊水池の開発を組み合わせるシナリオ一を検討する。

② 西部地域においては、国立公園のあるビースボッシュ湿地帯を中心とする遊水池の開発により、二つの都市ネットワークであるラントスタットとその南西のブラバントスタットとの間のグリーンバッファを強化する。

③ その他の地域においてはシナリオ三、すなわち高水敷における河床の掘り下げや高水路の掘削による、既存河川敷内での河川断面の拡大を中心的な方策として採用する。

公式な政府の見解としては、シナリオ二の考え方は採用しないこととされた。それは、あまりに高い堤防を開かれた空間のなかに新設することで生じる景観的な課題や、輪中の数を増やすことによって生じる管理上の課題などのためだった（The Government of the Netherlands 2006b: 25-29）。ただし実際には、シナリオ二の手法も、一部の地域では適用される。

RvdRとNURG

地域空間フレームワーク（図11・8）は、地域レベルでの方策の組み合わせに関する大まかな方針を検討したものだが、全体として、この内容は大変「環境寄り」であった。これは、既に空間計画全般に広まっていた自然環境に対

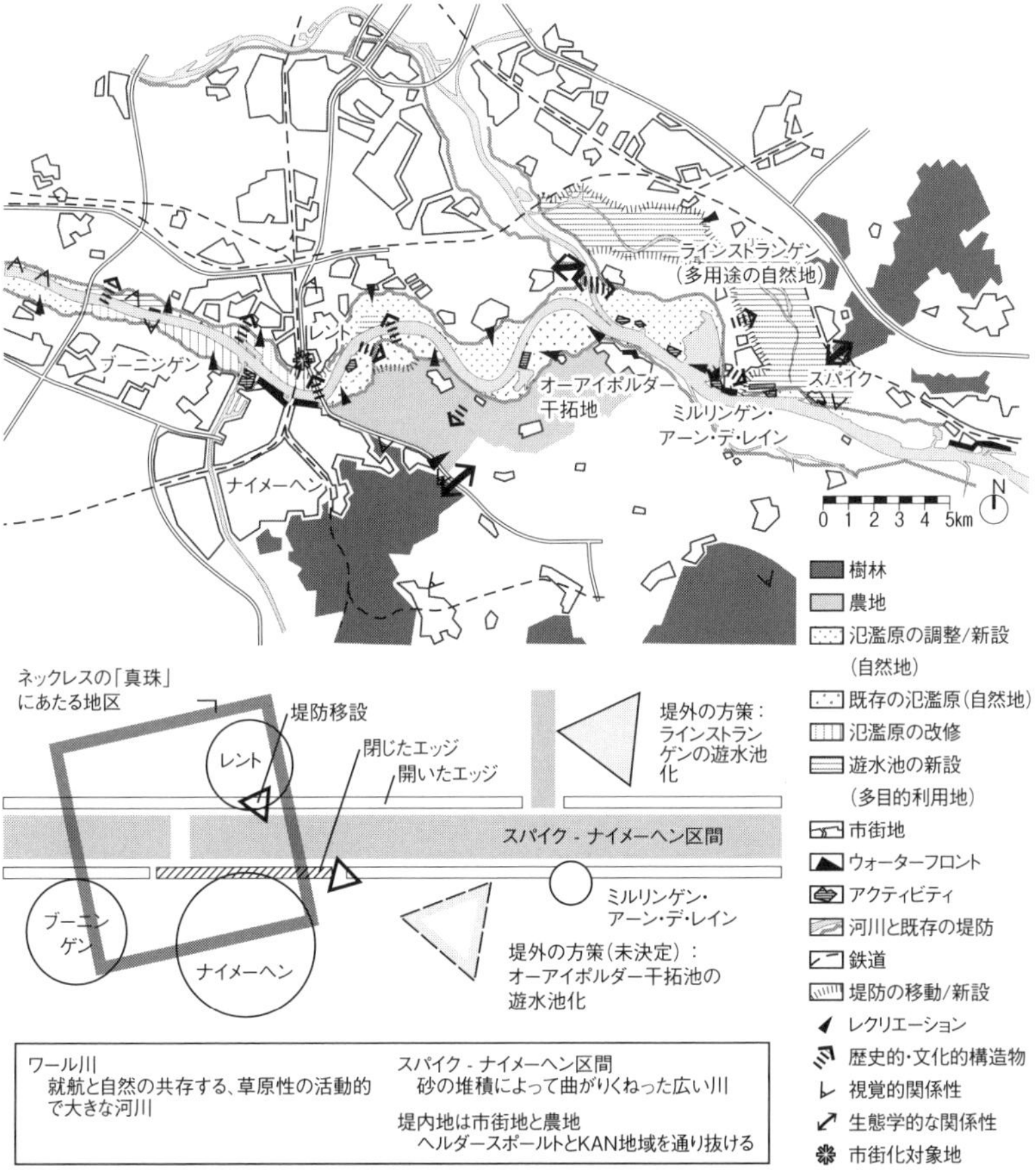

図 11-8　地域空間フレームワークの例（ワール川、スパイク - ナイメーヘン区間）

出所）Ruimte voor de Rivier Landelijk Bureau 2004: 20.

する意識が表れたものと考えるのが自然だ。

たとえば、当時すでにオランダが提起した欧州エコロジカルネットワークの考え方はEUのナチュラ二〇〇〇に発展をとげ、上下ライン川とその河川敷のほとんどすべてがEUの鳥類指令によるSPA（特別保護地域）に指定されていた。これとの関係で、RvdRの自然環境ワーキンググループは二〇〇三年に報告書（Stuurgroep Ruimte voor de Rivier 2003）を提出し、河川敷内ではさまざまなタイプの景観が生息地として存在し、これらの空間をうまく利用すればRvdRの事業性と生物生息環境の向上が両立可能であることを伝えていた。

自然政策プランにおける自然開発事業をEHSに沿ったアクションプランに落とすため、一九九一年にNURG（「河川に関する詳細検討」）が策定されたことはすでに見た。その際、二〇〇八年に農業自然食糧省と交通水運省は、河川の水位低下に効果があると考えられた、合計七千haの自然開発を、二〇一五年までに実現するというNURG協定を結んだが、それは、このような文脈を背景としていた。

多様なアクションプランのプロセス

以上のような国レベルでの検討に、地域スタジオにおける検討の結果が合流することでステップ四以降の最終的な基本案が作られる。これが、PKBの公式な検討プロセスであった。

一方、PKB策定のプロセスは形式上二つのトラジェクトリーに分かれていたが、実際には非公式なものも含め多くの情報交換がなされ、巨視的には一つの大きなプロセスとなっていた。

そうしたこともあってか、地域アドバイス案と国で並行して検討されていた計画とが大きく隔たることはなかった。東部地域のプロジェクトマネージャーを務めていたコー・ビークマンス（Cor Beekmans）によれば、コストに関わる調整（特に大規模な氾濫原の掘削に関わるもの）以外では、地域と国とがたどりついた案はほぼ同じ方向を向いていたという。[*7]

ＲｖｄＲプログラムのように、規模が大きく、かつ各アクションプランの土地条件が大きく異なる事業において、各地域で個別に行われた議論とデザインのプロセスを網羅的かつ俯瞰的に分析することは容易でない。しかし、それぞれのボトムアップの検討がトップダウンの骨格に合流する過程は、ＲｖｄＲのプログラムを見る上で非常に重要なポイントであり、大変興味深いところだ。

そこで次章では、プロセスと計画の両面で東西地域の異なる特徴をよく表していると思われる三つのプロジェクトについて見てみたい。東部地域からはナイメーヘン‐レント地区を、西部地域からはオーフェルディープセ干拓地と、ノールトワールト地区をとりあげる。

注

＊1　この部分の記述は、ＲｖｄＲのＰＫＢ完了時点での第二院への報告書のほか、多くの部分をＰＫＢ策定完了時点の第三者評価報告書（Heuvelhof et al. 2007）に負っている。

＊2　ＳＲＶＲは、委員長の交通水運大臣のほか、西部地域委員会と東部地域委員会、全国州協議会（ＩＰＯ）、水管理委員会連合会、市町村協議会（ＶＮＲ）、市町村河川協議会（ＶＮＧ）、農業自然水産省、住宅空間計画環境省、交通水運省からそれぞれ代表が参加して構成された。ＡＷＢＧ（Ambtelijke Werkgroep Bevoegd Gezag：所轄行政ワークグループ）は、三省が共同するＳＲＶＲの事務局にあたり、最終的な環境アセスメントの主体を担う。

＊3　正式には、西部の Bureau Benedenrivieren は「下流事務局」、東部の Bureau Bovenrivieren「上流事務局」の意味だが、この上下流の区分は一つの流れの前後ではなく標高差を意味しており、実際にはナイメーヘンの手前で枝分かれした別々の流れを指している。標高によって河川の性質が異なる重要な区分であるが、オランダの地理に慣れない読者の混乱を防ぐため、本書で

は標高にこだわらず西部、東部と呼ぶことにする。

＊4　このほか、ＬＩＲＲ（ＲｖｄＲ全国イニシアチブグループ）は、ＰＫＢの策定プロセスにおいて公共の参画機会を増やすことでＲｖｄＲの複合的な目標の達成に近づけようとする目的で、政府が二〇〇二年に設置した会議体である。ＡＮＷＢ、オランダ農業園芸協会、自然環境財団、鉱物採掘業組合、林業委員会、景観文化プラットフォーム、ウォータースポーツ産業貿易、レクリエーション産業協会の九つの民間団体を含んだ。ＬＩＲＲは二〇〇三年にＰＫＢに対する提言を行った。このグループは、特に農地だけでなく市街地との関わりが多い東部地域の計画において大きな役割を果たした。また、全国プロセスグループも二〇〇三年に派生的に生まれた会議体で、八つの州と三省の担当者、およびステアリンググループの事務局からなり、ＰＫＢ文書の政策において地方と国とのコミュニケーションを加速するために設けられた。最終的にこの会議体は、この組織への参加州が全国規模に拡大した「ＰＫＢ起草タスクフォース」に置き換わる。

＊5　この開発は、政策ルーム・フォー・ザ・リバーが一九九六年に初めて公示された翌年から、ＲＩＺＡとデルタレス（Deltares）に委託され、開始されていた。なお、ＲｖｄＲにおいては、これを用いて地方行政が自ら計画を立案したことは重要なことだった。通常、オランダの空間計画では国が政策を立案し、地方行政はそれに難癖をつけるばかりで、いわば政策の消費者のような立場であった。ブロックボックスを用いて地方行政自身が検討を行うことで、自ら納得するだけでなく責任を負うデザイナーの立場として意識する効果があった。後の事例で見るように、ＲｖｄＲではこれによってＮＩＭＢＹ的な問題を回避することができた側面もある。治水に関する情報は、当時、今以上にＲＷＳと一部のコンサルタントに集中していたが、これをオープンにすることで地域の理解や積極的な参画が格段に加速された。「ブロックボックス」は現在「デザインテーブル」と呼ばれ、デルタレスによって国際的に利用されている。

＊6　各シナリオを描き分ける軸の基本は、水位低減方策の配置に関する集約と分散の軸である。より具体的には、この対比を既存河川沿いの集約／分散（河川に沿った方向の広がりの大きさ）で見る軸と、既存河川敷に対して垂直方向の集約／分散（既存河川敷とのズレの大きさ）で見る軸の二軸に分けることによって、各シナリオを整理したものと理解することができる。

＊7　Ｃ・ビークマンス（C. Beekmans）への筆者によるインタビュー（二〇一五年九月二一日）より。

第12章　三つのアクションプラン

ナイメーヘン - レント

新たな島の誕生

ナイメーヘン - レント（Nijmegen-Lent）地区（図1 - 1、B - 4）は、ナイメーヘン市をワール川が貫く部分にあるRvdRサイトである。

この地区での整備内容は、レント地区を貫いて、増水時のサイドチャネルとしても働く遊水池を設けるというもので、結果として、フェウル - レント（Veur-Lent）と呼ばれる細長い土地が、河川に浮かぶ島のような様相を呈する（図1 - 2）。このような大胆な計画がどのようにして構想され、実現に至ったのか。ここでは、RWS東部地域支局でプロジェクトリーダーを務めていたエコロジスト、コー・ビークマンス（Cor Beekmans）へのインタビュー（二〇一五年九月二一日）から得た情報を軸に確かめていきたい（図12 - 1）。

ワール川の地図を長く開いてみるとよく分かるように、この地点はワール川の最も屈曲し狭窄した地点であり、これまで以上の高水位が訪れる前に是非ともこの部分について解決をする必要があった。二〇〇〇年二月に交通水運省

図 12-1　ワール川とナイメーヘン‐レント地区

がまとめた調査報告書「RvdRに関するディスカッションノート」では、水平型の治水方策に向けた各河川の課題が記されたが、そこではナイメーヘン‐レント地区に関して次のように記されていた。

「一万五千㎥／sから一万六千㎥／sへの一千㎥／sの排水能力の増加分のうち、六五〇㎥／s分はLNC価値［七四頁参照］に配慮した河川敷内の方策で達成できるが、さらなる三五〇㎥／sの増加分は、現在のLNC価値を犠牲にしなければ既存の堤外地の方策によって達成することはできない。これは望ましくないため堤内地における方策が必要である。たとえば市街地のボトルネックのバイパスとしての『緑の川』と上流の分岐点における遊水池などである」。さらに報告書では、二〇一五年までの短期的方策にこれらが含まれるべきであるとされた（Ministerie van V&W Directoraat-Generaal Rijkswaterstaat 2000: 18-23）。

政策RvdRの一九九六年の通達は既存の河川敷の範囲内にとどまるものだったし、全国空間フレームワークでは「緑の川」を含む方策は採用されなかった。しかし、一万六千㎥／sを目指すために、この地区でどうしてもそれが必要であることが明らかになったのである。

この調査を経て、交通水運省はナイメーヘン‐レント地区における方策の確定が、最も急を要するものと判断した。それは、ナイメーヘン市がかねてより持っていた市街地拡張計画について、知っていたからである。

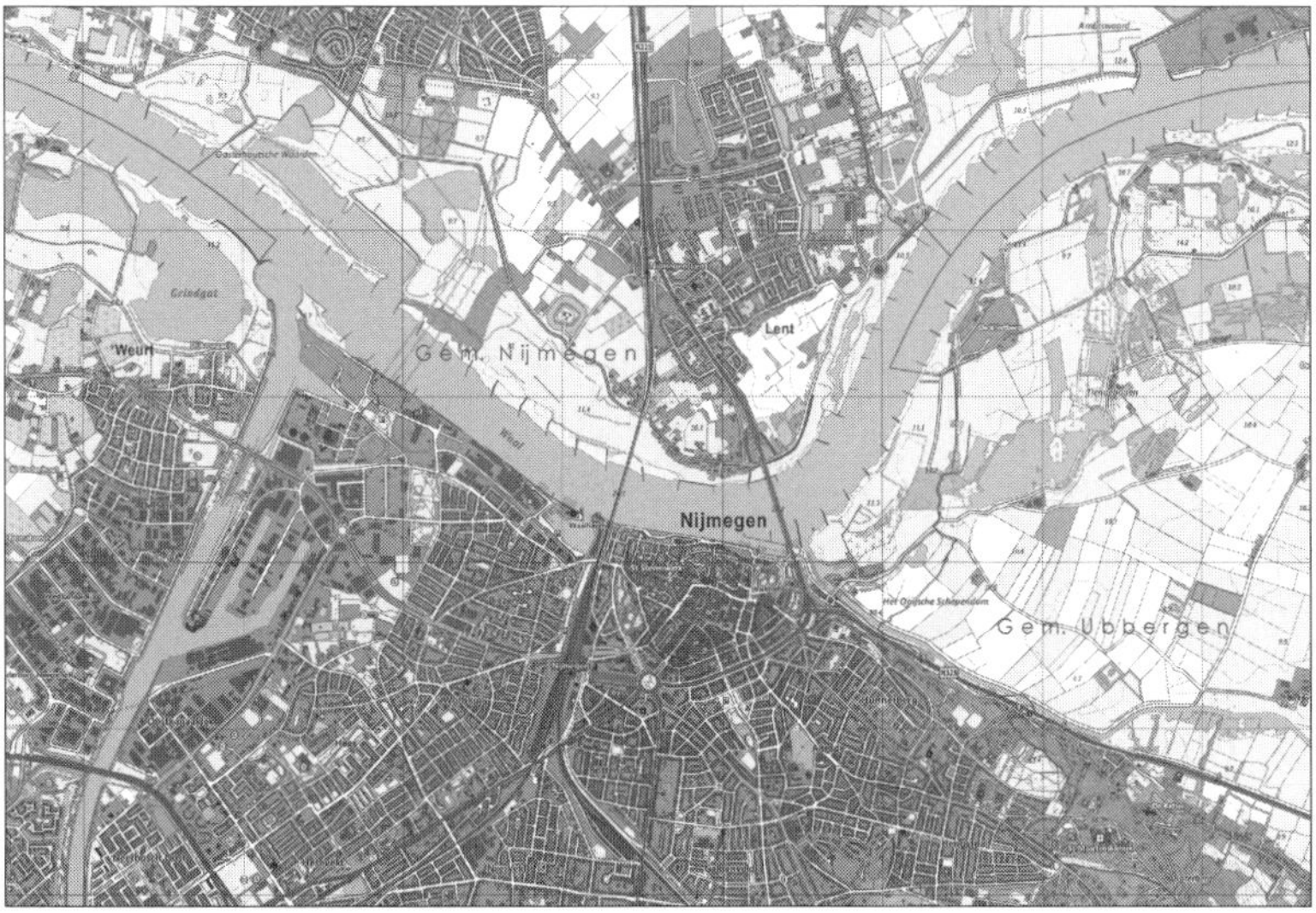

図 12-2　RvdR プログラム以前のナイメーヘン
出所）Kadaster 2012.

温められていた市街地拡張計画

ライン川の下流の派川であるワール川沿いに位置しながら丘状の地形を持つナイメーヘンは、オランダで最も古いローマ都市でもある。その眺望の良さもあって、ローマ帝国によってすでに戦略的な拠点として重視されていた。現在は水運と製造業を中心とする人口約一七万人の都市であり、ラドバウド大学を要する大学街でもある（図12‐2）。

ナイメーヘン市の中心市街地はワール川の南岸に接し、その対岸にレント地区がある。

元来、レント地区はナイメーヘンを拠点に供給する農産物の生産を主業とする集落だったが、ナイメーヘン市に合併されて以来、市内の住宅地域としての側面が強くなり、人口はすでに六千人を超えていた。そして、鉄道駅は長らく南岸のナイメーヘン駅のみだったが、二〇〇二年には北岸にナイメーヘン・レント駅の新設が予定されていた。ナイメーヘン市が持っていた市街地の拡張計画とは、ワール川をまたいだレント地区における一大開発だったのである。それはすでに、実施設計段階に差し掛かっていた。

地域による検討の先行

全国各地域の調整を済ませてからＰＫＢを決定するには数年を要する。これを待っていればレント地区の住宅地開発が進んでしまい、堤内地のＲｖｄＲ方策を適用する余地がなくなってしまう。そこで交通水運省は、ＰＫＢの決定を待つことなくナイメーヘン市に先行して計画を伝え、市白らが適切と考える方策を検討してもらうという、異例の判断をした。[*1] もちろん、これは公式には位置づけられないプロセスであった。

二〇〇〇年二月、「ＲｖｄＲに関するディスカッションノート」をまとめたのと同じ月に、省は市と水管理委員会、そして州を含むミーティングを開く。[*2] そこでは、いくつかの選択肢を検討した上であらためてレントでの引き堤による河川拡幅が最適であることが確認された。

しかし、堤内地における大規模な方策の採用はナイメーヘン市にとって寝耳に水である。市はこの方策で河川に編入される部分にも、すでに住宅地を計画していた。既存の計画自体、丁寧な検討と市民や各種団体との協議の末にたどりついたものだったはずだ。市としては簡単に受け入れられる計画ではない。市が既存の市街地拡張計画を公表したのが一九九二年（Gemeente Nijmegen 2007: 20）、ライン川流域の最初の高水位が一九九三年のことである。まさに晴天の霹靂であっただろう。

交通水運省は市の状況を鑑みてこのミーティングではあえて結論を出さず、代わりにナイメーヘン市自らが適切と考える方策案の検討を依頼する、という選択を行った。[*3] 一九七〇年代以来の経験から、トップダウンによる河川整備の限界を知っていたからである。

ＲｖｄＲプログラムに中央と地域の二つの「トラジェクトリー」が設定され、国から東部と西部の地域に対して独自の地域アドバイス案の作成が依頼されたのは、二〇〇一年一二月のことである。ナイメーヘン市には、これよりさらに早く検討が依頼されていたことになる。つまりこの地区に関しては、中央トラジェクトリーと地域トラジェクトリー、そして、約二年先行して始まったナイメーヘン市、これら三つの場で、並行してスタディが進められた。ナイメーヘンの計画がどれだけクリティカルな計画と見なされていたかが、よく分かる。

ナイメーヘン市にはＲＷＳの担当者が置かれ、技術的な支援をすると同時に東部地域のプロジェクトチームとの間で多くの情報交換を行いながら作業が進められた。もちろん、中心的な方策案はレントの引き堤だが、そこでは治水上の目的だけでなく、ナイメーヘン市の空間計画として意味のあるデザインにするための議論が、地元の有力建築家からの提案を含め、分野横断的に行われた。

このように二〇〇〇年の段階からすでにレントの引き堤が中心的に議論されていた一方、二〇〇四年の国による「地域空間フレームワーク」には、この方策は描かれていない（図11 - 8）。その代わりに、周辺の高水敷の掘り下げによる河川断面の拡大と、上流の分岐点付近にあるラインストランヘン（Rijnstrangen）の氾濫原としての利用、そしてオーイポルダー（Ooijpolder）と、レントの突出部を削り取ることなど、複数の方策が記されている。

このころの国側の検討の様子を、ビークマンスは、「卵を産みつつある鶏に横から手を出してはならない」というオランダの言い回しを用いて、市を信頼して任せることで市がよりよい計画にたどりつくよう、あえて国側の提案をぼやかしていたと説明している。[*4] レント地区における堤防移設の方策が、他の選択肢との併記で初めて記載されたのが、二〇〇四年のＰＫＢパート一である。それはパート三でようやく明確な確定案として記され、二〇〇六年、国会の承認を経てＰＫＢに位置付けられる。

ＰＫＢが承認されると、省は市に対して、具体的な設計もＲＷＳが行うのではなく、市が積極的に関与して進めてもらいたいと告げた。こうして二〇〇六年を境に、具体的なデザインは市が行うことになった。

二〇〇七年一二月、ナイメーヘン市は河川の拡幅を踏まえたレント地区の市街地拡張計画を「空間計画レント堤防移設」と題する八三頁にわたる政策文書（Gemeente Nijmegen 2007）として発表する（図12 - 3）。この複雑なプラン

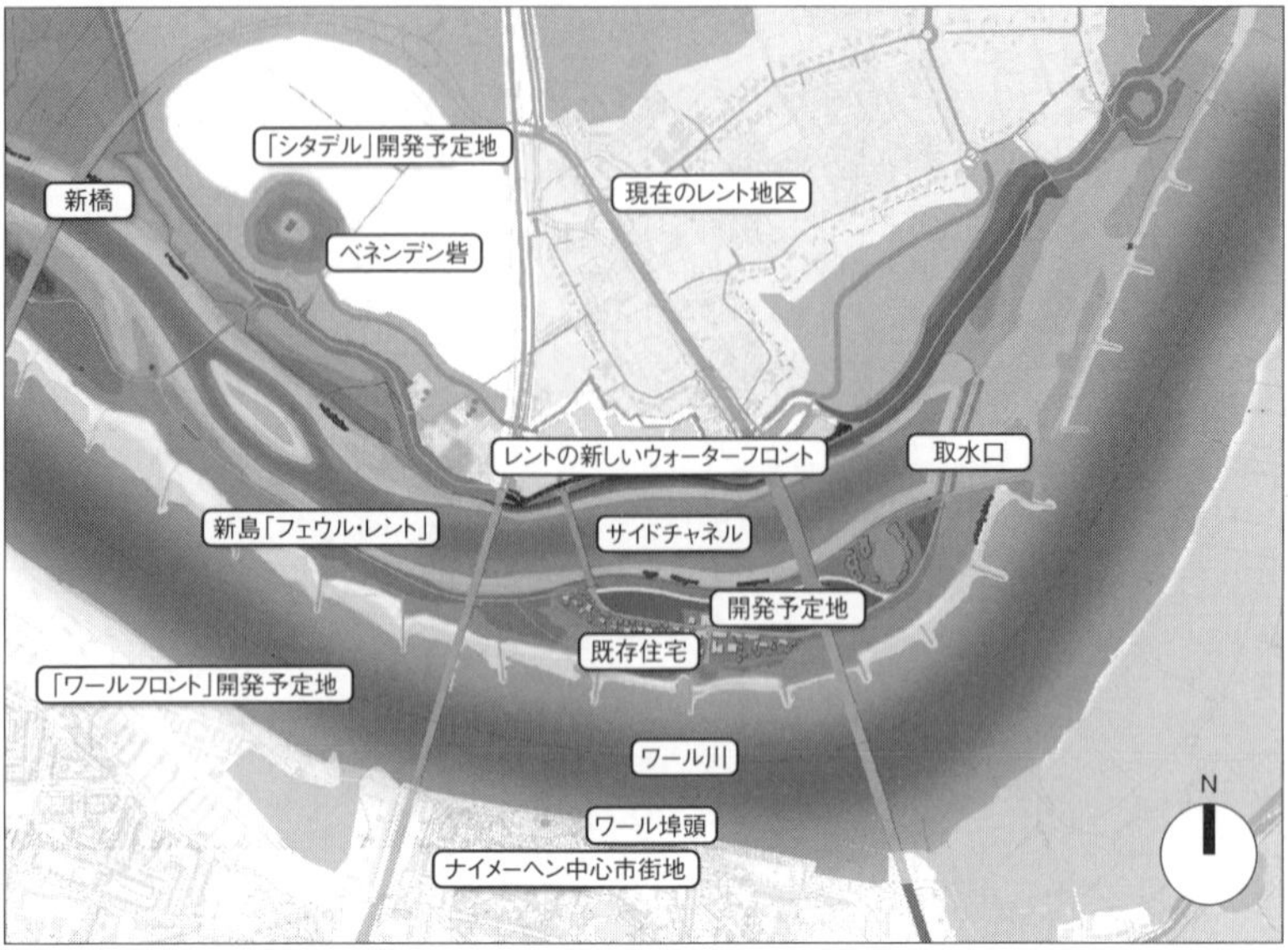

図 12-3　ナイメーヘン‐レントの計画図
出所）Gemeente Nijmegen and Royal Haskoning DHV 2011: 8.

がＰＫＢ決定後、一年足らずの間に仕上がったことから見ても分かるように、ＰＫＢ決定の時点でその骨格はすでに完成に近づいていた。交通水運省の果敢なフライングに始まる、市の先行的で主体的な取り組みが功を奏し、最も困難を伴うはずであったナイメーヘン‐レントのアクションプランが、その後の取り組みの模範を示すことになった。

ナイメーヘン‐レント計画における「空間の質」

このような計画の背景を知ってからナイメーヘン‐レントのプロジェクトを眺めるとき、一つ一つの部分が安全性と空間の質という、多様な価値を包含するために積み上げられたプログラムの構成要素として見えてくる。そして、「空間の質」という、ややつかみどころのない概念が、ＬＮＣ価値という従来の限定的な意味合いを超えて、この計画に統合されている様子を見ることができるだろう。

たとえば、単なる河川の拡幅であれば、あえて細長い島状の陸地を中央に残す必要はない。ワール川の河川敷を広くとり、その部分を氾濫可能な高水敷とすれば、レント地区は島と堤内地の二つに分かれる必要はないし、工事範囲も小さくて済むはずである。

しかし、この島があることによって、ワール川は主な河道とサイドチャネルという二つの河道を得る。このことは逆に見れば、ナイメーヘンとレントがまたぐウォーターフロントの延長が二倍になることを意味する。

市街地開発の文脈において、ウォーターフロントの間口が広がることは大きな開発価値の増加につながる。一九九二年に市が発表していた市街地拡張計画では、ワール川の北岸は切り立った護岸か単なる氾濫原に過ぎず、市民が水辺にアクセスするような関係性は読み取れない。したがって、市にとってこの改変は開発上のメリットとして受け容れることができた。

また一方で、このサイドチャネルの上流側は水の循環のためのいくつかのパイプによってつながる以外、常時は主水路と分け隔てられ、流量のほとんどは主水路を通るようになっている。これによって、高水位時に必要な河川断面を確保しつつ、サイドチャネルでの土砂の堆積による河床の上昇を防ぐことができる。同時に、ワール川にとって重要な航路としての水深を保ち、一方のサイドチャネルは主水路とは異なるレクリエーションに適した水面として安全に活用でき

図 12-4　サイドチャネルの水位変化の想定図
出所）Gemeente Nijmegen and Royal Haskoning DHV 2011: 17.

ナイメーヘンとレントにおけるウォーターフロント開発計画図

ワールフロント開発予定地の模型

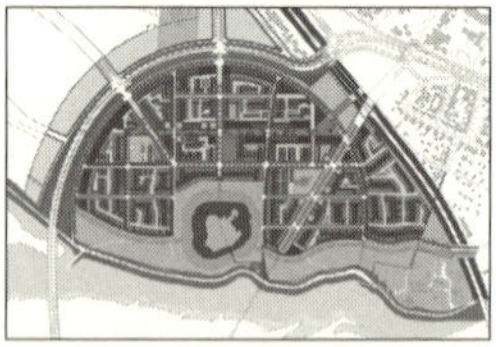
「シタデル」地区の再開発計画図

図12-5　周辺開発計画図
出所）Gemeente Nijmegen and Royal Haskoning DHV 2011: 13.

る（図12－4）。

さらに、この安全なサイドチャネルに面する北岸は護岸の勾配を緩くすることで、これまでの急峻な護岸では得られなかったパッシブレクリエーションのための空間を作り出すことができた。また細長い島は史跡であるクノドセンブルフ（Knodsenburg）砦を保存する目的も兼ねている。島は自然と歴史の共存する「シティ・アイランド・フェウル・レント」と名づけられ、将来的に七千戸の住宅開発が目論まれている。

また、このシティ・アイランドの西半分と東端は、自然環境を育成する氾濫原であり、河川のエコロジカルな価値の向上のために、あえて残された非開発地である。この空間へのダイレクトなアクセスが、レクリエーション機会の豊富な居住環境としてシティ・アイランドの魅力を向上する。この島に対しては既存の鉄道・自動車・歩行者兼用の橋から直接降りられる階段がついているほか、その東と西には北岸からの人道橋が設けられ、レント側の開発予定地からの歩行者アクセスを確保している。

現在、レントの史跡であるベネンデン砦の周囲には円形の輪郭を持つ新市街地「シタデル」が計画されている。この計画の外周道路はナイメーヘン・レント駅から既存のシタデル大学をつなぎ、さらに新橋によって南岸の市街地へと続く。この橋は兼ねてからの交通状の課題を解消して市街地拡張を可能にするため一九九二年の計画にすでに含まれていたものだが、河川拡幅事業の一環として国の予算で建設された。[*5] そして、この新橋と既存橋との間のワール川南岸は、かねてから計画されていたウォーターフロント再開発計画である「ワールフロント」の予定地となっている（Gemeente Nijmegen 2007: 18）（図12-5）。

このように見直したとき、ナイメーヘン-レント地区の計画は、確かにLNC価値の三要素とされる景観、文化、歴史のそれぞれのメリットを、安全性向上のための河川拡幅という一つの方策のなかに重ねあわせて実現されていることが分かる。このような複数の価値の統合こそが「空間の質」の向上といえるのかもしれない。なお、この計画については「カスコ・コンセプト」の考え方が生かされていることや、全国空間フレームワークの「真珠のネックレス」とよく符合するデザインとなっていることも興味深い点だ。

「恐れ」から「誇り」へ

ナイメーヘン-レントの河川拡幅プロジェクトは、全体を「ワール・ジャンプ（Waalsprong）」と名づけられ、交通水運省がトップダウンから参加型の計画立案手法への脱皮を遂げたことを象徴するプロジェクトとして、メディアにも取り上げられるようになった。国際的な賞も受賞し（Waterfront Center Award, New York, 2011）、RvdRのなかでも最も注目される計画となった。

初期の段階でRWSの職員としてこの計画に関わったミシェル・トーナイク（Michelle Tonneijck）は、この計画のプロセスを、市や住民の感情変化の側面から、「恐れ」「戦い」「受容の拡大」「信頼」「誇り」という五段階に分けて表現している（図12-6）。そして、この緩やかな受容を可能とする鍵となったのが、トップダウンの計画に対する単なる補償という考え方ではなく、早い段階から情報を開示して積極的な参加と協力を求めた国の姿勢と、「安全」

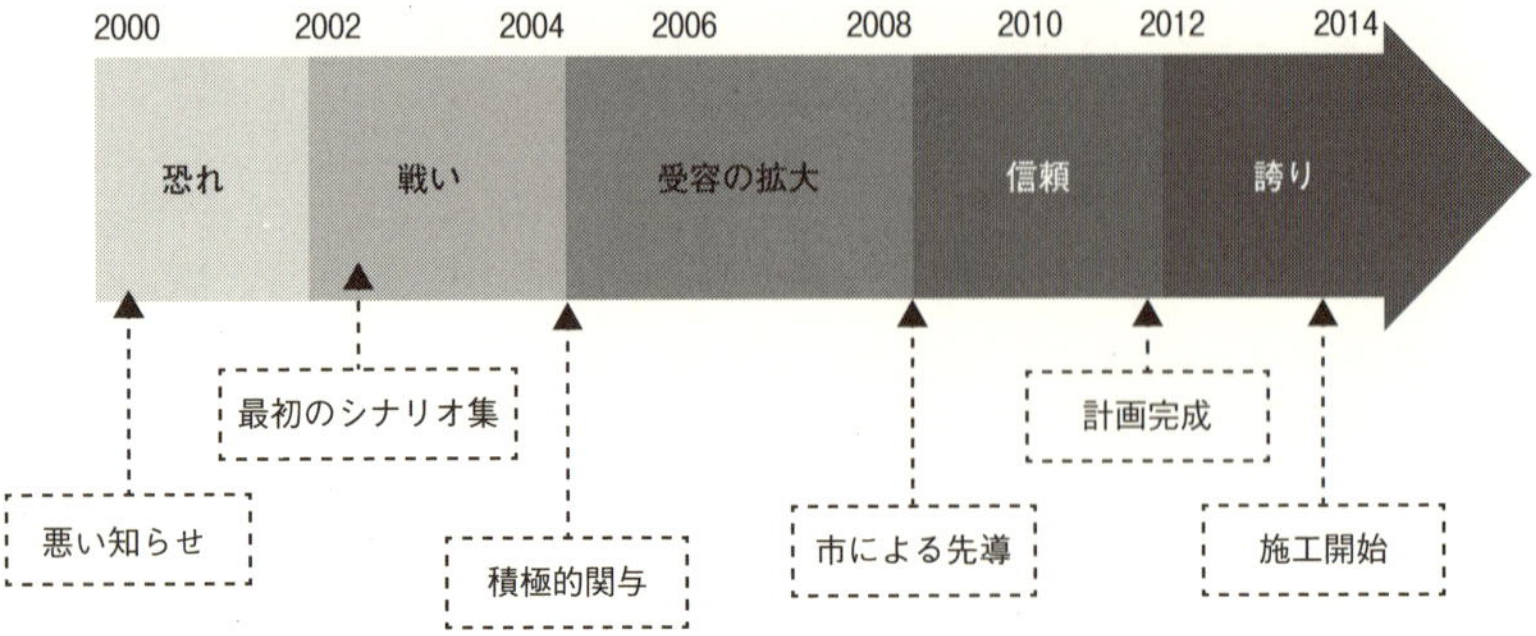

図 12-6　市民感情のプロセス図
出所）ムールパスら 2015：96.

の次に「空間の質」を、明確な政策目標として位置づけたことであったとしている（ムールパスら二〇一五）。

確かに、「空間の質」の向上という目的が正式な政策の目的として据えられていなかったならば、ナイメーヘン・レントにおける水位低減以外の目的を持つすべての方策は実現せず、単なる「補償」でしかなかったかもしれない。そもそも、「空間の質を重視しながら、コストにも配慮する」というＰＫＢの第二基本案自体、この目標設定なくしてはあり得なかった。国土レベルの計画の部分を各地域が担うにあたり、必要な犠牲を払いながらも、それを自らにとってよりよいものにしようと考えることが出来たのは、この計画案があったからこそである。

計画の当初、既存の市街地拡張計画に力を入れていた地域の有力者たちの間には、裁判に備えた基金を作る動きさえあった。しかし、計画も終了間際の二〇一五年九月現在、彼らは積み立てた基金を、このエリアに設置するパブリックアートの予算として寄付する申し出をしているという。[*6]

「補償」か「空間の質」か

河川の整備は、直近の堤防を強化するとき以外、その上流や下流の安全のために行われるものである。こうした理由によるＮＩＭＢＹ（Not In My Back Yard）と呼ばれる問題は、広域の計画において必ずといっていいほど現れるものだ。この課題に対して、ナイメーヘン・レントの場合は自らが被災の可能性が高い地域でもあり、こうした地域に対して「真珠のネックレス」シナリオを適用した国の考え方も確かに周到であったといえる。

一方、一般論として、被害者意識を拭い去る役割を持たない「補償」という考え方には自ずから限界があるのも事実だろう。無理をすればせっかく用意した補償すら、一部の人々の利益に吸収される弊害すら生じかねない。それを「空間の質」の向上という一般的な目的に置き換えたことが、ＲｖｄＲプログラムの発明であったともいえる。

このように議論の次元を上げるならば、その成立性は必ずしもオランダ固有の条件によるのではないと分かる。地理条件や気候条件、あるいは国土の規模が大きくことなる我が国においても、ＲｖｄＲプログラムから学べることがあると筆者が考える理由の一つは、この点にある。

オーフェルディープセ

住民主導の計画

ナイメーヘン・レントの事例は、開発圧力の存在する市街地におけるものであった。次に、これと大きく異なるタイプの事例として、オーフェルディープセ干拓地（Overdiepse Polder）（図１‐１、Ｂ‐２）のケースについて見てみたい。

オーフェルディープセは、ミューズ川流域では唯一のＲｖｄＲサイトである。以下で詳しく触れるように、この計画の最も大きな特徴はその特殊で稀有な住民主導型のプロセスにある。なお本節の記述は、この計画にＲＷＳ西部地域支局でプロジェクトリーダーを務めたエコロジスト、ハンス・ブラウアー（Hans Brouwer）と、計画の当初から住民のなかで地域と行政の橋渡しの役割を果たしたノル・ホーイマイヤーズ（Nol Hooijmaijers）に対して行ったインタビュー（二〇一五年九月二二日）に基づいている（図12‐７）。

図 12-7　H・ブラウアー氏（左）とN・ホーイマイヤーズ氏（右）
出所）筆者撮影。

オーフェルディープセで用いられた方策は、ナイメーヘン・レントに比較すれば大変シンプルなものである。堤内にあった農地を引き堤によって堤外に追い出すことで、遊水空間を拡大するというものである。もちろん、それだけでも十分に大きな出来事だ。しかし計画としての特殊性は、一六件あった既存の農家のうち八件は立ち退き、八件が残って堤外での農業を継続したという変則的な解決策である。また、そのために採用されたマウンド上に住居を構えるという独特な方法や、ＰＫＢの策定段階から実現までの、住民による濃密な参画である。

栗の木の下で

二〇〇一年二月、「インフォメーションイブニング」と呼ばれる地元説明会が開催された。その地で酪農業を営んでいた住民の一人、ノル・ホーイマイヤーズも出席した。このとき、オーフェルディープセがＲｖｄＲプログラムの対象候補地の一つであることがプレゼンテーションされる。パワーポイントに映ったのは、自分の今いる場所が青く塗られたスライドだった。青色は「川」を意味していた。

「一九九三年と九五年の高水位のとき、川はあと二〇㎝で堤防を越えるところまで来ていた。あのとき、今映っているスライドのようになっていても、おかしくはなかった。だからスライドを見て、政府が本気であると飲み込むのに時間はかからなかった[*7]。」

そう語るホーイマイヤーズが最初に感じたのは、もちろん「衝撃」であった。他の場所での方策を主張して、計画自体に反対し、立ち退きを拒否するという考えも十分にありえた。

説明会の後、ホーイマイヤーズの庭の栗の木の下に四人の人々が集まった。ホーイマイヤーズを含め、まだここで農業を続けていきたいと思う農家の主たちだった。この場所が川に編入される理由は、国土の安全のためである。動きたくないといって事業自体に反対をするよりも、堤外地になってもここで農業を続けられる方法はないのか。さらにいえば、これをチャンスにして、よりよい農業に打って出るチャンスにはできないものか。アイデアを出し合った結果、まずは平らなマウンドを作ってその上に住む、というアイデアに行きあたった（図12‐8、9）。

図 12-8　伝統的なマウンド（「テルペン」）上の住居
出所）Lambert 1985: 41.

図 12-9　オーフェルディープセの高水位時を描いたパース
出所）ドウマ 2015: 95.

「このアイデアを思いつくのには四時間もかからなかった」とホーイマイヤーズは言う。[*8] というのも、平らなマウンド上の住居は今でこそ一般的ではないが、これは北ホーランドやデンマークでも用いられた「テルペン」と呼ばれる方法で、オランダ人が洪水から身を護るために最初に用いたといわれる伝統的な居住形式だったからだ。このテルペンを新しい堤防につなげれば、安全に暮らしながら低地の草を資源とした酪農を続けられる。数百年の年月を経て、テルペンという居住方法はその価値を再発見されたのである。

オーフェルディープセが計画の候補に選ばれたのは水理学的な条件もあるが、もともと、農地としての価値がそれほど高くなかったという背景がある。EUによる牛乳生産規則の変更によって、二〇〜三〇年前に比べて、より多くの乳牛が必要とされるようになっていたからだ。当然必要な牧場の面積も増える。そのため、当時すでに効率的でないことが課題となっていた農地を政府が買い上げ、農家が国内外のよりよい条件の土地を探すという考え方は、それだけをとって見れば決して不自然な選択肢ではなかったのである。

したがって栗の木の下で生まれたアイデアには、単にテルペンの上に居座るということだけではなく、立ち退く人々の土地を自分たちが買い、将来に向けてより生産性の高い、大きな農地にするという戦略も含まれていた。その場合、当然自分たちは二五年に一度の高潮に伴う農地の浸水を受け入れなければならないが、浸水する場合でも、幸いなことにこの地点は淡水域である。もちろん、この作戦が成り立つためには、半分の農家が他の土地への移転を選ぶことが必要であった。

インフォメーションイブニングには、北ブラバント州の副知事もいた。ホーイマイヤーズはその場で連絡先を聞き、後日、州庁に出向いた。そして自分たちのアイデアを聞いてもらいたいと申し出た。オーフェルディープセを自分のサイクリングコースにしていたという副知事は、ホーイマイヤーズ邸でコーヒーでも飲みながら話し会おう、と応え、実際に自転車で赴き、氏の自宅でアイデアに耳を傾けたという。そして、ぜひそのアイデアを案として書いて欲しいと返答した。「素晴らしくオープンな対応だった。だがそこには、書けるものなら書いてみろ、という挑戦的な意味合いもあったのではないか」と、ブラウアーは述べている。[*9] しかし、ホーイマイヤーズと仲間たちはそれを書き上げ、州はそのアイデアの価値を認めた（図12-10）。

そして、以下のような方針が立てられた。既存農地の土地の買い上げは国の費用を州が運用して実施し、それが

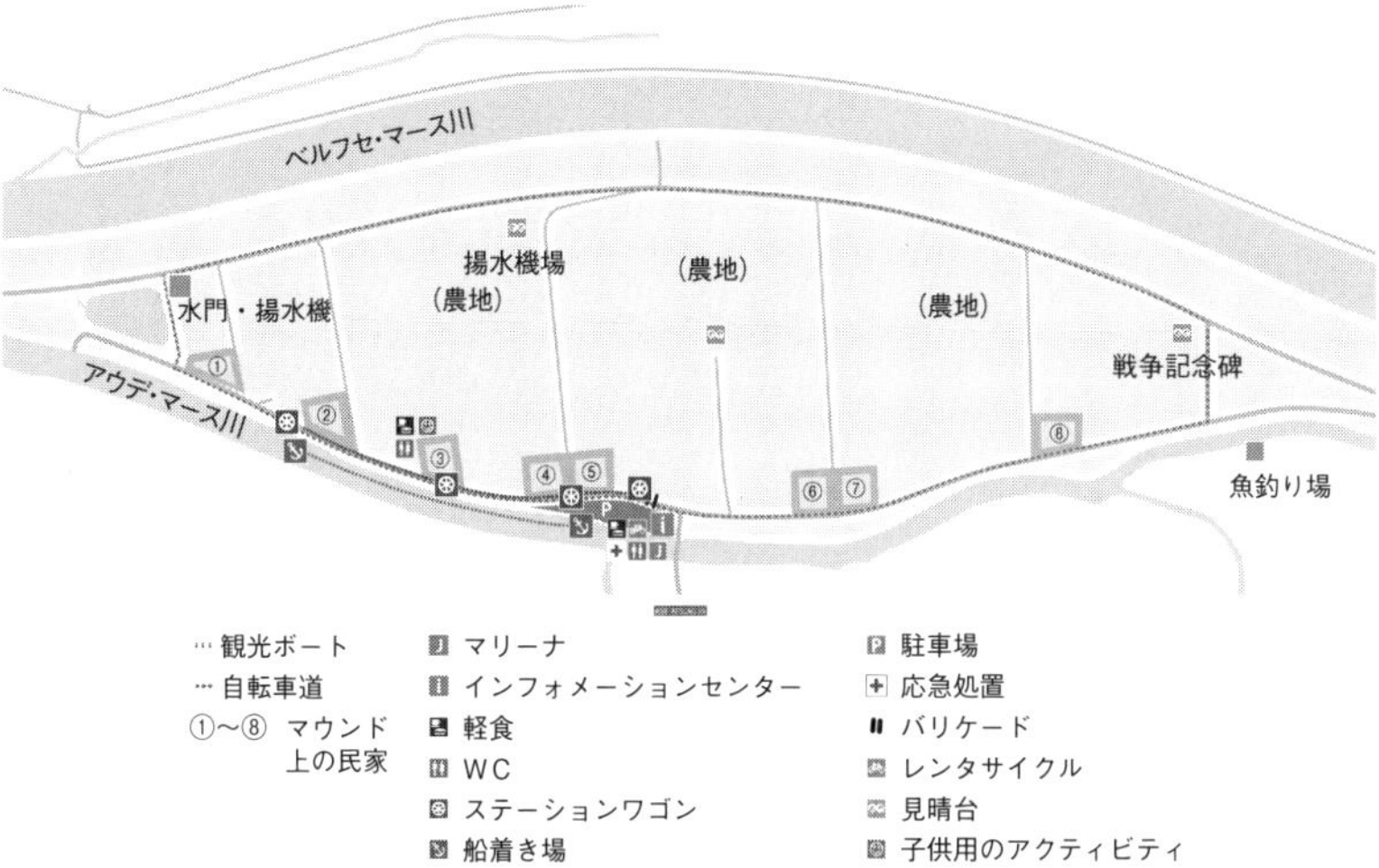

図 12-10　オーフェルディープセの平面図（オープン記念イベント時の配置図）

出所）水管理委員会発行のイベント公報フライヤー（Waterschap Brabantse Delta 2015, Open dag: Overdiepse Polder）の図を加工。

半数の農家にとっては移住の原資となり、半数の農家にとっては農地の再整備の原資となる。当然、農地拡大の費用に政府の援助は出ない。その地に残る農家たちは、農業銀行から資金を借り入れて、自らの投資によってこの農地拡大事業に臨むことになる。土地を購入するかどうかは農家によって異なる。自ら農地を所有したい者もいれば、一部だけを所有し、それ以上の農地は投資会社が購入した農地を農家が借りるという形をとりたい者もいた。ＥＵの基準に見合う生産性を確保するためには、農地を四〇～五〇％拡大する必要があった。

「フロント・ランナー」

とはいえ、河川を扱う計画である以上、ホーイマイヤーズのスケッチがそのまま建設可能なわけではないから、方針を決定するには詳細な検討が必要だ。さらに、上記のような計画を実際に進めるためには、投資会社との交渉を済ませることが前提となる。それがならないうちは、住民も自治体も、計画を了解するわけにはいかない。

一方、ＲＷＳの立場からすれば、二〇〇〇年から二〇〇六年の間はまだ、ＰＫＢ策定のため、方策の絞り込み作業に追われていた。つまり、個別のアクションプランの詳細よりも、対象地をどこにするかの方が正式には先行する課題だ。国としてPKBは未承認だから、個別の計画を進めるには本来、まだ早い。RvdRプログラムのような大きな計画には、多くの手続きがいる。そのためには多くの時間がかかる。国民の理解や環境的な問題の解決を含めて、多くの側面を処理して政策の決定を確かなものにしなければならないから、一部分を軽率に進めるわけにはいかない。

このような状況のなか、当時の交通水運副大臣メラニー・シュルツ・ファン・ハーヘン（Melanie Schultz van Haegen）（二〇一五年現在のインフラ環境大臣）は、またも大胆な判断を行った。省としてこの計画を「フロント・ランナー」という特別なプロジェクトに設定し、国会でPKBが承認される前に、この計画を詳細に進めることをRWSに指示したのである。当時のRWS西部地域支局長をしていたブラウアーは、この判断を評価して、次のように述べている。

「農家の立場からいうならば、決定していない政策に基づく事業について投資会社からの投資や融資を受けることは難しい。数年間は不確実な状況が続く、と農家に伝えるとなれば、投資会社の動きはいったん止まってしまう。上昇機運を絶やせない長期的な事業の開始にあたって、止まるということは下降の始まりを意味する。
こうした状況のなかで中央政府にとって必要なのは、進める勇気を見せることだった。農家や企業の経済的な面からだけではなく、人間の心理的な面から見ても、ここで大臣自らがリスクを負って進める決意を見せることは、一人一人の農家に対して、大きな安心を与える意味を持っていた。*10」

こうして、オーフェルディープセの農家たちは、計画に関する国の後ろ盾を得て、資金調達を含めた正式な検討を開始することができたのである。

ＲＷＳによる橋渡し

さて、この事業の場合にも、ＲＷＳは国と地域の二つのトラジェクトリーを情報共有によってつなぐ役割を果たした。この場合には、地域アドバイス案を策定する西部地域ＳＧの幹事を、中央のＲＷＳ職員であるブラウアーが務めたことが功を奏した。この情報共有によって、国のＰＫＢで見出した方策と、地域アドバイス案で導き出した方策とは、大きなズレのないものとして進んでいく。ブラウアーによれば「情報の共有化が、力によるコントロールではなく、二つのトラジェクトリーの方向性を揃えるという効果を持った」[*11]。

住民と話し合いながら市民の支持を獲得するのは地域ＳＧの役割だったから、ブロックボックスなどのツールを用いた地域での検討の場には、ＲＷＳは技術者を派遣するだけであった。このときのＲＷＳの役目は、意思決定をリードすることではなく、その合意形成のファシリテートであった。過去のＲＷＳと比較すると、大きな変化であった。

また、これと同じ時期にオーフェルディープセでは農家が集まって資金を出し合い、この問題に関してコミュニティを代表する正式な団体を登録した。その代表者となったホーイマイヤーズは、地域フォーカスグループだけでなく、州知事が参加する地域ステアリンググループにも参加し、さらにもう一人の農家とともに、実質的にステアリンググループの会議のお膳立てをする事務局会議にまで、毎回参加したという。後者二つへの一般市民の参加は、いうまでもなく、きわめて例外的な出来事であった。

そして二〇〇六年一月、ついにＰＫＢが承認され、八千万ユーロの予算がオーフェルディープセに配分されることが省で決定される。このとき、ようやくホーイマイヤーズは、半信半疑であった他の地域住民達にこの計画が本当に動くものであるということを、証明できたのである。

オーフェルディープセの「空間の質」

ＰＫＢ以降の設計プロセスにおいても、「空間の質」の概念は重要な役割を果たした。このケースの場合、新しい農業に適応できる、河川の氾濫と共存する農地のあり方の実現自体が、一つの「空間の質」であるといえる。ＰＫＢ以降の設計プロセスでは、そうした土地の固有性に根ざしたアイデンティティ、それが作り出す全体の景観の統一性といったデザイン上の課題が重要視された。

八軒の家はどれも異なる形をしているが、基本的には統一感のある配置原則やデザインコードに従っている。たとえば家の位置や納屋、牛舎の位置などは、いずれも概ね同じになっており、これが、全体に高い景観の質を作り出している（図12-11）。こうした部分に対しては、後に見る「Ｑチーム」という、国から派遣される専門家集団の果たした役割が大きかった。

ステークホルダーからシェアホルダーへ

ほかにも多くのＲｖｄＲプロジェクトに携わったブラウアーは、このケースの特殊性について次のように指摘する。

「このプロセスが成功した背景には、いくつかの条件があった。一つは、住人の数が少なかったということだ。近隣住民が五〇〇世帯もあれば、こうはいかない。

また、すべての住人が同じシチュエーションにあったということも功を奏した。オーフェルディープセは、デルタ計画以前には高潮の影響があった地域だから、農家などなかった。堤内の農家が、堤外の草原に牛を放牧しているだけで、牛の世話をしに堤防を降り、終われば堤内の農家に戻っていた。だからＲｖｄＲプログラムによって移転した農家はすべて、デルタ計画後に、高潮の影響がなくなったこの土地に、同じ時期に移住してきた人たちだった。だから、全員に同じことをすれば、それで皆が満足できた。多様な背景を持つ住民がいる地域では、そうはいかない。」

「最後の一つが、人物だ。ノル・ホーイマイヤーズのような優れた発想をもって、農家の世界と行政の世界をつなぐことのできる能力を持った人々の存在だった。このように損害を被る可能性のある事業のプロセスでは、住民に忍耐が大事だと伝える必要がある。通常それは私の役目だが、この計画ではノルがそれを私に代わってやってくれたので、私は幸運だった。

図 12-11　オーフェルディープセ
出所）筆者撮影。

これは『強さ』のいる仕事だ。私が地元への報告を行った後は、ユトレヒトに帰ればいい。しかし彼はここに住んでいながら、それをやった。そういうことができる人物は、どこにでもいるわけではないと思う。この計画では、何人かのそうした人々が多くのエネルギーと時間を費やして、無償でこうした役割を担った。これが、この計画をとても特別なものにしているんだ。

これだけの幸運が重なった事業のプロセスは、他にあてはめようとしても無理だろう。このプロセスから何かを学んだりインスピレーションを得ることはできるかもしれないが、同じことは繰り返せない。これはＲｖｄＲプログラムのどのプロジェクトでも同じだ。すべてのプロジェクトがユニークだからね。とはいえ、この計画ほどのボトムアップなプロセスは、まずないだろう。[*12]」

二〇一五年九月一二日、竣工にあたっては、地域に開かれたオープン記念イベントが実施された。そこでは、新しくなったオーフェルディープセの仕組みや景観などを来訪者に紹介するために、住民も家を公開した（図12‐10）。ブラウアーが指摘したように、オーフェルディープセには確かに特殊な条件があったようだ。

RWSでRvdRのコミュニケーション戦略ディレクターを務めたヨリエン・ドウマ（Jorien Douma）は、従来ならRWSの交渉相手であった地域の住民が、このように自ら率先して計画に参加し、その良さを自ら社会に発信する役割を担うようになった変化を「ステークホルダーからシェアホルダーへ」の変化と呼ぶ。そして、中央政府がこれまでのトップダウンとは異なり、地域住民との対等なコラボレーションを組織的な目標として追求したことを、一つの背景として指摘している（ドウマ 二〇一五）。

二〇〇一年二月に四人の農家が集まって話し合ったという栗の木は、土地を川に編入するために伐採された。そして今は、芸術家の手によってベンチに加工され、サイクリングパスのそばに据えられている。

ノールトワールト

自然開発型のRvdR

先の二つの事例では、歴史や文化、景観、人々の生活、そして地域と国土の両方のスケールにおける安全という多様な価値が織り交ぜられたRvdRプログラムの特徴を見た。そして、そこでは「空間の質」という概念が重要な役割を果たしていることも確認できた。一方、LNC価値、つまり景観、自然、文化のうち、「自然」については、先の二事例では十分に触れられなかった。そこで、プロセスの確認はここでいったん切り上げ、自然環境を重視した計画の事例として、ノールトワールト（Noordwaard）（図1‐1、B‐2）のRvdRプロジェクトを紹介したい。

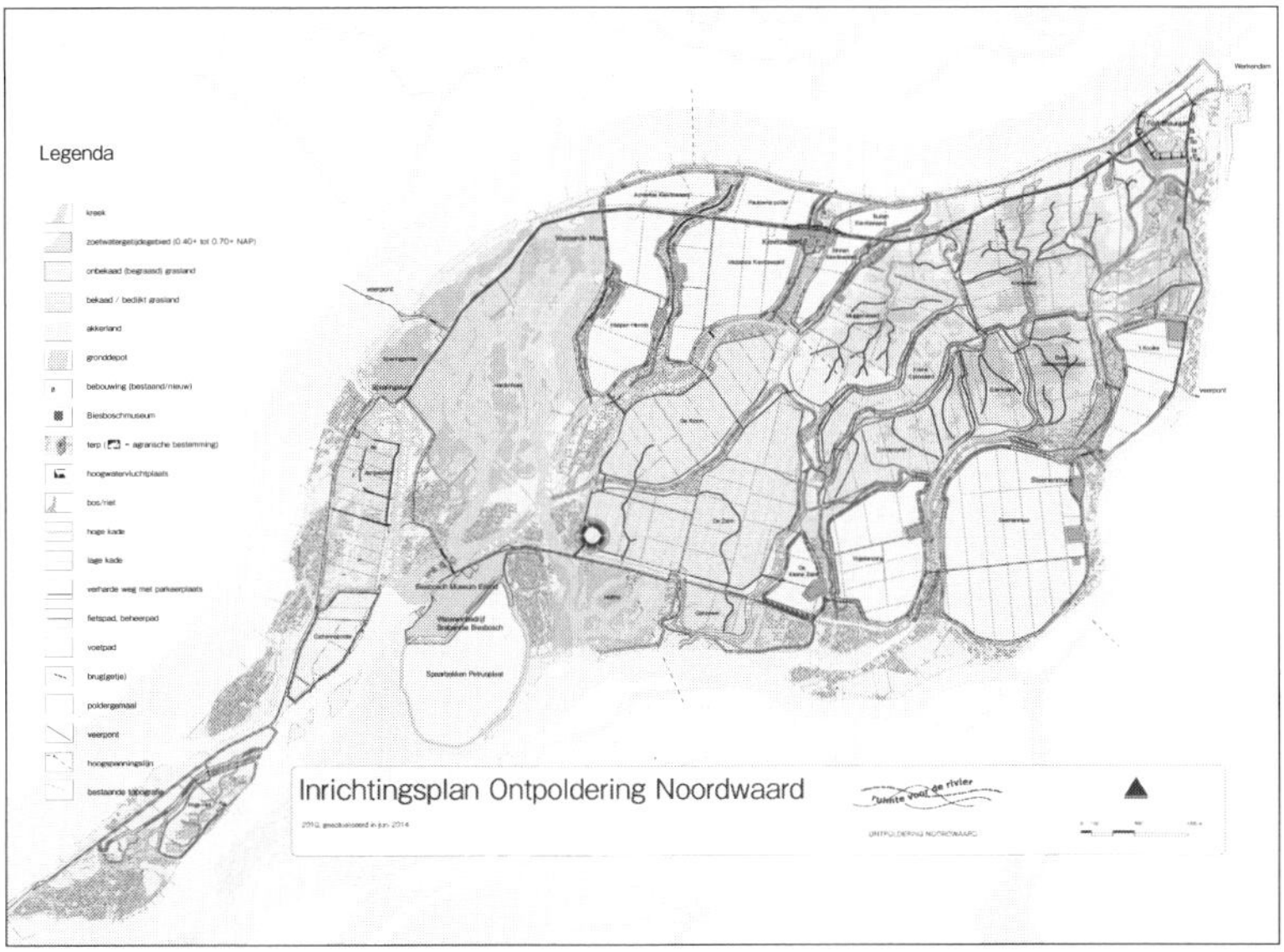

図12-12　ノールトワールトの平面図
出所）Rijkswaterstaat 提供。

ノールトワールトは、ロッテルダムから南東に二〇kmの街ドルトレヒトにほど近い、ビースボッシュと呼ばれる国立公園に隣接する四四五〇haの土地である。

ビースボッシュには、北東からワール川の下流であるメルウェーデ川、南東からマース川が流れ込み、その西では一部が北西に分かれロッテルダムに向かうノールト川となるが、多くは南西のホランス・ディープ川からハーリングフリート川へと続いていく。さながら、川のスクランブル交差点のようだ（図1-1、B-2）。ノールトワールトは、このビースボッシュの北東端部にあり、ちょうどメルウェーデ川が流れ込む入り口部分に大きく広がる干拓地であり、大きな輪中となっていた。

この広大な干拓地の大部分を河川敷に戻すというのが、ノールトワールトに適用されたRvdRの方策である。具体的には、この大きな輪中を北西と南東に分けて細分化し、北東部と南西部の既存の堤防を一部解体することで、両端をつなぐ幅広の帯状の低地を、ニューウェ・メルウェーデ川とホランス・ディープ川とをつなぐ高水敷にするというものである（図12-12、14）。

高潮と干拓の歴史

すでに触れたが、ビースボッシュから西の南西デルタ地域は、海からの高潮の影響を強く受ける治水上の難所であり、戦前における河川の標準化の過程ではほぼ手つかずのまま残されていた。土質的にも、ビースボッシュより下流には海から運ばれてきた泥砂の堆積が見られ、海の影響が強いことを物語っている。

高潮の際には、幅広い網の目のような河口域を勢いよく遡ってきた水がビースボッシュのところで狭いメルウェーデ川とマース川に分かれる狭窄地のようになっているから、計画地は歴史的にも厳しい水との戦いを続けてきた場所であった。なかでも最も有名なのは、一四二一年の聖エリザベスの高潮である。これによって輪中化されていたビースボッシュの農地はいくつかの楕円形の池となり、現在もその姿が痛々しく見て取れる。その後、河川に運ばれてきた砂の堆積により既存の土塁の上流に改めて成長した州の上に農業が再開され、一九三〇年代以降は、度重なる水害への対策として土塁は連坦した大きな堤防へと徐々に整備されていった。そして一九七〇年、デルタ計画の一環としてハーリングフリート河口堰が建設されることによって、この地域に高潮の危険はなくなる。こうして一九八〇年に、この巨大なノールトワールト干拓地が建設されたのだった（Van Staverena et al. 2014）（図12-13[*13]）。

最後の頼み

したがってRWSは、デルタ計画を実施したあと、その舌の根も乾かないうちに、それと正反対の方向性を持つRvdRプログラムについて同じ住民が住む地域で説明しなければならなかった。加えて、ここでは農業を営む農家もあれば、ドルトレヒトに通勤する人や、馬を放牧する人もおり、多様なステークホルダーとの協議には困難もあったという。ブラウアーがオーフェルディープセの場合は単純であったというのは、大いに頷ける。

PKB策定段階から、住民とのワークショップを含めこの計画と設計に関わったランドスケープアーキテクト、ロバート・デ・コーニング（Robbert de Koning）によれば、このときの住民らへの説明は「もう一度動いてくれとは頼まないから、今回だけは動いてくれ」というものだったという。*14 この言葉を文字通りにとるのは適切でないかもしれない。しかし、ＲｖｄＲプログラムが不確実な気候変動に応えるための長期的戦略の一環として計画されたことが、住民の理解を得ることに一定の役割を果たしたことは想像できる。ここでも約半数の住人が土地を離れ、半数が残ったという。

1850年

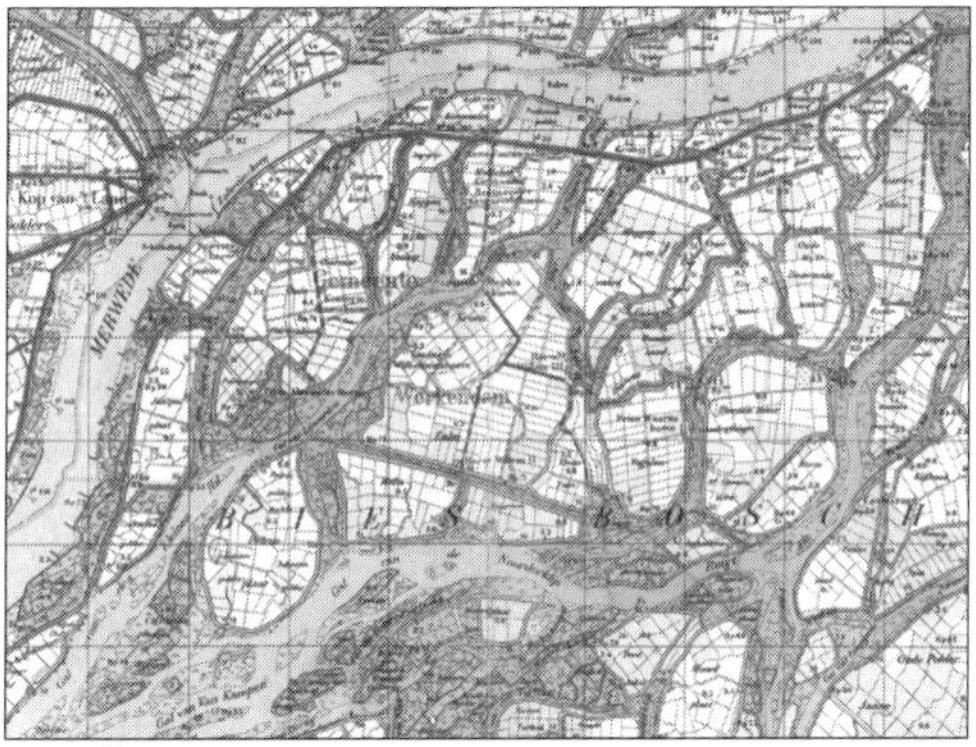

1940年

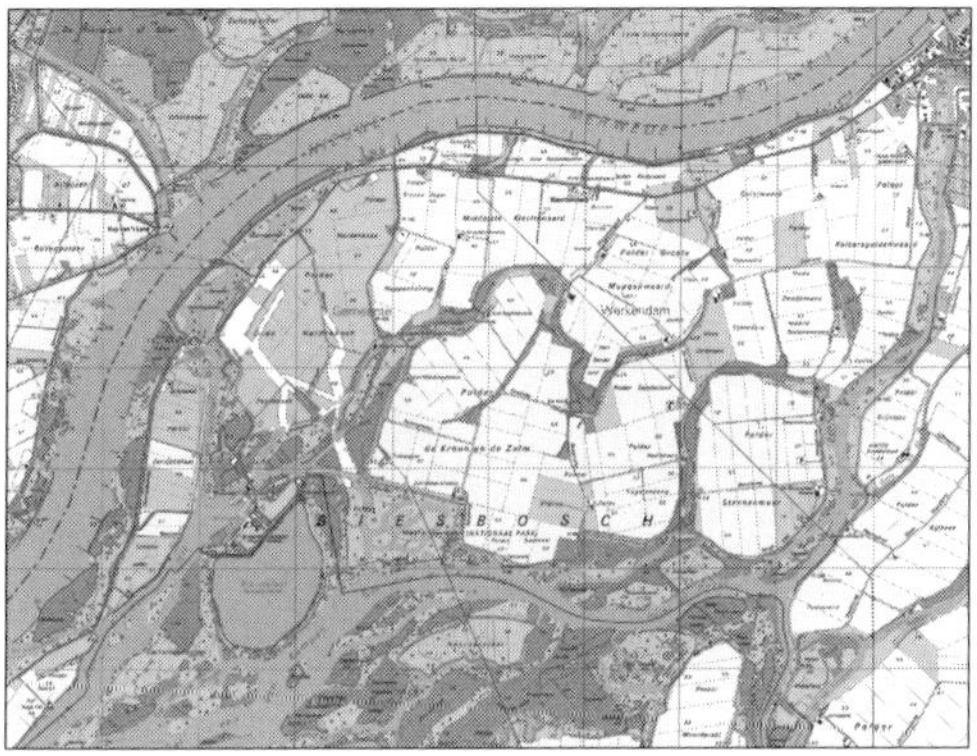

2009年

図 12-13　ノールトワールトの地形の変化
出所）＊13 参照。

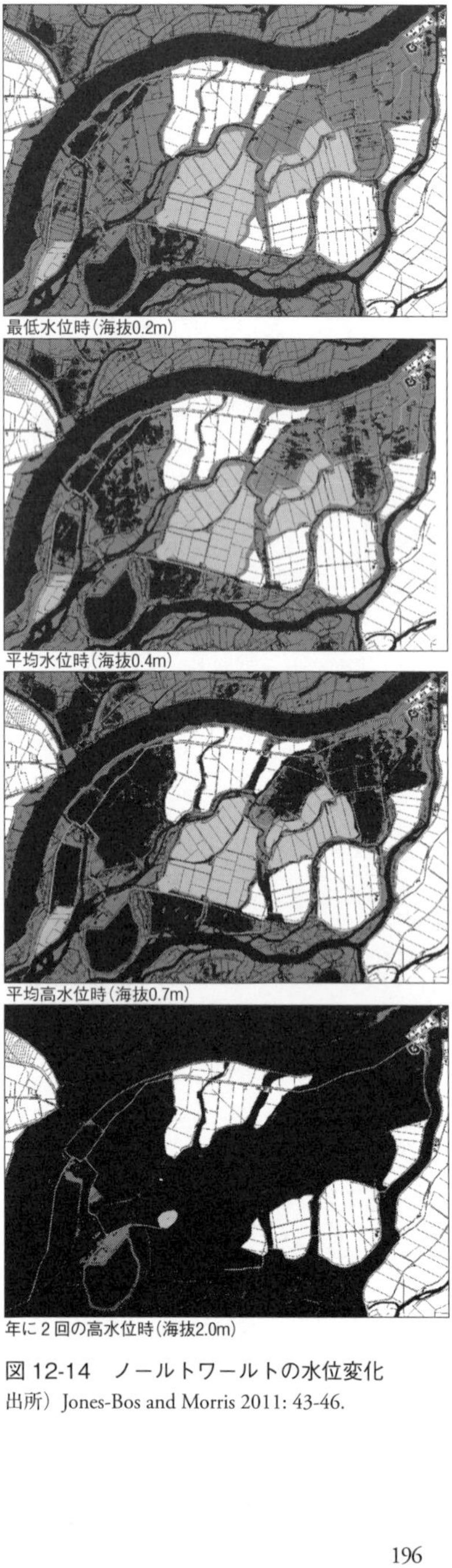

図 12-14　ノールトワールトの水位変化
出所）Jones-Bos and Morris 2011: 43-46.

堤防の高さによる機能分割

さて、このプロジェクトに関しては、計画のプロセスよりもその特殊な計画の内容に主眼をおいて紹介をしたい。なお以下の記述は、ＲＷＳによる公式な図面情報のほか、デ・コーニングへの現地におけるインタビュー（二〇一五年九月二二日）によって、筆者が聞き知った内容に多くを負っている。

計画の目標値は、八km上流のホルクム（Gorinchem）（図１‐１、Ｂ‐２）の狭窄地における水位を三〇cm低下させることだった。この地域は潮位の影響を受けるから、上流の水がうまく流れるために、下流に遊水池が必要になる。この地域に関する課題は明確であり、全国／地域空間フレームワークとともに、ノールトワールトの河川への編入を示唆している。また、二〇〇七年時点から、計画図は精緻化されただけでほとんど変わっていない。この場合も実質的な計画はＰＫＢの決定に先立って進められていた。

平面計画では、いくつかの対案を検討した上で水理学的な機能性のほか、このエリアの歴史的な姿との類似性なども加味した結果、中央に遊水池機能を集中させ、北東から南西に向けて、高水位時の流路を確保するという方針が採用された。その結果、ノールトワールトの堤防もしくは堰の高さは、大きくまとめると海抜七〇cmから三三〇cmまでの五段階に設定された（図12‐14、15）。

堤防高	浸水確率	用途
0cm	通年	自然保護地兼牧場
70cm	1年間に60日	自然保護地兼牧場
135cm	1年間に30日	牧場
240cm	100年に1回	牧場
290cm	1000年に1回	穀物農場
330cm	2000年に1回	穀物農場

図12-15　ノールトワールトの堤防高さと機能
出所）Zwemer 2012 より作成。

【堤防高〇cm】最も低い部分は湿性の草地に常時小川状の水が川から引き込まれている自然保護地であり、これが全体のおよそ三分の一の面積を占めている。この部分に面する堤防にはニューウェ・メルウェーデ川沿いに新しい切り下げが三つ設けられている。

そのうち一つは常に川から水を取り入れられる高さに取りつけられているが、通常は閉鎖されている。敷地内の水位が低下したり、水が停滞したりして、水質や生態系上の問題が生じないように、適宜水を導入するように制御されている。

ところで、このエリアは自然保護地といっても、普段は牛が放牧される。そして、その牛の世話をしているのはこの開放輪中の堤防部に設けられた高台に住む農家たちである。彼らはこのように質の低い牧場を自らの利益のために借りるのではない。頼まれてその管理を行うのである。

この土地は遊水池であるから、樹林化されてしまえば機能が低下する。そのため、彼らは国から委託を受けた敷地全体の指定管理会社から再委託を受け、遊水池としての機能を保全するために放牧を行う。つまり、国の安全を守るために農業を営む、という興味深い図式がここには成立している。

【堤防高七〇㎝】 牧場型の自然保護地には堤防に接していくつかの高台が設けられている。これらは牛の避難所である。年間に六〇日の確率で川の水位が海抜七〇㎝を超え、他の二つの切り下げから水が流入するからだ。

浸水の有無は地表面の高さではなく堰の高さで決まる。土地自体の高さはどの部分も同じであるから、どの水位で浸水させても、最高水位のときに働く遊水池の容量にはほとんど関係がない。つまりこの浸水は、防災のためではなく、自然環境の保全のために導入されている。頻繁に乾湿を繰り返す淡水系の環境を作り出すことで、ラムサール条約においても重要な湿性草地の植生の維持を助けているのである。

輪中に浸水した水は抜けにくいのでポンプが必要となるが、このエリアは堤防が低いため浸水も浅く、そもそも牛の効率的な飼育のためにあるわけではないから必ずしも早く水を抜く必要はない。そこで、このエリアでは小規模な風車によってゆっくりとした排水が行われている。

今やオランダでも観光用以外で風車を排水に使うことは滅多にないが、ここでは機械の力によって一定の状況を保つのではなく、自然の力を利用した仕組みによって、コストをかけずに管理する目的と、自然保護地に求められる動的な環境条件の変化を誘発するという目的が兼ねられている。

また、このエリアはビースボッシュの他のエリアと合わせて自然豊かなレクリエーションエリアとしてサイクリストなどに活用されることが期待されており、所々で水路をまたぐ橋には、枝状の意匠を施して、水路の魚を求めて飛来する鳥が留まる宿り木とするなど、人の目を楽しませる工夫が施されている。

【堤防高一三五㎝】 その次に低い堤防で囲まれた部分は年間に三〇日浸水する。ここは牧場として利用され、自然保護地ではない。しかし、この範囲が浸水すれば、北東から南西へと水面が接続し、ニューウェメルウェーデ川からホランスディープ川（図1-1、B-2）への連続した幅広い流路が実現する。この年間三〇日のラインまでが、通常の河川でいう高水敷の機能を持っていることになる。

ただし、ここは牧場としての機能を確保する必要があるなか、堤防も高いため、浸水後の排水は高能力の電気式ポンプによって速やかに行われる。このポンプ小屋はNNAOにも参加していたWEST8という国際的に有名なデザイナー集団が設計したものであるが、壁面の仕上げに二種類のレンガを使い分けているところが特徴的である（図12-16）。

この二種類のレンガのうち、建物の下半分に用いられているのは新品のレンガである。そして上半分に用いられているのは、工事の際に解体撤去された既存の家屋に用いられていたレンガだ。これが土地の記憶を残す役割を果たしているのはもちろんだが、実は、新旧のレンガの境界線が、最大の浸水高さを示している。また、九つある年間三〇日以下の浸水確率の輪中に一つずつ設けられたポンプ小屋のうち、いくつかは外部階段で屋上へ上がれるようにできており、そこから風景を一望することができるのも、レクリエーション目的の来訪者を意識した計画である。

【堤防高二四〇cm以上】 これよりも高い堤防で囲まれている部分は、一〇〇年に一度しか浸水しない穀物農地として利用される。そして、最も高い位置にあるのは、避難経路として最大の浸水時にも水上に浮かぶ堤防の頭頂部であり、それと同じ高さの堤防に囲まれた場所に変電所が置かれている。

ノールトワールトの「空間の質」

以上のように、ノールトワールトの事例は、RvdRのなかでも自然開発と治水の機能的融合が優れて実現されている計画であり、その意味では、方法こそ違えWWFによる「生きる川」の構想を最もよく受け継ぐものといえる。

図 12-16　ポンプ小屋
出所）筆者撮影。

プログラム的には、治水と自然開発という複合的な目的性の上に、さらに農業という生産活動やレクリエーションといった景観資源の利用が重ね合わせられ、また、それが土地の管理にも活かされている。さらに、土地の歴史的文脈に対する参照を通して決定された平面の上に、ポンプ小屋など歴史的な物語を反映したデザインの構造物が配置されている。これらがすべて重ね合わさることで、重層的な目的性と意味性を持った風景が形作られている。景観、自然、文化によって作られるＬＮＣ価値あるいは「空間の質」が、こうした部分によく表れている。

計画全体を一つのランドスケープ作品として見た場合にも、読み取る内容の多い、味わい深い作品となっている。

注
＊1　C・ビークマンス（Cor Beekmans）（ＲＷＳ）への筆者によるインタビュー（二〇一五年九月二一日）より。
＊2　同右。
＊3　同右。
＊4　同右。

＊5　K・スキッペハイン（Karsten Schipperheijn）（ナイメーヘン市）への筆者によるインタビュー（二〇一五年九月二三日）より。
＊6　同右。
＊7　N・ホーイマイヤーズ（Noll Hooijmaijers）への筆者によるインタビュー（二〇一五年九月二二日）より。
＊8　同右。
＊9　H・ブラウアー（Haus Brouwer）（RWS）への筆者によるインタビュー（二〇一五年九月二二日）より。
＊10　同右。
＊11　同右。
＊12　同右。
＊13　一八五〇年と二〇〇九年はEuropese WildernisのHP（http://www.wildernis.eu/chart-room/?nav0=Kust-%20en%20zeekaarten&nav1=Rijn-Maas-Schelde%20estuarium&nav2=Biesbos）、一九四〇年はZuidfront Holland 10-15 mei 1940のHP（http://www.zuidfront-holland1940.nl/index.php?page=photo&pid=4632）。
＊14　R・D・コーニング（Robbert de Koning）への筆者によるインタビュー（二〇一五年九月二二日）より。

第13章 「空間の質」の探求

以上のように、ＲｖｄＲプログラムの計画では企画から実施まで一貫して、複合的な目的性と、それらに関わって発生するコミュニケーションにおいては内容の豊富さと重層性、また、作業においては高い分野横断性にその大きな特徴がある。そしてそれゆえに、多くの人々がさまざまな側面から共感のできる事例が、数多く生まれてきているように見える。

「空間の質」の監修と支援

一方、何度か触れたように、計画に含まれるこのような多様な意味合いの共存を終始可能としたのは、ＲｖｄＲプログラムの第二の目的として設定された「空間の質」という一見曖昧な概念の存在だった。

そこで、ここでは具体的な事例の観察から離れ、その「空間の質」がＲｖｄＲプログラムにおいて最後まで失われることなく保たれた、二つの背景と考えられるものについて見ておきたい。一つは「Ｑチーム」と呼ばれる、中央と地域それぞれにおけるデザイン監修グループの仕組みであり、もう一つはハビフォーラム（Habiforum）という機構による、参加型計画プロセスの支援である。

Qチーム

RvdRプログラムは、二〇〇六年にPKB策定のフェーズを完了し、詳細なアクションプランの設計に移行した。この段階で、計画のイニシアチブは市やプロヴィンスに受け渡されていった。国の枢要な計画を市やプロヴィンスが行うという、特定の都市以外ではこれまでになかったプロジェクトを遂行するにあたり、各地域における「空間の質」を向上するための、国からの監修の仕組みが導入された。それが、交通水運省の下に置かれたQチームと呼ばれる領域横断型の監修グループであった（Klijn et al. 2013）。

Qチームは、各地域のプロジェクトに対して「空間の質」に関する専門的な助言を、行政や政府の立場からは独立して行うことをミッションとした。初代のチームは二〇〇四年からオランダで最初の国家ランドスケープアドバイザーを任命されていたランドスケープアーキテクトのディルク・F・サイモンズをリーダーとして、都市計画家のマウリッツ・デ・ホーフ（Maurits de Hoog）、コウノトリ計画以後、河川に関する政府のアドバイザーを務めていたディック・デ・ブルィン、生態学者のシエフ・ヤンセン（Sjef Jansen）、地理学者のフランス・クライン（Frans Klijn）の計五名で構成された。

「空間の質」という概念は、水位の低減量やコストのように計算で見積もることが容易でない。そのために、Qチームは地域での詳細計画を担うプランナーやデザイナーに対するピア・レビューを実施し、到達した「空間の質」について専門的な見地からの評価報告を大臣に対して行うことになった。

SNIP

形式的なレビューのプロセスは、RWSがRvdRプログラムのために設定したSNIP（Spelregels voor Natte Infrastructuurprojecten：湿性都市基盤整備に関する規則、二〇〇二）と呼ばれる段階的な計画・実施の検証プロセスに沿って行われ、検討の開始段階、複数案の検討段階、計画スタディ段階（SNIP 2Aの途中）、計画決定段階（SNIP3の直前）、の四段階で、現地をQチームが訪れてピア・レビューを行うという方式をとった（Rijkswaterstaat 2002: 6）（図13-1）。

現地のプランニングとデザインのチームは、Qチームのコメントになんらかの反応をすることが義務づけられ、これを踏まえてSRVRが最終的な大臣の許可を求める。Qチームのアドバイスには強制力はないものの、実質的には一定のコントロールが可能となる仕組みであった。

しかし、H+N+Sを通して地域／全国空間フレームワークの策定にも関わっていたサイモンズの立場からすれば、計画の全期間に四回のピア・レビューでは不足と考えたのであろう。Qチームは、西部地域と東部地域それぞれにおけるプランニングのハンドブックや、「ワール川の豊かさについてのインスピレーションマップ」（Innovatie Netwerk & WINN 2007）などのように参考プラン集を作成するなど、冊子体の媒体でも「空間の質」の観点から各地域で見過ごしてはならないと考える内容を伝えた。

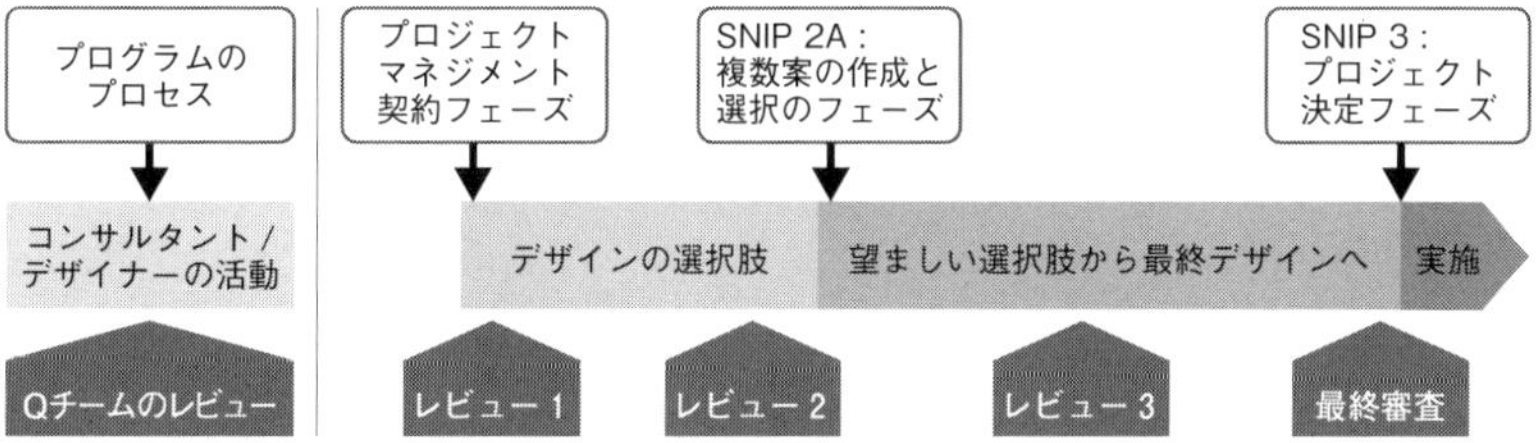

図13-1　SNIPの工程図
出所）Klijn et al. 2013: 291より作成。

「空間の質」について評価を報告するという難しい課題に対して、Qチームは①水理学的な有効性、②生態学的な頑強性、③文化的意味と審美性、の三つを評価軸として設定した。もちろん、サイモンズがいうように、これは便宜的な単純化である。また仮に専門的な視点からそれぞれにある程度一般性のある評価が可能であるとしても、それぞれが独立して高い評価を得ればよいとはいえない。サイモンズらはこれについて、以下のように述べている。

「水理学的な有効性は［中略］、どの方策の場合にもすでに丹念に検討されているので、それ自体に我々が腐心する必要はなかった。しかし、その土地における水理学的な有効性と、形態、あるいは他のすべての諸機能、たとえば住宅、レクリエーション機会、航行、交通、農業、自然環境保全、文化遺産、等々との関係性については、我々がよく考える必要があった」（Klijn et al. 2013: 291）（傍点は原文でイタリック）。

空間というのはそのバランスの取れた一体性に本質があるから、各項目の合計点数では判断ができない。むしろ、たとえばそれらが互いに他を高め合うような仕組みになっているかなど、相互の「関係性」こそが重要である。

デザインレビュー

詳細計画の開始にあたって、実際によくチェックされ助言された内容としては、①チーム構成が分野横断的なものになっているか、②それまでの議論によって、イメージが型にはまりすぎ、他の貴重な選択肢を見落としていないか、③土地の持っている原地形の魅力や性質を引き出しているか、④安易に川底の掘り下げに頼っていないか、川幅の拡張や障害物の除去といった選択肢の可能性は十分に探究されているか、⑤多自然的な景観の価値を損なうような人工物のデザインが施されていないか、⑥自然の作用に無理な期待をしていないか、⑦植生遷移を抑制する実施後の管理計画が十分に立てられているか、⑧市民が議論に参加するための適切なメディア（模型など）が用意されているか、といった項目であった（Rijkswaterstaat 2002）。

①の助言は、予算と期限をスムーズにするためにＲＷＳがゼネコンに設計施工の一括発注をする場合にあってもアドバイザーとしてランドスケープアーキテクトを導入することを促す効果などがあった。[*1] ナイメーヘン市の場合は、地域におけるＱチームが別途用意されて、設計にあたって分野横断的な助言をする役割を与えられた。②の助言に関連しては、それまでに考慮されていなかったステークホルダーの視点を取り入れ、計画に関する地域のシナジーを深める狙いもあったという。

③④は、本書でも見た土地のアイデンティティを強化するという伝統的なランドスケープアーキテクチュアの指針に従うものともいえるが、地理学者のクラインによればＲｖｄＲではコウノトリ計画の影響をあまりに強く受けるデザインが見受けられ、本来不必要な場合にすら流行りの「サイドチャネル」を掘ろうとする場面があった（Q-Team 2008）というから、そうした傾向の修正という意図もあったと考えられる。

⑤〜⑦は従来の工学的な方法と異なる多自然的な方法による河川の整備にあたって、慣れていないデザイナーや技術者に対する各分野からの経験的知見のインプットと見なせる。

⑧は、これまで行政と受注者の間で図面のみでやりとりがされることの多かった河川の設計にあたって、一般市民にも理解できる情報提供の仕方を求めるものだが、実際にはデザインをするのであれば、どのような場合でもこうしたメディアを用いたスタディは必須であり、建築やランドスケープアーキテクチュアの領域では市民参加がなくとも通常行われているものである。そうした作業方法を伴う「デザイン」的なアプローチを、土木の領域にまで拡張したのがＲｖｄＲの特徴でもあった。

評価項目

Qチームがピア・レビューにあたって二〇〇八年に示した評価項目がある（図13‐2）。細分化されながら、やや曖昧な言葉遣いでなされた項目立てであるが、数値で測ることのできない「空間の質」と、その総合性や一体性といった側面の評価を行うにあたり、各項目の定義自体を現地のプランナーやデザイナーとの対話を通して探り当てようとするアプローチに見える。なおこの際、Qチームでは、「空間の質」は実際にできあがったあとに現地を訪れなければ評価が不可能であること、植生などについては継続的なモニタリングを経なければ評価が不可能なことから、事後の訪問を前提として、この段階での評価を「デザインの質」として「空間の質」とは呼び分けている（Klijn et al. 2013）。

「質」を動詞として捉えること

このように、対話を通して問題をともに発見し、定義し、それに対する解法を見つけ出そうとする方法は、属人的な側面を排除できず、そのため行政的な場面では敬遠されがちである。しかし一方で、こうした方法は世界中のデザイン教育の現場でずっと採用されてきたもので、「質」を問う方法論としては、ある意味で長い伝統と実績を持つものである。サイモンズは、この方法について以下のように述べている。

「我々はプログラム・ディレクターとともにテクノクラティックな計画レビューの方法をやめ、顔の見える方法を選ぶこ

Qチームによるピア・レビューにおけるデザインの質の評価項目	
計画プロセスにおける目標と体制	・計画者（開始者と共同者）による目標の明確化 ・行政的な取り決めにおける質の保証 ・デザインチームの任命 ・適切な資格のあるアドバイザーの委託 ・質を保つための持続的な工夫 ・イノベーションのための支援を得ること ・デザインへの注力に関するプロセス、展開、保証に関する計画
分析	・その地の起源的なランドスケープの再構築、自然開発、土地利用開発 ・将来の開発に関する予測 ・文化遺産や自然遺産に関する情報収集 ・実際的に認識される課題と可能性の特定 ・より広域な空間的文脈に対する考慮 ・制約や可能性を伴う法規的状況に関する適切な情報収集 ・重要なビジョンと良いデザインの先例に関する知識
コンセプト・メイキング	・探究的な作図 ・指針となる方針の考案 ・イノベーションのためのアタックポイントの明確化 ・選択肢の境界設定 ・全てのクライテリアを満たす複数の選択肢 ・選択肢の選抜と望ましい選択肢の組合せによるデザイン
統合	・大小のイシューの明確化 ・機能の分化またはそれらの組合せ ・不足する知識の明確化と追加的な調査 ・選択肢の幅の拡大と境界設定 ・明確で曖昧でない表現と視覚化 ・決定的な影響を持つ細部とその結果の特定
計算と作図（の反復）	・求める設定を定義し、スケッチし、予測すること ・計画を予算内に収める調整 ・質と目標のレベルを保つイノベーティブな実施方法の探究 ・デザインの最適化
造形と具体化	・グランドデザインの造形 ・固定すべき構成要素とフレキシブルに保つべき構成要素の明確な仕分け ・建築的仕様の記述と表現 ・方策に関わる維持管理の計画（植栽など） ・入札可能性の情報収集 ・望ましい入札に関する議論を経た決定

図 13-2　Qチームによるピア・レビューのポイント
出所）Klijn et al. 2013 をもとに筆者作成。

とにした。『質は人の仕事にある』をモットーに、Qチームが設立された。［中略］本当に重要なことは、そこに質についての対話が存在するかどうかだ。『質』は動詞として理解されなくてはならない。対話を始め、そのなかで空間の質に関するすべての要素を正しく扱うために必要と考えられたのが、分野横断的なチームであった」（サイモンズ 二〇一五）。

質は人の仕事に帰属するというこの主張は、デザインあるいは創造性を伴うものづくりやプランニングを仕事とするものにとって、大変よく分かる言葉だ。そして、官僚主義的でない市民参加型のまちづくりにおいても通じるところが多い言葉であろう。しかし、これは諸刃の剣でもある。国土空間における「空間の質」に関する評価において、属人的な見識とその場での対話によるダイナミックな「質」の探究は、いかにして客観的な正当性を獲得するのか。

この課題については、性急な結論を避け、本書の射程を超えて丁寧な議論を継続していくべきものだ。ただ、ここで紹介したサイモンズの論理に挙げられている内容から敢えてその意図を察するとすれば、Qチームの場合にその正当性をつなぎとめていたのが、チーム自体に備わった「分野横断性」ということになるだろう。Qチームは、異なる立場から意見を交わしあい、互いの見解を相対化しながら、なおかつその議論の結果をチームの見解として公で自律的な立場から表明する。このようなQチームの行動自体が、「空間の質」の多面的価値を互いに関連付け、一体性のある解決策に結びつけるプロセスの例証となるからである。

ハビフォーラム

次に見るのは、ハビフォーラム（Habiforum）という交通水運省と住宅空間計画環境省、および農業自然水産省が共同で設置した専門家ネットワークの活動である。ハビフォーラムは、一九九九年から二〇〇九年まで、道路上の建築物など複合的な土地利用を伴う複雑な空間的課題に関わって、イノベーティブで持続可能な解決を支援する活動を行った。[*2] なかでも、二〇〇〇年から二〇〇八年にかけて実施された活動「空間の質ワーキングコミュニティ（Werkgemeenschap Ruimtelijke Kwaliteit）」では、ＲｖｄＲの各地域での方策検討に関わった。[*3]

「空間の質ワーキングコミュニティ」の活動は、アメリカの教育理論家エティエンヌ・ウェグナー（Étienne Charles Wenger, 1952-）による「コミュニティ・オブ・プラクティス」という、ネットワークにおける学習プロセス理論に触発されて開始された（Colebatch et al. ed. 2011: 77）。ウェグナーが構想するこのコミュニティは、同じ関心や情熱を持ち、それをどのようにしてより良く行うかを知りたいと考える人々の集まりであり、そこでは対等に学び合う関係のなかで、実践的な経験に基づいて自らのビジョンを創造することができると考えられた。

ハビフォーラム・マトリクス

ハビフォーラムでは、この考え方を援用して「空間の質に結実する創造的プロセスの組織化」を目的とした、「空間の質ワーキングベンチ（作業台）」と呼ばれる作業方法を考案した（図13 - 3）（Habiforum 2005）。そのなかでも「ハビフォーラム・マトリクス」と呼ばれる表は、「空間の質」を、空間の各側面に対して認められる「関心」と「価値」に分けて記述する興味深いものである（図13 - 4）。

関心と価値は、それぞれ経済、社会、生態系、文化の四側面と、機能、経験、将来の三側面に分けることで、プロセスの参加者それぞれ

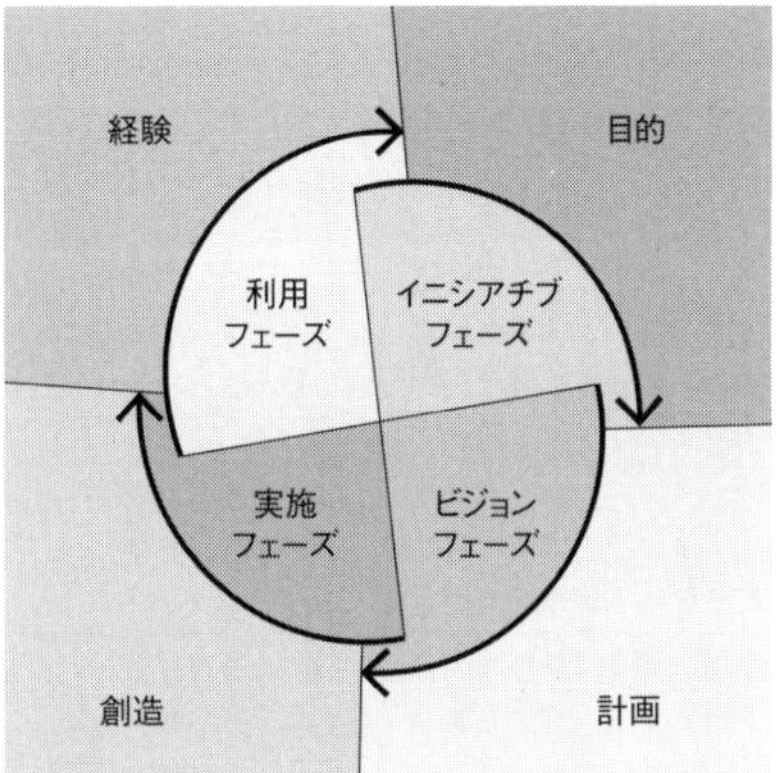

図 13-3　ワークベンチのサイクル
出所）Wintjes et al. 2008: 9 より作成。

が空間に求める性質を立体的に把握できるようにした。この表を用いながらサイクリックなスタディを繰り返すことで、より高い「空間の質」に近づこうとするのが基本的な考え方である。

具体的なワークショップの方法論まで踏み込むことは、残念ながら本書ではできない。しかし、すでに紹介したノールトワールトやナイメーヘン・レントのＲｖｄＲプロジェクトでは、ハビフォーラムがコミュニティにおける検討プロセスを支援したことが報告されている（Elsinga et al. 2004）。

ハビフォーラムの中心人物であり、現在独立したコンサルタント事務所を構えるピーター・ダウフェリエ（Peter Dauvellier）は、一九八〇年代を中心に住宅空間計画環境省に在籍し、第四次国土空間計画文書およびその追補版であるＶＩＮＥＸなどの策定に関わった。ダウフェリエは、第三次国土空間計画文書における基本方針文書（一九七三）において提示された多様性、一体性、持続可能性という空間上の課題を、運用しやすい一つの概念にすることを目指し、一九八二年に「空間の質」という用語を用いたディスカッションノートを著している（Rijksplanologische Dienst 1982）（ダウフェリエによれば、国土空間計画の議論において「空間の質」という用語が使用されたのは、これが最初であった）[*3]。

空間の質		関心			
		経済	社会	生態系	文化
価値	機能	アクセス 活性効果 複合的用途	アクセシビリティ 公平な分配 社会貢献 選択性	外的安全性 清浄な環境 生態系の構造における水のバランス	選択の自由 文化的多様性
	経験	イメージ／ 外見の魅力	等価性 接続性 社会的安全性	静かな場所 自然の美しさ 環境的健全性	個別性 文化の美 コントラスト
	将来	安定性と柔軟性 凝集性 束ねられた吸引力	全員の参加 社会的支援	生態学的保護 健全なエコシステム	遺産 統合性 文化的先進性

図 13-4　ハビフォーラム・マトリクス
出所）Hooimeijer et al.（2001: 100）より作成。

「空間の質」の歴史

一九八二年といえば、高い失業率に悩むラントスタットの諸都市における自主的な住宅開発を解禁するため、地方自治体に開発用の予算を割り当てることで実質的な地方分権化が始まる、まさにその頃である。ＲＰＤのブループリント式マスタープランが有効性を失ったこの状況にあって、各都市におけるさまざまな経済的要求や、ますます高まっていた自然環境への配慮に対する要求といった多様な側面を充足するための諸活動は勢いづくばかりであり、これらを踏まえた全体像をいかに国民と共有することができるのかが、国家計画局にとっての重要な課題となっていた(Faludi and Van der Valk 1994: 220)。

したがってＲｖｄＲとの関係だけではなく、その背景となるオランダの空間計画の変遷においても、ハビフォーラムの活動は重要な意味を持った。戦中に設置されたＲＰＤの計画方法がその権限を行使してグリーンハートとラントスタットという明快な都市構造を維持しながら、徐々にそのスタイルの調整を続け、一九七〇年代には各セクターからの文書を取りまとめるというハブ的な役割を自らに課した。そして、一九八〇年代には集中的分散政策を撤回し、代わりに中央主導ではない、各地域における主体的な民間資本を動員した市街地開発を許容した。そうした流れのなかで、ボトムアップ型としての参加型空間計画の手法として開発されたものの一つがハビフォーラム・マトリクスであった。

このような事情を踏まえると、オランダにおける「空間の質」という言葉は、それ自体、最初から抽象的な計画用語として導入されたのではなかったことが分かる。それは贅沢などではなく、むしろ多様な価値観とその発露を活力の源としながら、自発的な協働のなかに国土全体として共有できるコンセプトを探り当てるための、苦悩のなかで絞り出された言葉であったといえよう。

なお、一九七三年の第三次国土空間計画文書においては、「空間の質」という用語は未だ現れないものの、「多様性（diversiteit/ diversity）」「一体性（samenhang/ cohesion）」「持続性（duurzaamheid/ sustainability）」という三つの価値が整理されており、大きくは、それぞれが自然のシステム、人間生活上の機能性、将来的な方向性の選択に対応して論じられている。そしてその後のＲＰＤでの議論において、これらは、市民の生活や経験とのより高い親近性を持つ用語になるよう、「経験的価値（belevingswaard/ experience value）」「機能的価値（gebruikswaard/ utility value）」「将来的価値（toekmostwaard/ future value）」の三つに整理しなおされ、一九八八年の第四次国土空間計画文書では、これらが採用された（Dauvellier 1991）。

「一体性」という課題

ハビフォーラムによるワークショップの記録（Elsinga et al. 2004）で述べられている内容や、ハビフォーラムのテキストにおける記述（Wintjes et al. 2008: 52）からは、ハビフォーラムがＱチームとの間に、「空間の質」の追求の方法をめぐってある種の緊張関係を認識している様子が読み取れる。その記録を見るかぎり、ダウフェリエにとって、Ｑチームの活動はトップダウンのクオリティ・コントロールと映った可能性があるし、Ｑチームが携げた三つの項目も、ハビフォーラムの二分割に比べれば大雑把であり、偏った「質」の押しつけと見えたかもしれない。

一方で、サイモンズの視点からすれば、「空間の質」の獲得において重要なのは各項目の充足自体ではなく、それらの充足される項目相互の「関係性」である。そして、プロジェクトはできるだけ多くの項目を満たしながらも、一つの質の高い空間として、その場所と時代のアイデンティティとなりうるような「一体性」を、持続的に獲得する必要がある。

ここで、あらためて一九九二年に森林局がまとめた「ランドスケープ・ビジョン」を見直すことは重要だろう。そこで謳われていたのは「ランドスケープの質」というものであった（図9 - 1）（Ministerie van LNV 1992: 11）。

このダイアグラムのなかで、一体性（cohesion）がエコロジーのなかに位置づいている点は自然との関わりのなかでしか総体が成就しえないランドスケープという分野の性質を反映したものと考えられる。その上で、三身一体の構成の中心に「アイデンティティ」と「持続可能性」を全体の目標として位置づけることで、ランドスケープの「一体性」の価値は二重に強調されているといっていいだろう。

時代背景として存在した第三次国土空間計画文書における「多様性」「一体性」「持続可能性」に照らし合わせるならば、このうち二つを中央に置き、多様性は三極に分解された価値のバランス次第で、必然的に異なる重みをもって現れるものと理解することもできる。

この「一体性」の課題は、ダウフェリエも当初は論じていたところであり、一九八二年の文書においては取り上げられていた。しかしそれは、現在のハビフォーラム・マトリクスには見られず、経緯を見れば「機能的価値」のなかに吸収されたものとも考えられる。しかし、計画ということの本質からして一体性という目標は、機能という一つの行の一要素とするにはあまりに重要なものだ。

この一体性という項目が、その複雑な自己言及性のためにワークショップに用いる表には馴染まなかったのか、あるいは、循環的なワークショップのプロセスを通して、それは自ずと実現されるという考え方なのか、一体性を重要視する視点からは若干の不明点が残る。とはいえ、網羅的な視点がなければそれらの一体性を論じても意味がないのも事実である。限られた項目を一体化して喜ぶのはプランナーやデザイナーによるトップダウンの傲慢ということになるのだろうか。

二つのアプローチ

たとえば、このように主張することができる。ハビフォーラム・マトリクスでは、「空間の質」が満たすべき側面を、人間社会が求める普遍的な価値（機能、経験、将来）と、それらに対する異なる関心の文脈（経済、社会、生態学、文化）とに分けることによって、何が大事かだけでなく、何のために大事かという視点を議論の構造に仕込んだ。これによって議論の参加者の立場を相対化することに成功した点にこの手法の秀逸さがある。このような視点から見れば、「ランドスケープの質」は価値と関心とがないまぜになっており、限られた視点に偏った恣意的な性質を持つのではないか。

一方で、次のような主張も可能だろう。ハビフォーラム・マトリクスにある「価値」や「関心」は、あくまでも人間、場合によってはワークショップに参加する限られた人々にとっての問題である。しかし、そこには生態学的な価値のように、人間の生息環境自体の前提となっており、ともすれば一つのコミュニティにおける合意形成以上に重大なインパクトを、地球規模で及ぼす可能性のあるものも含まれている。このように考えると、環境に関わる価値を、人間の欲求を叶える媒体の一つに還元することこそ、人間の傲慢なのではないか。

いずれの主張も筋が通りそうだ。また、いずれの主張にも綻びを見つけることは可能だろう。おそらく、こうした課題で重要なのは軽々な結論を出すことではなく、その文脈を理解した上で議論を引き継いでいくこと自体に意味がある。

Qチームとハビフォーラムが追求した「空間の質」は、おそらく同じ地平にありながらも、当時それぞれが直面した課題と専門性、あるいは社会的立場ゆえに異なって現れた。ここでは、これらは同じ目標の達成に向けた二つの実務的アプローチであったのだと考えることにしたい。プロセスを知れば知るほどに、この二つのアプローチが上と下から重なり合うようにして存在したことが、ＲｖｄＲという類い稀なプログラムが一体性を持って成就することに、大きく貢献したように感じられるからである。

注

＊１　Ｄ・Ｊ・ズウィマー（Dirk-Jan Zwemmer）への筆者によるインタビュー（二〇一五年九月二三日）より。

＊２　プラットフォーム31（Platform31）のＨＰ <http://kennisbank.platform31.nl/pages/27127/Habiforum.html>（二〇一六年一月五日最終参照）。

＊３　二〇〇九年にハビフォーラムは発展的に解消し、ダウフェリエ・プランアドバイス、ウィング、Ｈ２ライムトの三社が空間計画に関わるコンサルタント企業として独立し、WeRKpartnersとして連携して活動を続けている。

＊４　ダウフェリエ・プランアドバイス（Dauvellier Planadvies）のＨＰ <http://www.dauvellier.nl/index.php?page=ruimtelijke-kwaliteit>（二〇一六年一月五日最終参照）。

第14章　より不確実な未来へ

地域デザインに立ち返る

私たちはこれまで、ＲｖｄＲプログラムを中心とする、この三〇年ほどのプロセスを見てきた。また、それに先だって、一九二四年のアムステルダム国際都市計画会議以来のオランダにおける空間計画の流れを追った。

ここで一度、地域デザイン一般の視点に戻る。そして、ＲｖｄＲプログラムで起こった出来事をオランダにおける新しい地域デザインの方法論の探求の一貫として理解することを試みたい。そこでは、ＲｖｄＲプログラムの先にある、オランダの地域デザインに未だ立ちはだかっている多くの課題を見出すことにもなるだろう。

その際、ＲｖｄＲプログラムの後継的計画として検討が始まっている「デルタ・プログラム」と、それに関わって公民学連携で行われた、新しいプランニング方法の理論的探求の事例がよい参考になると思う。

前者については後述することとして、まずは後者の紹介から始めたい。それは、アーバンデザイン理論の研究者であるハン・マイヤー（Han Meyer）（デルフト工科大学）を筆頭とする研究グループによって実施されたＩＰＤＤ（Integrated Planning and Design in the Delta）と呼ばれる研究プロジェクトである（Meyer et al. 2013）。

ＩＰＤＤ

マイヤーらは、南西デルタ地域に象徴される複雑な要求や利権が絡み合う地域の姿を、多様なサブシステムが互いに利害を交換しながら構成する一つの複雑なシステム（複雑系）と捉えた。そして、こうした地域におけるプランニングの課題は、より多くのサブシステムをより深く同期させることであり、それこそがシステム全体の「適応性（adaptivity）」「弾力性（resiliency）」「頑強性（robustness）」を高める上で重要であり、来たるべき気候と人口の変動への備えとして有効であると考えた。

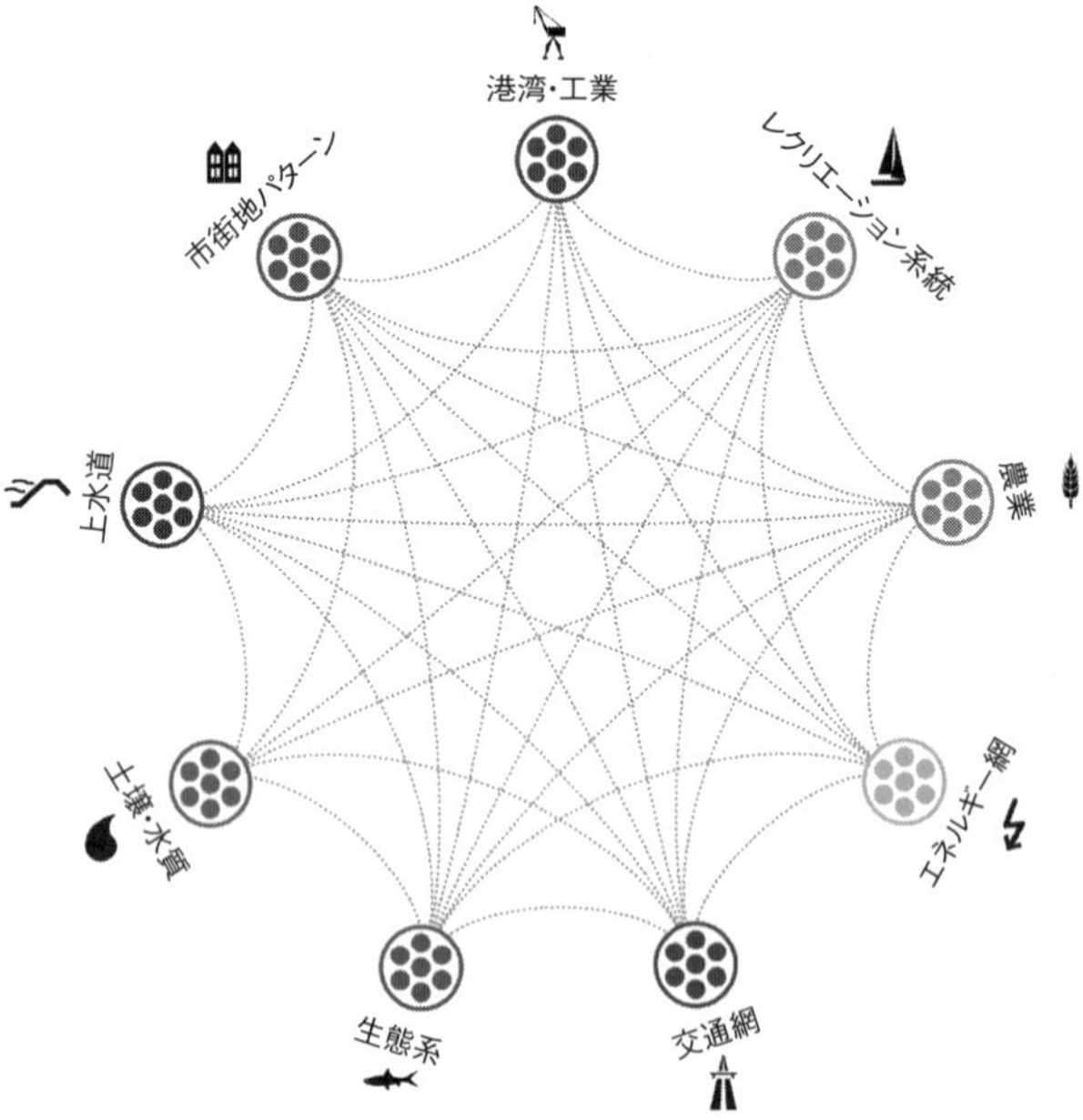

図 14-1　複雑系のプランニング
出所）Meyer et al. 2013: 5.

ここでいうサブシステムとは、たとえば、港湾産業、陸上交通、市街地の形態、レクリエーション、農業、治水、エネルギー、エコロジーなどといった地域を形作る諸側面であり、その背後には、それぞれに対応するコミュニティとしてのステークホルダーが存在する。そして、それらのステークホルダーの利害がより大きく一致するポイントをより多く見つけることは、より多くのサブシステムをより深く同期させることにほかならない（図14‐1）。

治水事業史に見るプランニング理論

この視点を踏まえて、マイヤーらはオランダにおける地域プランニング方法の変化を、治水事業の視点から四つの段階に整理した。すなわち、一八六〇年代から一九一〇年代までの河川標準化期、一九五八年から一九八八年までのデルタ計画期、二〇〇六年から二〇一五年までのルーム・フォー・ザ・リバー期、二〇〇九年から現在までのデルタ・プログラム期である。やや復習のようになる部分もあるが、我々も今一度、俯瞰的に眺め直すことにしたい（図14‐2）。

【河川標準化期】 最初の河川標準化においては、基本的な目的は排水能力の向上と安全な航路の確保であり、多くの開発が平行しながらも互いの調整は行われず、互いの調整がなければ成立しない複雑な南西デルタ地帯はほぼ手つかずとなった。

【デルタ計画期】 これに対して、一九五三年の北海沿岸大洪水に端を発するデルタ計画は、この南西デルタの河口を長大な堰で塞ぐことで、この問題を解決する。これは、治水と淡水供給を中心とする複数のサブシステムにおける問題を同時に解決する（同期する）革新的なものであった。しかし、近代土木によるこの偉大な成果も束の間、七〇年代以降の自然環境と生活空間の質に対する社会意識の高まりは、閉じられた淡水域に早くも疑義を唱えることになった。

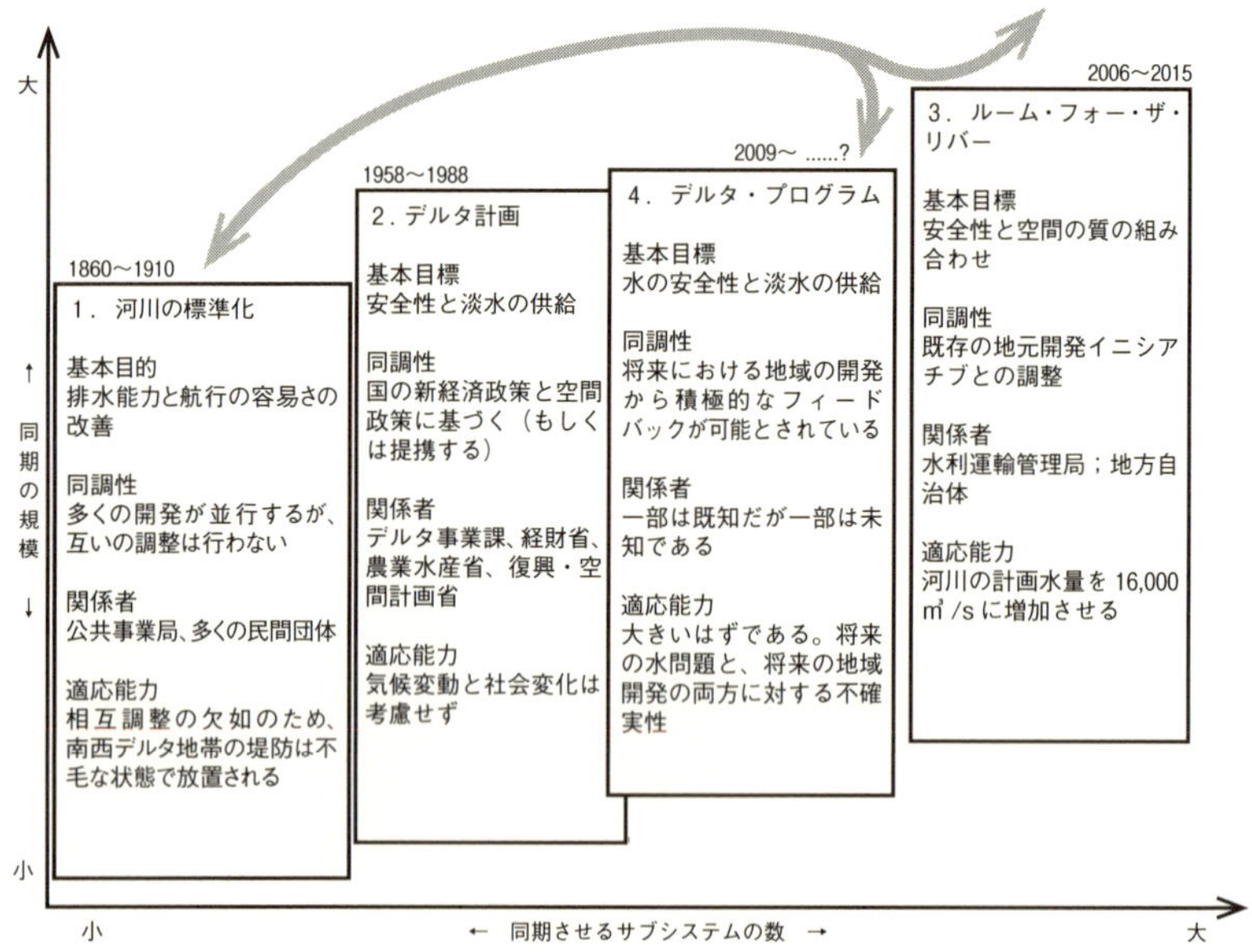
大
↑ 同期の規模 ↓
小
1860〜1910
1．河川の標準化
基本目的
排水能力と航行の容易さの改善
同調性
多くの開発が並行するが、互いの調整は行わない
関係者
公共事業局、多くの民間団体
適応能力
相互調整の欠如のため、南西デルタ地帯の堤防は不毛な状態で放置される
1958〜1988
2．デルタ計画
基本目標
安全性と淡水の供給
同調性
国の新経済政策と空間政策に基づく（もしくは提携する）
関係者
デルタ事業課、経財省、農業水産省、復興・空間計画省
適応能力
気候変動と社会変化は考慮せず
2009〜 ......?
4．デルタ・プログラム
基本目標
水の安全性と淡水の供給
同調性
将来における地域の開発から積極的なフィードバックが可能とされている
関係者
一部は既知だが一部は未知である
適応能力
大きいはずである。将来の水問題と、将来の地域開発の両方に対する不確実性
2006〜2015
3．ルーム・フォー・ザ・リバー
基本目標
安全性と空間の質の組み合わせ
同調性
既存の地元開発イニシアチブとの調整
関係者
水利運輸管理局；地方自治体
適応能力
河川の計画水量を 16,000 ㎥ /s に増加させる
小
← 同期させるサブシステムの数 →
大

図 14-2　河川整備の 4 フェーズ

出所）Meyer et al. 2013: 6. より作成。

注）ルーム・フォー・ザ・リバー事業の開始年は本図の原著で 2005 年となっていたが、ここでは本書の調査結果にあわせて 2006 年としている。

【ルーム・フォー・ザ・リバー期】こうした状況のなかで、一九九〇年代の二度の高水位が訪れた。本書の言い方を用いれば、垂直型の治水が禁じ手とされた状況において、いわば究極の選択の結果として生み出された政策が、水平型の治水を大胆に取り入れたRvdRプログラムであった。

そこでは生態系、レクリエーション、市街地パターンを含む多くのサブシステムの同期が目指され、そのプロセスでは多くのソフト面の工夫もなされた。特に安全性の確保に次ぐ第二の目的として「空間の質」が謳われたことの効果は大きく、この点は本書で詳しく見た通りである。

【デルタ・プログラム期】一方、RvdRが目標として設定する一万六千㎥／sという計画流量は、長期的な気候変動予測に照らせば、そう遠くない時期に安全基準としての有効性を失う可能性があることが分かっていた。RvdRでも一万八千㎥／sを基準として設計されたケースも多くあるし、ま

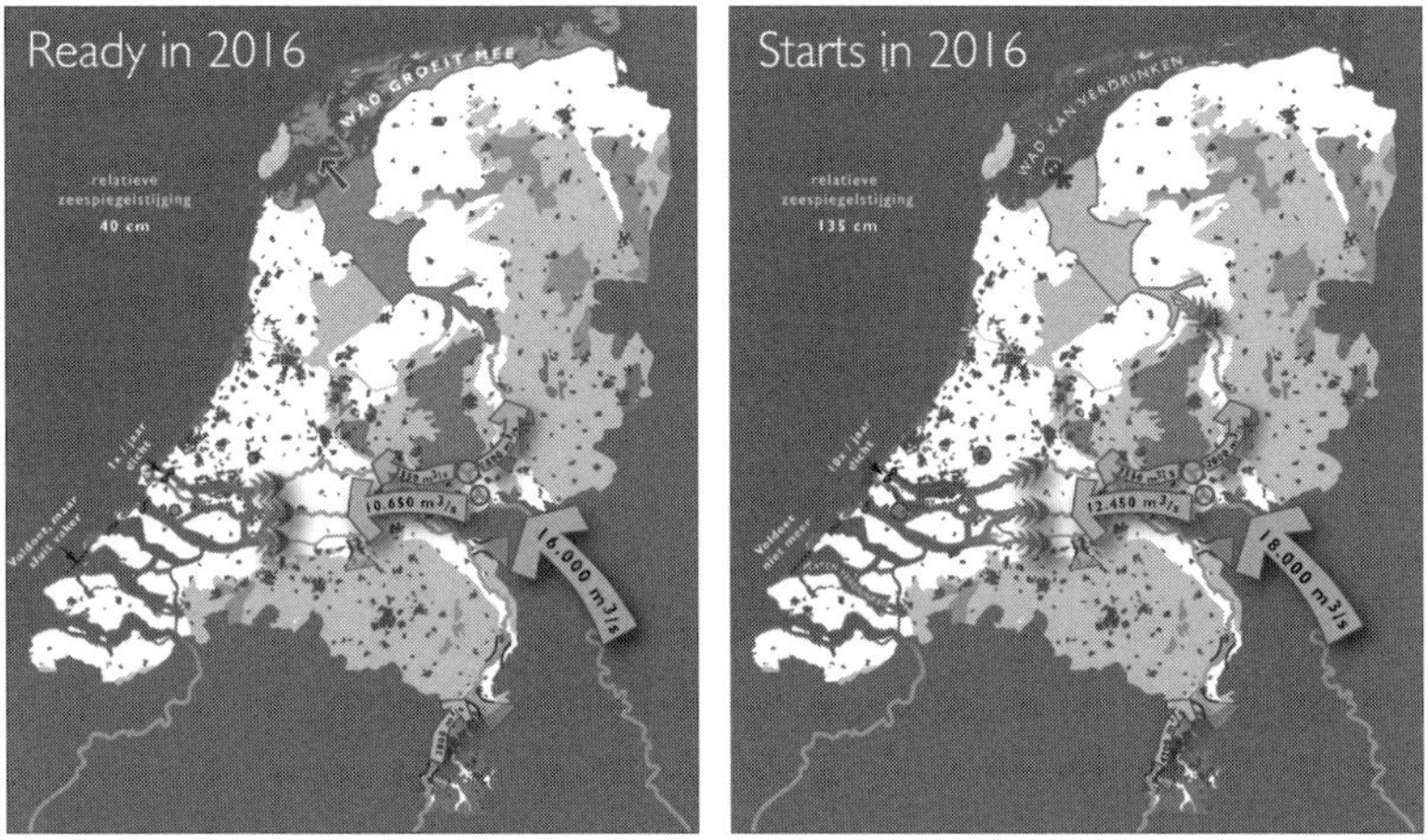

図 14-3　デルタ・プログラムで要求される計画流量
出所）Deltacommissie 2008: 28, 30.

た将来の遊水池のためにある程度のリザーブスペースは確保されたが、その基本目標は、あくまでも一万六千㎥／ｓの短期的目標の達成だった。

このため、ＲｖｄＲプログラムの実施途上であった二〇〇九年には、二〇五〇年時点で計画流量一万八千㎥／ｓを実現することを目標とする「デルタ・プログラム」の検討が並行して開始されていた（図14‐3）。二〇一五年の本プログラムの報告書では、このプログラムにはＲｖｄＲで得られた経験と知見が多くの助けになると期待されている（Ministerie van I&M en EZ 2014）。

デルタ・プログラムは、今から三五年間にわたる壮大な長期計画である。まだまだ地域住民が予期していなかったような、大きな河川システムの改造が行われる可能性がある。プログラムの現状は、長期的で予測不確実なリスクに向けた議論を開始するための国土スケールでの目標像とその進め方のイメージが示された段階といえる。

ただし、デルタ・プログラムの目的に謳われているのは、デルタ計画と同様、水害からの安全の確保と、淡水の供給のみである。ＲｖｄＲで大きな役割を担った「空間の質」の向上は、残念ながら同等の目的としては謳われていない。この明らかな後退の一つの原因は、リーマンショック以降の財政難のなか、この目的を取り入れた場合に生じるコスト増を吸収できる予算を確保できなかったことによると考えるのが妥当そうである。

以上のような整理を踏まえ、マイヤーらはこれまでのオランダにおける大規模な治水事業の四段階のなかで、最も多くのサブシステムを最も深く同期させることを達成したという意味で、ＲｖｄＲが不確実な将来に向けて最も優れた性質を持った取り組みであり、デルタ・プログラムは気候変動という予測し難い長期的な課題を担っているにもかかわらず、サブシステムの同期の幅と規模においてＲｖｄＲよりも後退しているとして、懸念を示している。

「複雑系」と「空間の質」

ところで、すでに「空間の質」に関してサイモンズの観点と、ダウフェリエの観点を通して議論している読者は、マイヤーの提唱する「複雑系」と「空間の質」との構造的な類似性に、すでに気がついていることだろう。

私たちは、サイモンズとダウフェリエの議論を通して、彼らが求める「ランドスケープの質」あるいは「空間の質」において、「ランドスケープ」あるいは「空間」が満たすべきさまざまな要件をいくつかの価値や媒体の側面に分解して評価することと、それらの結果として現れる「一体性」や「アイデンティティ」を保証することとの間に生じる矛盾や揺らぎを見た。

そこにはすでに、多くのステークホルダーを背後に持つ空間が満たすべき要件の多様性と、そんなことは何も知らずに訪れた人々にとってすら、その場所のアイデンティティが一瞬にして伝わる一体性との、両方が同時に課題として上げられていた。

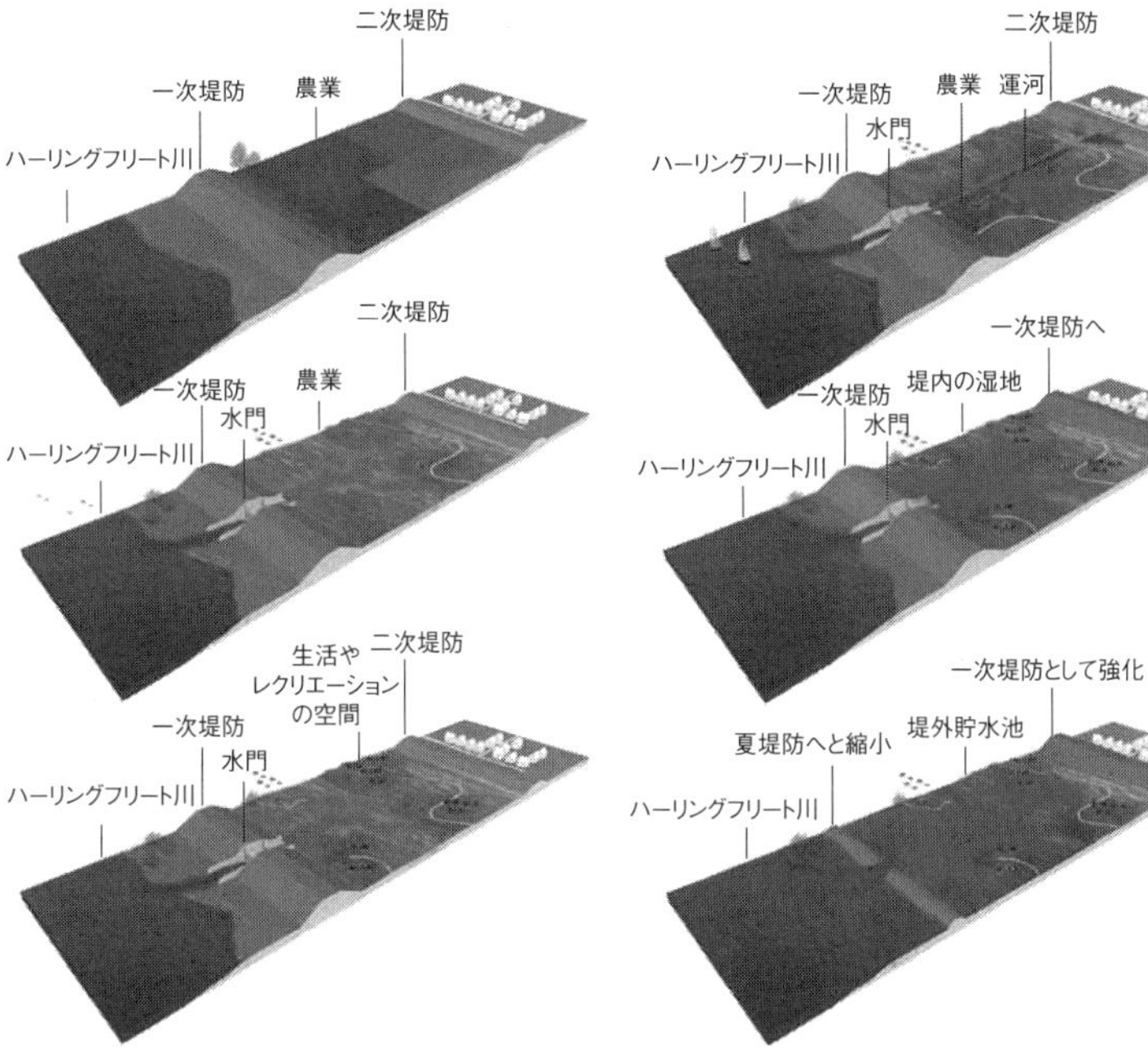

図 14-4　RAR がつくる多様な空間用途
出所）Meyer et al. 2013: 17.

マイヤーの複雑系のモデルは一見すると「世の中は複雑だ」というごく当たり前のことを言っているようにも見える。しかし、サイモンズとダウフェリエが展開した議論の地平において見ると、このダイアグラムは、多様性と一体性を同時に引き受ける「空間の質」の性質を、現代的に図解したもののようにも見える。

いずれにせよ、このような「複雑系」の理論を背景に、マイヤーらは南西デルタ地帯を対象とする自治体および地域のステークホルダーに外部専門家を加えたワークショップ、ＤＥＮＶＩＳ（Delta Envisioning Support System）を二年間にわたって試行した。

そこでは、気候変動に加え、対象地域で必要性が指摘される新航路の実現や、ＷＷＦが提唱する河口堰の将来的な開放の可能性など、将来に向けて予測し難い要因を踏まえて、それらのサブシステムが最も大きく同期できる、適応性と弾力性、頑強性に最もすぐれた河川計画と管理のシステムのスタディを行っている。

ＤＥＮＶＩＳの出した一つの結論は、南西デルタの河川沿いの一定幅の土地を将来にわたって水管理委員会が管理運用することで、農業や自然、遊水池など、時代の必要性に合わせて柔軟に変更できるようにするというものであった（図14－4）。

マイヤーらはこのようなスタディから導き出される、適応性と頑強性の高い地域の枠組みをＲＡＲ（Robuuste Adaptive Raamwerk/ Robust Adaptive Framework）と呼んだ（Meyer et al. 2013）。

カスコ・コンセプトからの展開

また、マイヤーの提示したＲＡＲという概念は、本書でも詳しく紹介したカスコ・コンセプトの一般モデルへの展開の試みと位置づけることもできる。

カスコ・コンセプトでは、土地利用一般に関して、景観のゆっくりとした変化を伴うＬＤＦ（Low Dynamic Function）と、開発や用途変更など速い変化を伴うＨＤＦ（High Dynamic Function）を区別した。そして、ＬＤＦに安定した環境を与え、その分ＨＤＦの柔軟性を確保するための空間的な枠組みとして、「カスコ」を設定することを提案した。このカスコに守り育てられた価値は、周辺のＨＤＦにとっても享受し活用できる資源となる。マイヤーのスタディでは、このＨＤＬとＬＤＦの間に、ＭＤＦ（Mideum Dymamic Function）とでもいうべき、予測不確実な要因によってのみ変更が生じうる、比較的安定した土地利用を、水管理委員会の管理地として挿入することを提案していることになる。

さらに、この中間的な土地利用の河岸地帯への挿入は、実は、ＲｖｄＲプログラムの実践のなかで、すでに試されていた。たとえば、カスコ・コンセプトは農業をＨＤＦとしてＬＤＦから切り離すことを主眼としたが、オーフェルディープセの農地はどうであろうか？　あるいは、ノールトワールトで年間に三〇日浸水する農地は、果たしてＨＤＦであろうか、それともＬＤＦであろうか？

オーフェルディープセでは、氾濫原である農地は、農家か投資会社が所有して農家が管理するが、ノールトワールトは指定管理業者が管理を委託された上で、農家にその管理が再委託される。ＤＥＮＶＩＳでは、ＲＡＲを公共性の高い水管理委員会が管理する土地とすることでＲＡＲにより恒久性の高い枠組みを与え、システムの頑強化を図っている。

このように、マイヤーらの展開した「複雑系」の地域モデルとＲＡＲは、ともにカスコ・コンセプトからＲｖｄＲプログラムへの流れのなかで見出された、地域デザインにおける方法論の展開形と見なすことができる。

空間計画史における位置づけ

さて、マイヤーらの提案した諸概念の性格は理解できたとして、なぜ、このようなスタディをしなければならなかったのか。一つは冒頭に述べたように、気候変動に備えた、より一般的な計画理論の必要性による。そして、もう一つの理由は、オランダの国土空間計画における大きな転換期にあたって、新しいプランニングの方法論が求められていることを、マイヤー自身が感じていたことにある。*1

本書の前半で見たように、オランダは戦中に中央集権的な、あるいはトップダウン型の空間計画の制度を構築し、厳密な都市の成長管理を行った。しかし一九七〇年代以降は協議型の空間計画へと移行し、民間活力の導入や空間計画行政の地方分権化、またそれに合わせた制度の改定が進められてきた。こうして、オランダは戦後の還元的プランニング手法を脱ぎ捨て、参加と分権による空間計画へと大きな舵を切った。

その改革は、二〇〇〇年以降も続いていた。二〇〇八年には空間計画法が抜本的に改定され、これまで国のマスタープランとして地方が従う義務のあった国土空間計画や国土空間戦略は、なんと廃止されてしまったのである。これとともに、それまで国のビジョンを地方に手渡す役割を担い、ＲｖｄＲプログラムのプロセスにおいても根幹的な役割を担った「基本計画決定（ＰＫＢ）」の制度も廃止された。そして、その代わりに国、州、市町村それぞれが「構造ビジョン」を描くことができるようになった。公共事業に関する予算も多くは国から州に手渡され、その執行計画は州が定めることになった。必要な場合に国や州は下位の自治体が策定する構造ビジョンの一部を書き換える権限を持つが、そうしたことが頻繁に起こるとは考えにくい。事実上、非常に大きな権限移譲が実施されたことになる。

二〇一二年、住宅空間計画環境省と交通水運省は、インフラ環境省へと統合された。それとともにＲＰＤは、市街地だけでなくインフラや環境全般に対して中立的な諮問機関として機能する「環境アセスメント局（Planbureau voor de Leefomgeving：ＰＢＬ）」へと再編された。本書の前半でその足跡を追ったＲＰＤは、かつて戦後の住宅難と都市人口の膨張を背景として生まれた。オランダ国土空間計画史において大きな存在感を持ったこの組織も、都市の成熟化に伴い、その役割を終えたのである。

不確実な未来に向けたプランニング

こうして、さまざまな批判を浴びながらも常にオランダ空間計画の通奏低音として鳴り続けたトップダウンのプランニング制度は、正式な終焉を迎えた。また、右記二省の統合によって、一九七〇年代まで孤高な自律性を保ってきたインフラ事業の采配も、以後のオランダでは空間計画との一体的な計画のもとにしか位置づかない、という認識が明らかにされたように見える。一九七〇年代以降、環境への配慮や市民参加を自らの方法論のなかに取り込むため、さまざまな試行錯誤を行ってきたＲＷＳの奮闘が思い出される。

とはいえ、マイヤーが「次世代のプランニング原理は未だ確立されているとはいえない」(Meyer et al. 2013: 3)と述べたように、トップダウン型の脱却を決断したのはいいが、それぞれの「セクター」が、この後どのような関係を取り結んでいくのかは、まだ十分には見えていない。また、権限を委譲されながらこれまで空間計画を取り仕切った経験のない州政府がどのように今後の空間計画を差配できるのか、これもまだ明らかにはなっていない。ＰＫＢのようなトップダウンのツールは、本当にもう必要ないのだろうか。デルタ・プログラムという壮大な実験はまだ始まったばかりだ。

このように見ると、今やないＰＫＢ制度を用いたＲｖｄＲの成功は、否定されたオランダ式トップダウンの空間計画手法が、長い苦労の末に咲かせた最後の花のようにすら見える。オランダは、旧制度においてＲｖｄＲという稀に見る成功を確かめつつ、旧制度のまま進むことをせず、さらに小さな政府へと改革の駒を進めた。

オランダの空間計画が次の成功をおさめるために、今後どのような新しい試みがなされていくのだろうか。また日本の私たちは、オランダのこうした奮闘から、ゆっくりとしたプロセスのデザインを学び、自然と対話する都市づくりに活かすことはできるだろうか。

注

＊1　Ｈ・マイヤー（H. Meyer）への筆者によるインタビュー（二〇一五年三月四日）より。

おわりに

エオ・ワイヤーズ財団の創立者であるH・リーフラング氏へのインタビューのなかで、とても印象に残った言葉がある。インタビューの場所は、ハーグにある氏の自宅からほど近い、北海を望む砂浜にあるレストランだった。ちなみにこの砂丘はオランダを海から守る最大の防衛線である。

「ライムトライク・オルダニング（Ruimtelijke Ordening）というオランダ語をどのように説明するかは難しい。あえていえばエリアマネジメントに近いかもしれないが、別の言葉で言いかえると、常に、すでに統合されている概念を各種の専門分野に分割してしまうことになる。そうして、実際の生活とつながった感覚が損なわれてしまう。私が、インフラ環境省の立場でいつも言っていたのは、たとえば、ここから窓を眺めたとき、ここに見えるのはオランダだ、ということだ。あれはインフラで、これは環境だとか、これがランドスケープで、あれはアーバンだとか、そんなふうに言うことはできない。全部、一体なのだ。」

本書で触れた「空間の質」という用語にも深く関わる内容だが、それとは別に、筆者にとってこの言葉はなんとも爽やかに聞こえる言葉であった。というのも、筆者は建築とランドスケープアーキテクチュアという二つの分野に身を置きながら、当然これらが土木と切り離せないということも思い知っていた。しかし、そこまで自分の専門性を広げられていたわけでもなく、門外漢として土木景観を眺め続ける自分自身に、やや憮然としていたからである。氏の言葉に喉のつかえが取れたような気がして、この人たちの考えていることや、考えてきたことを、もっと詳しく知りたいと思った。

リーフラング氏が学んだ一九六〇年代のデルフト工科大学では、アーバンデザインの専攻に、著名なC・V・ルーヴェン教授がヴァヘニンゲン農業大学から兼任で来て、生態学の講座を持っていたという。この教えに感化を受けてエコロジーとプランニングに関する修士論文を書いたリーフラング氏が、一九八五年に分野横断的で自由な提案と議論の場であるエオ・ワイヤーズ財団を構想した。そして二〇一五年には、デルフトの同門だったD・サイモンズ氏が、同大学でランドスケープアーキテクトの資格を得られるプログラムを立ち上げている。この二人が学生の時分に、他にもさまざまな種が撒かれていたと考えるなら、ルーム・フォー・ザ・リバーのような分野横断的な地域デザインの実現までに、五〇年近くもかかったことになる。このぐらいのスパンを射程において、研究・教育と実務に取り組んでいきたいと思う。

本調査では、多くの方々と知り合い、また沢山の助けをいただいた。リーフラング氏とサイモンズ氏には、複数回のインタビューに応じていただいただけでなく、会話を通して、調査以上に専門家として、また人として多くのことを学ばせていただき、感謝の言葉も見つからない。また、最初にルーム・フォー・ザ・リバーやオランダの空間計画に関するご講義をいただいたのはJ・M・D・ヨンヘ氏からで、調査の出発点ともなった。氏の研究は随所で参考とさせていただいており、深謝したい。二度目の調査でお会いし、三度目の調査にあたり多くの方と面会できるよう紹介をいただいた水利運輸局のJ・ドウマ氏には本書の骨格的な情報を得る機会をいただいた。同じ水利運輸局のB・

ブルン氏、C・ビークマンス氏、H・ブラウアー氏、I・ブロック氏、R・ハーヴィンガ氏、E・ホーヘンボウム氏、他の方々、またナイメーヘン市のスキッペルハイン氏、ロイヤル・ハスコニング・DHVのM・トーナイク氏、ランドスケープアーキテクトのR・D・コニング氏、イスラ・デルタのD・H・ズウィマー氏、オーフェルディープセ在住のN・ホーイマイヤー氏にも、貴重な時間を筆者との対話に割いていただいた。H・マイヤー教授には、多忙にもかかわらず面会していただき研究内容をご教示いただく光栄を得た。また永田みなみ氏は、本調査の始動時、オランダ語の文献を紐解く作業に立命館大学でともに取り組んでくれた。これらの方々と、調査と執筆にあたってお世話になったすべての皆様に対して、深い感謝の思いをお伝えしたい。

本書の発行にあたっては、昭和堂の松井久見子氏に本当にお世話になっている。このように特殊な視野を持った書籍の企画に対して即座にご理解をいただいただけでも貴重であったところ、遅筆と悪文の原稿で多大なご迷惑をおかけしたにもかかわらず、辛抱強く編集のご尽力をいただいたお陰で、どうにか形になったというのが本書の実際であり、お礼のしようもないほどである。なお、本書は平成二六年度文部科学省私立大学戦略的研究基盤形成支援事業「水再生循環によるアジアの水資源開発研究拠点形成」の支援を得て実施した調査をもとに、平成二七年度立命館大学学術図書出版推進プログラムの支援を得て出版するものであり、感謝申し上げたい。

最後に、本書のための調査から執筆までの間、事務所と家庭をともに一手に引き受けてくれただけでなく、図版の作成にも協力してくれた妻の祐加子、いつも明るく楽しい時間を共有して力を与えてくれる娘の一穂、そして今ある自分を与えてくれた両親に、心から感謝の意を贈りたい。

二〇一六年一月七日

武田史朗

参考文献

Alfieri, L. and P. Burek, L. Feyen, G. Forzier (2015). Global warming increases the frequency of river floods in Europe. *Hydrol. Earth Syst. Sci. Discuss.*, 12, pp. 1119-1152.

Berends, P. (1995). *Ruimte voor Water: Visienotitie als aanzet voor discussie*. Rijkswaterstaat.

Boertien, C. and Commissie Watersnood Maas (1994). *De Maas Terug!: Commissie Watersnood Maas*. Waterloopkundig Laboratorium.

Bureau Noordwaard (2007). Ontwerpvisie : Ontpoldering Noordwaard : Het regio alternatief.

Carson, R. (1962). *Silent Spring*. Houghton Mifflin.

Cleyndert, Azn. H. (1925). Parken en natuur in Nederland. In G. A. Van Poelje ed., *Gewestelijke Plannen*. Samson, Alphen aan den Rijn, pp. 83-103.

Coesèl, M. (2011). Wie was..? nr. 20: H. Cleyndert Azn. *Heimans en Thijsse Nieuwsbrief*. Volume 40, pp. 4.

Colebatch, H. K. and R. Hoppe, M. Hoppe, Robert ed. (2010). *Working for Policy*. Amsterdam University Press.

Commissie Waterbeheer 21 eeuw (2000). Waterbeleid voor de 21e eeuw: Geef water de ruimte en aandacht die het verdient: advies van de Commissie Waterbeheer 21e eeuw.

Dauvellier, P. (1991). Ruimtelijke kwaliteit: de oorsprong en toepassing van een begrip: WLG3. VROM.

De Bruin, D. and D. Hamhuis, L. v. Nieuwenhuijze, W. Overmars, D. Sijmons, F. Vera (1987). *Ooievaar: De Toekomst Van Het Rivierengebied*. Stichting Gelderse Milieufederatie.

De Jonge, J. (2009). *Landscape Architecture between Politics and Science: An integrative perspective on landscape planning and design in the network society*. Blauwdruk/Techne Press.

Delta Commissie (2008). Working together with water: A living land builds for its future: Findings of the Deltacommissie 2008.

Dettingmeijer, R. (2011). Natuurmonumenten als cultuurmonumenten: De voortdurende verandering van het begrip natuur in onze cultuur. *Bulletin KNOB* 2011-6, pp. 198-211.

Deunk, G. (2002). *20th Century Garden and Landscape Architecture in the Netherlands*. NAi Publishers.

Elsinga, J. et al. (2004). Kort Verslag van de Workshop Ruimtelijke Kwaliteit PKB Ruimte voor de Rivier. Dauvellier Planadvies.

Eo Wijers Stichting (1986). Juryrapport Ideeënprijsvraag Nederland Rivierenland. Eo Wijers Stichting.

Faludi, A. and A. van der Valk (1994). *Rule and Order, Dutch Planning Doctrine in the Twentieth Century*. Kluwer Academic Publishers, Dordrecht.

Gemeente Nijmegen (2007). Ruimtelijk Plan Dijkteruglegging Lent.

Gemeente Nijmegen and Royal Haskoning DHV (2011). Room for the river Waal: Dike relocation and waterfront development in Nijmegen, the Netherlands.

Grijzen, J. (2010). *Outsourcing Planning: What do consultants do in a regional spatial planning in the Netherlands*. Amsterdam University Press.

Habiforum (2005). Werkbank Ruimtelijke Kwaliteit. Handleiding voor de start van een creatief proces. Concept document. Feb 2005.

Hartemink, A. E. and M. P. W. Sonneveld (2013). Soil maps of the Netherlands. *Geoderma*, pp. 204-205.

Heuvelhof, E. ten and H. de Bruin, M. de Wal, M. Kort, M. van Vliet, M. Noordink, B. Bohm (2007). *Procesevaluatie Totstandkoming PKB Ruimte voor de Rivier*. Berenschot.

Hooimeijer, F. and H. Meyer, A. Nienhuis (2005). *Atlas of Dutch Water Cities*. Sun Publishers.

Hooimeijer, P. and H. Kroon, J. Luttik (2001). *Kwaliteir in Meervoud: Conceptualisering en operationalisering van ruimtelijke kwaliteit voor meervoudig ruimtegebruik*. Habiforum.

Howard, E (1902). *Garden Cities of To-Morrow*. London.

ICMO2 (2010). Natural processes, animal welfare, moral aspects and management of the Oostvaardersplassen. Report of the second International Commission on Management of the Oostvaardersplassen (ICMO2). The Hague/Wageningen, Netherlands.

Wing rapport 039. November 2010.

Innovatie Netwerk & WINN (2007). Inspiratieatlas Waal Weelde.

Jacobs, J. (1961). *The Death and Life of Great American Cities*. Random House.

Jones-Bos, R. and D. Morris (2011). Room for the River: From flood resistance to flood accomodation. Royal Netherlands Embassy. (http://www.slideshare.net/DutchEmbassyDC/room-for-the-river-presentation-2011)

Jongman, R. H. G. (1995). Nature conservation planning in Europe: Developing ecological networks. *Landscape and Urban Planning* 32, pp. 169-183.

Klijn, F. and D. de Bruin, M. C. de Hoog, S. Jansen, D. F. Sijmons (2013). Design quality of room-for-the-river measures in the Netherlands: Role and assessment of the quality team (Q-team). *International Journal of River Basin Management* 11 (3), pp. 287-299.

Lambert, A. M. (1985). *The Making of the Dutch Landscape: An Historical Geography of the Netherlands*. London School of Economics and Political Science.

Marie-Louise ten Horn-van Nispen (2006). Johan van Veen: Geboren 21 december 1893 te Uithuizermeeden, overleden 9 december 1959 te's-Gravenhage. Werd onder meer bekend door: Studiedienst Benedenrivieren, Deltaplan. *Tijdschrift voor Waterstaatsgeschiedenis* 10 (2001); webversie, 16-20.

Marsh, G. P. (1864). *Man and Nature: Or, physical geography as modified by human action*. Charles Scribner.

Mcharg, I. L. (1969). *Design with Nature*. Wiley.

Meyer, H. ed. (2010). *Delta Urbanism: The Netherlands*. APA Planners Press.

Meyer, H. et al. (2013). *Integrated Planning and Desighn in the Delta (IPDD): Nieuwe Perspectieven Voor Een Verstedelijkte Delta: Naar een aanpak van planvorming en ontwerp*. Urban Regions in the Delta.

Ministerie van I&M (2013a). 121 Nominaties voor de Canon van de Ruimtelijke Ordening in Nederland.

Ministerie van I&M (2013b). Nadere uitwerking rivierengebied (NURG), In *MIRT Projectenboek 2013*.

Ministeries van I&M en EZ (2014). Deltaprogramma 2015: Werk aan de delta: De beslissingen om Nederland veilig en leefbaar te houden.

Ministerie van LNV (1992). Nota Landschap: Regeringsbeslissing Visie Landschap.

Ministerie van V&W (1985). Omgaan met water.

Ministerie van V&W (2000). Anders omgaan met water, Waterbeleid voor de 21e eeuw.

Ministerie van V&W Directoraat-Generaal Rijkswaterstaat (2000). Ruimte voor de Rivier Discussienotitie.

Ministerie van LNV (1990). Regeringsbeslissing Natuurbeleidsplan. Tweede Kamer, vergaderjaar 1989-1990, 21 149, nrs. 2-3.

Ministeries van V&W en VROM (1996). Beleidslijn Ruimte voor de Rivier. VW, VROM, Nr. 77, 1996/4/19.

Nienhuis, P. H. (2010). *Environmental History of the Rhine-Meuse Delta: An ecological story on evolving human-environmental relations coping with climate change and sea-level rise*. Springer.

Nieuwenhuijze, L. van and M. W. M. van den Toorn, P. Vrijlandt (1986). Advies Landschapsbouw Groesbeek - Uitwerking van een methode voor de aanpak van landschapsstructuurplannen. Wageningen, Rijks Instituut voor onderzoek in de Bos- en Landschapsbouw 'De Dorschkamp'.

OECD (1979). *Interfutures Research Project on 'The Future Development of Advanced Industrial Societies in Harmony with that of Developing Countries' Final Report*. Parss.

Ovink, H. and E. Wierenga ed. (2013). *Design and Politics*. nai010 Publishers.

Peters, B. and W. Overmars et al. (2014). Van Plan Ooievaar tot Smart Rivers. *De Levende Natuur*, jaargang 115, nummer 3, 78-83.

Reh, W. and C. Steenbergen, D. Aten (2007). *Sea of Land: The polder as an experimental atlas of Dutch landscape architecture*. Stichting clitgeverij Noord-Holland.

Q-team (Quality Team Room-for-the-River) (2008). Jaarverslag 2006, 2007. (Annual report 2006, 2007). Utrecht: Programmadirectie Ruimte voor de Rivier.

Rijksplanologische Dienst (1982). Plan in openbaar bestuur: - ruimtelijke kwaliteit, probleemveld II - ruimtelijke profilering in Planningberaad van 17 jan.; informatie van Directieraad.

Rijksplanologische Dienst (1983). The future of the Randstad Holland: A Netherlands scenario study on long-term perspectives for human settlements in the western part of the Netherlands. Studierapporten, Rijksplanologische Dienst.

Rijkswaterstaat (1989). Derde Nota Waterhuishouding.

Rijkswaterstaat (2002). Spelregels voor Natte Infrastructuurprojecten (SNIP). Ministerie van V&W, RWS, Den Haag.

Rodenburg, A. (2015). Hans Leeflang, vader van Vinex, In *Ambtenaren! 200 jaar werken aan Nederland in 100 portretten*.

Ruimte voor de Rivier Landelijk Bureau (2004). Ruimte voor de rivier Regionaal Ruimtelijke Kader.

Saeijs, H. L. F. (1991), Integrated water management: a new concept. From treating of symptoms towards a controlled ecosystem management in the Dutch Delta. *Landscape and Urban Planning*, 20, Elsevier Science Publishers B. V., Amsterdam.

Salewski, C. (2013). *Dutch New Worlds: Scenarios in physical planning and design in the Netherlands,* 1970-2000. nai010 publishers.

Schielen, R. M. J. and P. J. A. Gijsbers (2003). DSS-large rivers: Developing a DSS under changing societal requirements. *Physics and Chemistry of the Earth* 28, pp. 635-645.

Sijmons, D. F. (1991). *Het Casco-Concept: Een Benaderingswijze voor de Landschapsplanning*. IKC-NBLF.

Sijmons, D. (1993). Pages Paysages Hollandaises. In G. Smienk (red.) e. a., *Nederlandse Landschapsarchitectuur: Tussen traditie en experiment Amsterdam*. Thoth.

Sijmons, D. ed. (2002). =*Landscape*. Architectura+Natura Press.

Silva, W. and M. Kok (1994). *Natuur van de rivier: Toetsing WNF-plan Levende Rivieren Eindrapport*. Ministerie van V&W.

Sommer, K. (2007). *Functional City: The CIAM and Cornelis van Eesteren,* 1928-1960. NAi Publishers.

Steenbergen, C. M. and W. Reh (2011). *Metropolitan Landscape Architecture: Urban Parks and Landscapes*.

Stroming b. v. (1992). *Levende Rivieren: Studie in opdracht van het Wereld Natuur Fonds*. Wereld Natuur Fonds.

Stuurgroep Ruimte voor de Rivier (2003). Strategisch Kader Lgelrichtlijn en Habitatrichtlijn: Ruimte voor de Rivier en Ruimte voor Natura 2000.

Stuurgroep Ruimte voor de Rivier (2007). Eindrapportage PKB-fase Ruimte voor de Rivier.

Ter Heide, H. (1992). Diagonal Planning. *Planning Theory* No. 7/8, Summer/Winter.

The Government of the Netherlands (2006a). Spatial Planning Key Decision Room for the River, approved decision. 19 December 2006.

The Government of the Netherlands (2006b). Spatial Planning Key Decision Room for the River, Explanatory Memorandum.

Van de Ven, G. P. (1993). *Man-made Lowlands: History of water management and land reclamation in the Netherlands.* Uitgeverij Matrijs.

Van den Belt, H. (2004). Networking nature, or serengeti behind the dikes. *History and Technology* 20/3, pp. 311-333.

Van den Brink, M. (2009). *Rijkswaterstaat on the Horns of a Dilemma.* Eburon BV.

Van den Toorn, M. (2008). The landscape plan for 'Groesbeek' as a case study for design of landscape plans. *1st WSEAS International Conference on Landscape Architecture,* Algarve, Portugal, 2008, pp. 189-198.

Van der Brugge, R. and J. Rotmans, D. Loorbach (2005). The transition in Dutch water management. *Regional Environmental Change,* Volume 5, Issue 4, pp. 164-176.

Van der Heide, M. M. and H. Silvis, W. J. M. Heijman (2011). Agriculture in the Netherlands: Its recent past, current state and perspectives. *APSTRACT: Applied Studies in Agribusiness and Commerce,* vol. 5, pp. 23-28.

Van der Maarel, E. and J. H. J. Schaminee (2001). Victor Westhoff (1916-2001). *Journal of Vegetation Science* 12, 2001, Opulus Press Uppsala, pp. 887-890.

Van Heezik, A. (2008). *Battle over the Rivers: Two hundred years of river policy in the Netherlands.* Van Heezik Beleidsresearch.

Van Staverena, M. F. and J. F. Warnerb, Jan P. M. van Tatenhovea, P. Westerc (2014). Let's bring in the floods: de-poldering in the Netherlands as a strategy for long-term delta survival?. *Water International* Vol. 39, No. 5, pp. 686-700.

Westhoff, V. (1971). Choice and management of nature reserves in the Netherlands. *Bulletin du Jardin botanique National de Belgique/ Bulletin van de Nationale Plantentuin van België.* Vol. 41, pp. 231-245.

Wind, H. G. et al. (1999). Analysis of flood damages from the 1993 and 1995 Meuse floods. *Water Resources Research* 35. 11, pp. 3459-3465.

Wintjes, A. and P. Dauvellier, J. Weebers (2008). Reader Werkbank Ruimtelijke Kwaliteit: Bundeling praktijkervaring en intervisie projecten in de periode 2005-2008 over ruimtelijke kwaliteit in gebiedsontwikkeling. Habiforum.

WRR (1977). De komende vijfentwintig jaar: Een toekomstverkenning voor Nederland. Commissie Algemene Toekomstverkenning.

WRR (1980). Beleidsgerichte toekomstverkenning. Deel 1: Een poging tot uitlokking: WRR rapport nr. 19.

Zevenbergen, C. et al. (2013). *Tailor Made Collaboration: A clever combination of process and content.* Rijkswaterstaat Room for the River.

Zwemer, J. (2012). Ontpoldering Noordwaard: Ruinte voor de rivier. Rijkswaterstaat, Ministrie van V&W. 14 Juni 2012.（http://www.vnrgemeenten.nl/uploads/media/20120614_presentatie_Noordwaard.pdf）

石川幹子（二〇〇一）『都市と緑地』岩波書店。

大熊孝（二〇〇七）『増補　洪水と治水の河川史――水害の制圧から受容へ』平凡社。

角橋徹也（二〇〇九）『オランダの持続可能な国土・都市づくり――空間計画の歴史と現在』学芸出版社。

財務省財務総合政策研究所（二〇〇一）『間の経営理念や手法を導入した予算・財政のマネジメントの改革――英国、NZ、豪州、カナダ、スウェーデン、オランダの経験』。

サイモンズ、D・F（二〇一五）「ルーム・フォー・ザ・リバー・プログラムにおけるランドスケープアーキテクトの役割」武田史朗訳、『ランドスケープ研究』七九（二）、九九―一〇四頁。

高橋裕（二〇一五）「インタビュー　河川と技術――人と自然の付き合い方を考える」『ランドスケープ研究』七九（二）、日本造園学会、八七―九〇頁。

武田史朗・山崎亮・長濱伸貴（二〇一〇）『テキスト　ランドスケープデザインの歴史』学芸出版社。

武田史朗（二〇一五）「オランダの河川デザインと新しい地域デザインの探究」『ランドスケープ研究』七九（二）、日本造園学会、九一―九二頁。

ドウマ、ヨリエン（二〇一五）「ルーム・フォー・ザ・リバー・プログラムにおけるコミュニケーション戦略」武田史朗訳、『ランドスケープ研究』七九（二）、日本造園学会、九三―九五頁。

ハルプリン、ローレンス（一九七四）『ローレンス・ハルプリン　PROCESS ARCHITECTURE 4』マルモ出版。

ムールパス、ヘルト・ヤン　&　トーナイク、ミシェル（二〇一五）「ナイトメーヘン・レント地区におけるヴァール川拡幅計画のプランニングとデザイン」武田史朗訳『ランドスケープ研究』七九（二）、日本造園学会、九六―九八頁。

メドウズ、ドネラ・H他（一九七二）『成長の限界――ローマクラブ「人類の危機」レポート』ダイヤモンド社。

索　引

あ

か

さ

た

な

は

ま

わ

欧文

■著者紹介

武田史朗（たけだ しろう）

東京都生まれ。1995年東京大学卒業、2002年ハーバード大学大学院修了（2000～2001年文化庁在外芸術家派遣研修員）、2007年大阪府立大学生命環境科学研究科博士課程修了。内井昭蔵建築設計事務所、オンサイト計画設計事務所、ハーグレイブス・アソシエイツ（米）での建築とランドスケープの設計実務を経て、現在、立命館大学理工学部准教授、武田計画室（ランドスケープ｜建築）代表。博士（緑地環境科学）、一級建築士、（一社）ランドスケープアーキテクト連盟客員会員。作品に「福良港津波防災ステーション」のランドスケープ、「立命館大学大阪いばらきキャンパス」（2015グッドデザイン賞）他。著書に『イギリス自然葬地とランドスケープ――場所性の創出とデザイン』（昭和堂、日本造園学会賞）、『テキスト ランドスケープデザインの歴史』（学芸出版社）他。

自然と対話する都市へ――オランダの河川改修に学ぶ

2016年3月31日　初版第1刷発行

著　者　武田史朗

発行者　杉田啓三

〒606-8224　京都市左京区北白川京大農学部前
発行所　株式会社　昭和堂
振替口座　01060-5-9347
TEL（075）706-8818／FAX（075）706-8878
ホームページ　http://www.showado-kyoto.jp

印刷　亜細亜印刷

ISBN978-4-8122-1537-1

田路貴浩
齋藤潮
山口敬太 編

日本風景史
ヴィジョンをめぐる技法

本体4100円

小松正史 著

サウンドスケープの技法
音風景とまちづくり

本体3200円

武田史朗 著

イギリス自然葬地とランドスケープ
場所性の創出とデザイン

本体4200円

traverse編集委員会 編

建築学のすすめ

本体2700円

布野修司 編

世界住居誌

本体3000円

杉本星子
小林大祐
西川祐子 編

京都発！
ニュータウンの〈夢〉建て直します
向島からの挑戦

本体2800円

昭和堂
（表示価格は税抜きです）